Rolf Unbehauen · Albert Mayer

unter Mitarbeit von
Willi Hohneker

Netzwerksynthese in Beispielen II

Netzwerksynthese in Beispielen

Band II, Passive und aktive RC-Netzwerke,
RLC-Zweitore und Approximation
51 Aufgaben mit ausführlichen Lösungen

von Prof. Dr.-Ing. Rolf **Unbehauen,**
Universität Erlangen-Nürnberg
und Prof. Dr.-Ing. Albert **Mayer,**
Fachhochschule Esslingen

unter Mitarbeit von
Dr.-Ing. Willi **Hohneker,**
Oberingenieur an der
Universität Erlangen-Nürnberg

Mit 171 Bildern

R. Oldenbourg Verlag München Wien 1977

CIP-Kurztitelaufnahme der Deutschen Bibliothek

Unbehauen, Rolf
Netzwerksynthese in Beispielen / von Rolf Unbehauen
u. Albert Mayer. Unter Mitarb. von Willi Hohneker.
— München, Wien : Oldenbourg.

NE: Mayer, Albert:

Bd. 2. Passive und aktive RC-Netzwerke, RLC-Zweitore
und Approximation : 51 Aufgaben mit ausführl.
Lösungen. — 1. Aufl. — 1977.
ISBN 3-486-21571-X

© 1977 R. Oldenbourg Verlag GmbH, München

Das Werk ist urheberrechtlich geschützt. Die dadurch begründeten Rechte, insbesondere die der Übersetzung, des Nachdrucks, der Funksendung, der Wiedergabe auf photomechanischem oder ähnlichem Wege sowie der Speicherung und Auswertung in Datenverarbeitungsanlagen, bleiben auch bei auszugsweiser Verwertung vorbehalten. Werden mit schriftlicher Einwilligung des Verlages einzelne Vervielfältigungsstücke für gewerbliche Zwecke hergestellt, ist an den Verlag die nach § 54 Abs. 2 Urh.G. zu zahlende Vergütung zu entrichten, über deren Höhe der Verlag Auskunft gibt.

Druck: Grafik + Druck, München
Bindearbeiten: R. Oldenbourg Graphische Betriebe GmbH, München

ISBN 3-486-21571-X

Inhalt

Vorwort 7
4. RC-Zweitor-Synthese 9
5. RLCÜ-Zweitor-Synthese 69
6. Synthese aktiver RC-Netzwerke 143
7. Approximation 245
Literaturverzeichnis 286
Berichtigungen zur "Synthese elektrischer Netzwerke" 287
Stichwortverzeichnis 288

Vorwort

Das vorliegende Buch bildet den zweiten Band einer Sammlung von Aufgaben aus der Netzwerksynthese mit den zugehörigen Lösungen. Es umfaßt den Bereich der RC-Zweitor- und der RLCÜ-Zweitor-Synthese sowie der aktiven RC-Netzwerk-Synthese und der Approximation.
Im folgenden sollen die wesentlichen Gesichtspunkte wiederholt werden, die der gesamten Aufgabensammlung zugrundeliegen und bereits im Vorwort des ersten Bandes genannt wurden.
Das Studium eines Gebietes der Ingenieurwissenschaften erfordert aktive Mitarbeit. Hierfür eignen sich erfahrungsgemäß neben den eigentlichen Lehrtexten Übungsaufgaben, und zwar besonders in den theoretischen Fächern. Durch die Bearbeitung der Übungsaufgaben sollte festgestellt werden, ob der zu erarbeitende Stoff tatsächlich aufgenommen wurde und zur Lösung von Problemen angewendet werden kann. Die Erfahrung hat gezeigt, daß nicht selten erst durch die Beschäftigung mit Aufgaben ein Sachverhalt wirklich verstanden wird.
Unter diesem Gesichtspunkt sind die im vorliegenden Buch zusammengefaßten Aufgaben für das Gebiet der Netzwerksynthese entstanden. Der Inhalt der Aufgaben bezieht sich unmittelbar auf das im R. Oldenbourg Verlag erschienene Buch "Synthese elektrischer Netzwerke" (Hier mit "SEN" abgekürzt). Insofern darf die Aufgabensammlung als Begleittext zu diesem Buch betrachtet werden. Obwohl durch die eine oder andere Aufgabe der Stoff von SEN noch etwas abgerundet wird, ist es das primäre Ziel, das Verständnis der fachspezifischen Begriffe, Grundtatsachen und Verfahren sowie deren praktische Anwendung zu schulen.
Die gesamte Aufgabensammlung ist in sieben Abschnitte gegliedert. Die ersten fünf Abschnitte (Allgemeine Grundlagen, Synthese von RLCÜ-Zweipolen, Grundlagen der RLCÜ-Zweitor-Synthese, Reaktanzzweitor-Synthese, RC-Zweitor-Synthese und RLCÜ-Zweitor-Synthese) entsprechen dem Stoff aus Teil I von SEN. Abschnitt 6 beinhaltet die Synthese aktiver RC-Netzwerke (Teil II von SEN) und Abschnitt 7 die Approximation (Teil III von SEN). Zu Beginn eines jeden Abschnitts werden die Aufgaben anhand der folgenden vier Kategorien charakterisiert:

a) Aufgaben zur Erprobung der Ergebnisse, insbesondere der Verfahren aus SEN. Sie sind in erster Linie für den Anfänger und solche Leser gedacht, die sich primär für praktische Anwendungen interessieren.

b) Aufgaben zur Vertiefung und Einübung der Begriffe und theoretischen Aussagen. Sie sind vor allem für Leser gedacht, die sich für die weitere Entwicklung der Netzwerksynthese und für mathematische Anwendungen in diesem Gebiet interessieren.

c) Aufgaben, deren Inhalt über den Stoff von SEN hinausgeht und die als Ergänzung von SEN gedacht sind.

d) Aufgaben von besonderem Schwierigkeitsgrad, die sich an forschungsorientierte Leser wenden und die von Anfängern als reine Beispiele ohne Übungscharakter zu betrachten sind.

Für den praktischen Gebrauch des Buches wird empfohlen, zunächst nur den jeweiligen Aufgabentext ohne die Lösung zu studieren. Letztere sollte in der Regel erst zum Vergleich mit der eigenen Ausarbeitung herangezogen werden. Erwähnt sei hier noch eine am Schluß des Buches aufgeführte Tabelle von Berichtigungen zu SEN.

Erlangen, Februar 1977   Die Verfasser

4. RC-Zweitor-Synthese

Der wesentliche Inhalt der Aufgaben dieses Abschnitts ist die Synthese von RC-Zweitoren nach SENI, Abschnitt 6. Zunächst werden das Fialkow-Gerst-Verfahren und einige hiermit zusammenhängende Verfahren behandelt (Aufgaben 1 - 4). Im weiteren findet man Aufgaben (5 und 7) über die Realisierung von Übertragungsfunktionen mit negativ reellen Übertragungsnullstellen in Form von Kettennetzwerken und das hierauf basierende allgemeinere Realisierungsverfahren nach E. A. Guillemin sowie Aufgaben über die Realisierung von RC-Übertragungsfunktionen durch symmetrische Kreuzglieder (Aufgabe 6), über die induktivitätsfreie Realisierung einer speziellen Admittanzmatrix (Aufgabe 9) und über die grundsätzliche Frage der Realisierung des Nebendiagonalelements einer Admittanz- bzw. Impedanzmatrix mit Nullstellen in der rechten Halbebene (Aufgabe 10). Abschließend wird der Dasher-Prozeß angewendet (Aufgaben 8, 11, 12).

Mit Hilfe der im Vorwort festgelegten Kategorien lassen sich die Aufgaben dieses Abschnitts folgendermaßen klassifizieren:

a	b	c	d
2	1	6	6
4	3	11	
5	7		
8	9 - 10		
12			

Aufgabe 4.1

Gegeben ist die Übertragungsfunktion

$$H(p) = \frac{\frac{1}{3}(p^2 + 2p + 2)}{p^2 + 3p + \frac{5}{3}} \quad . \tag{1}$$

Im folgenden soll gezeigt werden, daß $H(p)$ als Spannungsverhältnis U_2/U_1 eines RC-Zweitors nach Bild 4.1a realisiert werden kann.

a) Das Nennerpolynom $P_2(p) = p^2 + 3p + 5/3$ der gegebenen Übertragungsfunktion $H(p) = P_1(p)/P_2(p)$ ist in die Summe zweier Polynome

$$P_2(p) = P_{2a}(p) + P_{2b}(p) \tag{2}$$

so zu zerlegen, daß der Quotient $P_{2a}(p)/P_{2b}(p)$ eine RC-Admittanz ist. Man begründe, warum die Punkte $p = -1/2$ und $p = -2$ als Nullstellen des Polynoms $P_{2a}(p)$ gewählt werden können und bestimme den Koeffizienten bei der höchsten Potenz von p in diesem Polynom so, daß das Polynom $P_{2b}(p)$ eine Nullstelle im Punkt $p = -1$ erhält.

b) Unter Verwendung der Ergebnisse von Teilaufgabe *a* sollen zwei Funktionen $Y_{12}(p)$ und $Y_{22}(p)$ angegeben werden, welche Admittanzmatrix-Elemente eines RC-Zweitors sind, das $H(p)$ Gl.(1) als Übertragungsfunktion U_2/U_1 gemäß Bild 4.1a besitzt. Erfüllen $Y_{12}(p)$ und $Y_{22}(p)$ die Fialkow-Gerst-Bedingungen?

Lösung zu Aufgabe 4.1

a) Die Zerlegung des Nennerpolynoms

$$P_2(p) = p^2 + 3p + \frac{5}{3} = (p + \sigma_1)(p + \sigma_2)$$

mit

$$\sigma_1 \approx 0{,}7362 \quad \text{und} \quad \sigma_2 \approx 2{,}264$$

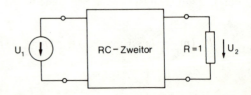

Bild 4.1a:
RC-Zweitor mit ohmschem Abschlußwiderstand, durch welches die vorgeschriebene Übertragungsfunktion als Spannungsverhältnis U_2/U_1 zu realisieren ist

gemäß Gl.(2) erfolgt nach SEN I, Abschnitt 6.1. Dazu wird das Polynom

$$P_{2a}(p) = K(p + \sigma_{a1})(p + \sigma_{a2})$$

mit

$$\sigma_{a1} = \frac{1}{2}, \quad \sigma_{a2} = 2 \quad \text{und} \quad 0 < K \leq 1$$

gewählt. Laut SEN ist diese Wahl zulässig, da die Beziehung

$$\sigma_1 > \sigma_{a1} > 0$$

und

$$\sigma_2 > \sigma_{a2} > \sigma_1$$

erfüllt ist. Man erhält nun mit $P_{2a}(p) = K(p^2 + \frac{5}{2}p + 1)$ das Polynom

$$P_{2b}(p) = P_2(p) - P_{2a}(p) = (1 - K)p^2 + (3 - \frac{5}{2}K)p + (\frac{5}{3} - K).$$

Die Konstante K soll im Intervall $(0,1]$ so gewählt werden, daß das Polynom $P_{2b}(p)$ in $p = -1$ eine Nullstelle erhält. Es ist zu erwarten, daß diese Forderung erfüllt werden kann, weil sie im Einklang mit SEN, Ungleichung (245) steht. Die genannte Forderung führt auf die Gleichung

$$P_{2b}(-1) = (1 - K) - (3 - \frac{5}{2}K) + (\frac{5}{3} - K) = 0,$$

woraus

$$K = \frac{2}{3}$$

folgt. Somit ergeben sich die Polynome

$$P_{2a}(p) = \frac{2}{3}(p^2 + \frac{5}{2}p + 1) = \frac{2}{3}(p + \frac{1}{2})(p + 2) \quad (3)$$

und

$$P_{2b}(p) = \frac{1}{3}(p^2 + 4p + 3) = \frac{1}{3}(p+1)(p+3). \tag{4}$$

Ihr Verlauf für reelles Argument p ist im Bild 4.1b dargestellt. Sie liefern die RC-Admittanz

$$\frac{P_{2a}(p)}{P_{2b}(p)} = \frac{2(p+\frac{1}{2})(p+2)}{(p+1)(p+3)} .$$

b) Gemäß SEN, Gln.(235) und (246) lautet die Übertragungsfunktion in modifizierter Form

$$H(p) = \frac{\dfrac{P_1(p)}{P_{2b}(p)}}{1 + \dfrac{P_{2a}(p)}{P_{2b}(p)}} = \frac{-Y_{12}(p)}{1 + Y_{22}(p)} .$$

Mit den Gln.(3), (4) und dem Polynom $P_1(p) = (p^2 + 2p + 2)/3$ ergeben sich hieraus für die Admittanzmatrix-Elemente die Darstellungen

$$-Y_{12}(p) = \frac{p^2 + 2p + 2}{p^2 + 4p + 3}$$

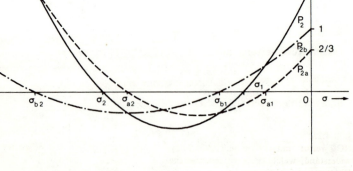

Bild 4.1b: Verlauf der Polynome $P_2(p), P_{2a}(p)$ und $P_{2b}(p)$ für $p = \sigma$ ($\sigma \leq 0$)

und

$$Y_{22}(p) = \frac{2\left(p^2 + \frac{5}{2}p + 1\right)}{p^2 + 4p + 3} = \frac{2\left(p + \frac{1}{2}\right)(p + 2)}{(p + 1)(p + 3)} \ .$$

Wie man leicht nachprüft, erfüllen die gefundenen Funktionen $Y_{12}(p)$, $Y_{22}(p)$ die Realisierbarkeitsbedingungen für die Admittanzmatrix-Elemente von induktivitätsfreien Zweitoren (SENI, Abschnitt 4.4). Die Fialkow-Gerst-Bedingungen werden eingehalten.

Aufgabe 4.2

Die Übertragungsfunktion

$$H(p) = \frac{\frac{1}{3}(p^2 + 2p + 2)}{p^2 + 3p + \frac{5}{3}} \tag{1}$$

soll als Spannungsverhältnis U_2/U_1 durch ein RC-Zweitor nach Bild 4.2a realisiert werden. Dabei sind die Ergebnisse der Aufgabe 4.1 zu berücksichtigen.

a) Die in der Aufgabe 4.1 ermittelten Admittanzmatrix-Elemente

$$-Y_{12}(p) = \frac{p^2 + 2p + 2}{p^2 + 4p + 3} \ , \tag{2a}$$

$$Y_{22}(p) = \frac{2p^2 + 5p + 2}{p^2 + 4p + 3} \tag{2b}$$

eines RC-Zweitors, durch das die Übertragungsfunktion $H(p)$ Gl.(1) gemäß Bild 4.1a verwirklicht wird, sollen nach dem Fialkow-Gerst-Verfahren realisiert werden. Man beachte, daß das Ergebnis nicht eindeutig ist.

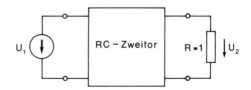

Bild 4.2a:
RC-Zweitor mit ohmschem Abschlußwiderstand, welches die vorgeschriebene Übertragungsfunktion als Spannungsverhältnis U_2/U_1 realisieren soll

14 RC-Zweitor-Synthese

b) Man skizziere das berechnete RC-Zweitor. Durch einfache Analyse soll geprüft werden, ob die Übertragungsfunktion U_2/U_1 des Netzwerks gemäß Bild 4.2a in $p = 0$ und für $p \to \infty$ mit den durch Gl.(1) gegebenen Werten übereinstimmt.

Lösung zu Aufgabe 4.2

a) Die Realisierung der durch die Gln.(2a,b) gegebenen Admittanzmatrix-Elemente erfolgt nach SEN I, Abschnitt 6.2. Diese Funktionen erfüllen alle Voraussetzungen, die notwendig sind, um das genannte Verfahren anwenden zu können.
Im *ersten* Realisierungsschritt wird aus dem zu verwirklichenden RC-Zweitor auf der Sekundärseite ein ohmscher Längswiderstand herausgezogen, so daß das Admittanzmatrix-Element $Y_{22}(p)$ des Restzweitors in $p = \infty$ einen Pol erhält. Auf diese Weise erhält man gemäß SEN, Gln.(256) und (257) mit den Gln.(2a,b) die folgenden Admittanzmatrix-Elemente des Restzweitors:

$$y_{22}(p) = \frac{1}{\frac{1}{Y_{22}(p)} - \frac{1}{Y_{22}(\infty)}} = \frac{\frac{4}{3}p^2 + \frac{10}{3}p + \frac{4}{3}}{p + \frac{4}{3}} = 1 + \frac{4}{3}p + \frac{\frac{5}{9}p}{p + \frac{4}{3}}, \quad (3a)$$

$$-y_{12}(p) = y_{22}(p)\frac{-Y_{12}(p)}{Y_{22}(p)} = \frac{\frac{2}{3}p^2 + \frac{4}{3}p + \frac{4}{3}}{p + \frac{4}{3}} = 1 + \frac{2}{3}p + \frac{-\frac{5}{9}p}{p + \frac{4}{3}}. \quad (3b)$$

Im *zweiten* Schritt der Realisierung erfolgt eine Aufteilung der Admittanzmatrix-Elemente $y_{22}(p)$ und $y_{12}(p)$ in der Form

$$y_{22}(p) = y_{22}^{(a1)}(p) + y_{22}^{(a2)}(p), \quad (4a)$$

$$y_{12}(p) = y_{12}^{(a1)}(p) + y_{12}^{(a2)}(p). \quad (4b)$$

Dabei wird nach der Vorschrift von SEN I, Abschnitt 6.2 mit $\kappa = 2/5$

$$y_{22}^{(a1)}(p) = \frac{4}{3}p + \frac{\frac{2}{9}p}{p + \frac{4}{3}} = \frac{\frac{4}{3}p^2 + 2p}{p + \frac{4}{3}}$$

und

$$y_{22}^{(a2)}(p) = 1 + \frac{\frac{1}{3}p}{p + \frac{4}{3}} = \frac{\frac{4}{3}p + \frac{4}{3}}{p + \frac{4}{3}}$$

gewählt. Man beachte, daß der Partialbruch von $y_{22}(p)$ Gl.(3a) mit dem Pol $p = -4/3$ beliebig auf die Admittanzmatrix-Elemente $y_{22}^{(a1)}(p)$ und $y_{22}^{(a2)}(p)$ verteilt werden kann, solange die Summanden positiv bleiben. Die Zerlegung von $y_{12}(p)$ hat in der Weise zu erfolgen, daß für die beiden durch $y_{22}^{(a1)}(p)$, $y_{12}^{(a1)}(p)$ bzw. $y_{22}^{(a2)}(p)$, $y_{12}^{(a2)}(p)$ bestimmten RC-Zweitore $a1$ und $a2$ die Fialkow-Gerst-Bedingungen erfüllt werden. Die Forderung ist sicher erfüllt, wenn man die Funktionen

$$-y_{12}^{(a1)}(p) = \frac{\frac{2}{3}p^2}{p + \frac{4}{3}} \ ,$$

$$-y_{12}^{(a2)}(p) = \frac{\frac{4}{3}p + \frac{4}{3}}{p + \frac{4}{3}}$$

wählt.

Im *dritten* Realisierungsschritt werden das durch die Admittanzmatrix-Elemente $y_{22}^{(a1)}(p)$, $y_{12}^{(a1)}(p)$ definierte RC-Zweitor $a1$ und ebenso das durch die Admittanzmatrix-Elemente $y_{22}^{(a2)}(p)$, $y_{12}^{(a2)}(p)$ gegebene RC-Zweitor $a2$ realisiert. Dazu wird vom Zweitor $a1$ auf der Sekundärseite eine Längskapazität abgespalten. Gemäß SEN, Gln.(262) und (263) erhält man für die Admittanzmatrix-Elemente des Restzweitors $b1$

$$y_{22}^{(b1)}(p) = \frac{1}{\frac{1}{y_{22}^{(a1)}(p)} - \frac{2/3}{p}} = 12p + 18 \qquad (5a)$$

und

$$-y_{12}^{(b1)}(p) = y_{22}^{(b1)}(p) \frac{-y_{12}^{(a1)}(p)}{y_{22}^{(a1)}(p)} = 6p \ . \qquad (5b)$$

Auf der Sekundärseite des Zweitors $a2$ wird ein ohmscher Längswiderstand abgespalten. Gemäß SEN, Gln.(264), (265) erhält man für die Admittanzmatrix-Elemente des Restzweitors $b2$

$$y_{22}^{(b2)}(p) = \frac{1}{\dfrac{1}{y_{22}^{(a2)}(p)} - \dfrac{1}{y_{22}^{(a2)}(\infty)}} = 4p + 4 \qquad (6a)$$

und

$$-y_{12}^{(b2)}(p) = y_{22}^{(b2)}(p) \frac{-y_{12}^{(a2)}(p)}{y_{22}^{(a2)}(p)} = 4p + 4 . \qquad (6b)$$

Die Zweitore $b1$ und $b2$ können direkt aus den berechneten Admittanzmatrix-Elementen $y_{22}^{(b1)}(p), y_{12}^{(b1)}(p)$ bzw. $y_{22}^{(b2)}(p), y_{12}^{(b2)}(p)$ entnommen werden.

b) Die durch die Gln.(3a,b) - (6a,b) ausgedrückte Entwicklung der gegebenen Admittanzmatrix-Elemente $Y_{22}(p), Y_{12}(p)$ läßt sich unmittelbar durch ein RC-Zweitor verwirklichen. Betreibt man dieses Netzwerk gemäß Bild 4.2a, so ergibt sich das im Bild 4.2b dargestellte Zweitor, durch das die vorgeschriebene Übertragungsfunktion $H(p)$ realisiert wird.

Eine elementare Analyse des gewonnenen Netzwerks liefert für $p = 0$ das Spannungsverhältnis

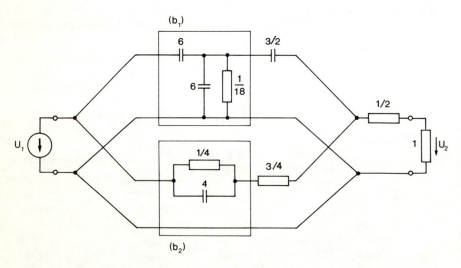

Bild 4.2b: Realisierung der Admittanzmatrix-Elemente $Y_{12}(p)$ und $Y_{22}(p)$ nach Fialkow-Gerst durch ein RC-Zweitor, das gemäß Bild 4.2a zwischen einer Spannungsquelle und einem ohmschen Abschlußwiderstand betrieben wird

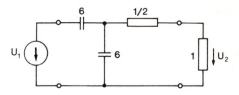

Bild 4.2c:
Vereinfachte Darstellung des Netzwerks
aus Bild 4.2b für den Grenzfall $p \to \infty$

$$\frac{U_2}{U_1} = \frac{1}{\frac{1}{4} + \frac{3}{4} + \frac{1}{2} + 1} = \frac{2}{5}$$

in Übereinstimmung mit dem Funktionswert $H(0)$ nach Gl.(1).
Für $p \to \infty$ vereinfacht sich das Zweitor in der im Bild 4.2c angegebenen Weise.
Hieraus folgt direkt für $p \to \infty$

$$\frac{U_2}{U_1} = \frac{1}{1+\frac{1}{2}} \cdot \frac{1}{2} = \frac{1}{3}$$

in Übereinstimmung mit dem Funktionswert $H(\infty)$ nach Gl.(1).

■
Aufgabe 4.3

Die rationale Funktion

$$H(p) = K \frac{p^2 - (2\rho \cos\varphi)\,p + \rho^2}{P_2(p)} \tag{1}$$

mit der positiven Konstante K besitze nur einfache Pole auf der negativ reellen Achse der p-Ebene mit Ausschluß des Punktes $p = \infty$. Das konjugiert komplexe Nullstellenpaar liege in der offenen rechten p-Halbebene, es gelte also $0 < \varphi < \pi/2$.
Es wird eine Realisierung der vorgeschriebenen Funktion $H(p)$ als Übertragungsfunktion durch ein RC-Zweitor mit durchgehender Kurzschlußverbindung gewünscht. Zähler und Nenner von $H(p)$ werden daher mit einem Polynomfaktor $(p + a)$ $(a > 0)$ erweitert.
Wie muß die Konstante a gewählt werden, damit für ein möglichst großes Intervall des Winkels φ die Zählerkoeffizienten der erweiterten Funktion nicht negativ werden, und wie lauten die Grenzen dieses Intervalls?

Lösung zu Aufgabe 4.3

Durch Erweiterung der Übertragungsfunktion $H(p)$ Gl.(1) im Zähler und Nenner mit dem Polynomfaktor $(p + a)$ $(a > 0)$ erhält man die Darstellung

$$H(p) = K \frac{p^3 + p^2 (a - 2\rho \cos \varphi) + p (\rho^2 - 2a\rho \cos \varphi) + a\rho^2}{(p + a) P_2(p)}.$$

Damit sämtliche Zählerkoeffizienten in dieser Darstellung nicht negativ werden, müssen die Ungleichungen

$$a \geqslant 2\rho \cos \varphi$$

und

$$\rho \geqslant 2a \cos \varphi,$$

d.h. die Bedingungen

$$\cos \varphi \leqslant \frac{1}{2} x$$

und

$$\cos \varphi \leqslant \frac{1}{2} \cdot \frac{1}{x}$$

mit $x = a/\rho$ erfüllt werden. Nach Bild 4.3 muß demnach der Punkt mit der Abszisse x und der Ordinate $\cos \varphi$ unterhalb der Kurve Min $[x/2, 1/(2x)]$ oder höchstens auf ihr liegen. Das Maximum dieser Kurve tritt für $x = 1$ auf und hat den Wert $1/2$.

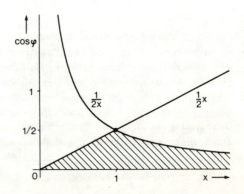

Bild 4.3:
Graphische Darstellung der gleichzeitig geltenden Ungleichungen $\cos \varphi \leqslant x/2$ und $\cos \varphi \leqslant 1/(2x)$

Man erhält also den größten Winkelbereich φ für die Übertragungsnullstelle, wenn man $x = a/\rho = 1$, also

$$a = \rho$$

wählt. Es gilt dann

$$0 < \cos \varphi \leq \frac{1}{2},$$

d.h.

$$\frac{\pi}{3} \leq \varphi < \frac{\pi}{2}.$$

■
Aufgabe 4.4

Die Übertragungsfunktion

$$H(p) = \frac{p-1}{p+2} \tag{1}$$

soll als Spannungsverhältnis U_2/U_1 eines sekundärseitig leerlaufenden RC-Zweitors realisiert werden. Die Realisierung soll einschließlich des konstanten Faktors von $H(p)$ erfolgen.

Lösung zu Aufgabe 4.4

Nach SEN I, Abschnitt 6.3 ist eine Verwirklichung der gegebenen RC-Übertragungsfunktion $H(p)$ ohne Einführung eines konstanten Faktors in der Übertragungsfunktion dann möglich, wenn die Koeffizienten des Nennerpolynoms $P_2(p)$ nicht kleiner als die Beträge der entsprechenden Koeffizienten des Zählerpolynoms $P_1(p)$ sind. Diese Bedingung ist im vorliegenden Beispiel offensichtlich erfüllt.
Zur Realisierung der Übertragungsfunktion wird diese in der Form

$$H(p) = H_a(p) - H_b(p)$$

mit

$$H_a(p) \equiv \frac{P_{1a}(p)}{P_2(p)} = \frac{p}{p+2}$$

und

$$H_b(p) \equiv \frac{P_{1b}(p)}{P_2(p)} = \frac{1}{p+2}$$

ausgedrückt. Nun müssen Zähler- und Nennerpolynome der beiden Übertragungsfunktionen $H_a(p)$ und $H_b(p)$ durch geeignete Hilfspolynome $Q_a(p)$ bzw. $Q_b(p)$ dividiert werden, damit die entstehenden Quotienten als miteinander verträgliche Admittanzmatrix-Elemente aufgefaßt werden können.
Im vorliegenden Fall wird

$$Q_a(p) = Q_b(p) = p + 4$$

gewählt. Hierdurch erhält man

$$\frac{P_{1a}(p)}{Q_a(p)} = \frac{p}{p+4} \equiv -Y_{12a}(p),$$

$$\frac{P_2(p)}{Q_a(p)} = \frac{p+2}{p+4} \equiv Y_{22a}(p)$$

und ebenso

$$\frac{P_{1b}(p)}{Q_b(p)} = \frac{1}{p+4} \equiv -Y_{12b}(p),$$

$$\frac{P_{2b}(p)}{Q_b(p)} = \frac{p+2}{p+4} \equiv Y_{22b}(p).$$

Da sämtliche Admittanzmatrix-Elemente den Grad Eins haben, muß lediglich der erste und der letzte Schritt des allgemeinen Fialkow-Gerst-Verfahrens angewendet werden.
Im Falle des Zweitors a erhält man die folgenden Admittanzmatrix-Elemente des Restzweitors:

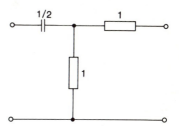

Bild 4.4a: Realisierung des RC-Zweitors a

$$y_{22a}(p) = \cfrac{1}{\cfrac{1}{Y_{22a}(p)} - \cfrac{1}{Y_{22a}(\infty)}} = \frac{p+2}{2},$$

$$-y_{12a}(p) = y_{22a}(p) \frac{-Y_{12a}(p)}{Y_{22a}(p)} = \frac{p}{2}.$$

Hieraus läßt sich sofort das im Bild 4.4a dargestellte Zweitor mit den Admittanzmatrix-Elementen $Y_{12a}(p)$ und $Y_{22a}(p)$ angeben.
Im Falle des Zweitors b erhält man die folgenden Admittanzmatrix-Elemente des Restzweitors:

$$y_{22b}(p) = \cfrac{1}{\cfrac{1}{Y_{22b}(p)} - \cfrac{1}{Y_{22b}(\infty)}} = \frac{p+2}{2},$$

$$-y_{12b}(p) = y_{22b}(p) \frac{-Y_{12b}(p)}{Y_{22b}(p)} = \frac{1}{2}.$$

Hieraus läßt sich sofort das im Bild 4.4b dargestellte Zweitor mit den Admittanzmatrix-Elementen $Y_{12b}(p)$ und $Y_{22b}(p)$ angeben.

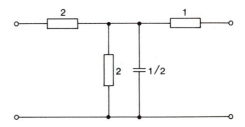

Bild 4.4b: Realisierung des RC-Zweitors b

RC-Zweitor-Synthese

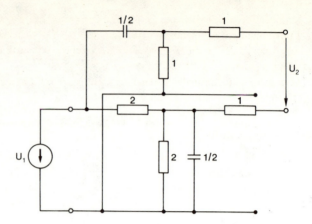

Bild 4.4c: Ausgangsseitig leerlaufendes RC-Zweitor, welches die vorgeschriebene Übertragungsfunktion $H(p)$ als Spannungsverhältnis U_2/U_1 realisiert

Die Zusammenschaltung der beiden Zweitore aus den Bildern 4.4a und 4.4b liefert schließlich das im Bild 4.4c dargestellte RC-Zweitor, welches die Übertragungsfunktion $H(p)$ Gl.(1) als Spannungsverhältnis U_2/U_1 vollständig realisiert. Die Längswiderstände auf den Sekundärseiten der Teilzweitore a und b sind wegen des sekundären Leerlaufs überflüssig und können daher weggelassen werden. Die durch diese Vereinfachung entstehenden Teilzweitore lassen sich auch direkt durch Wahl der Hilfspolynome $Q_a(p) = Q_b(p) = 2$ gewinnen.

■
Aufgabe 4.5

Die Funktionen

$$Y_{22}(p) = \frac{p^2 + 2p + \frac{2}{3}}{p^2 + \frac{7}{3}p + 1} \tag{1}$$

und

$$-Y_{12}(p) = \frac{K(p^2 + p + 2)}{p^2 + \frac{7}{3}p + 1} \quad (K > 0) \tag{2}$$

können als Admittanzmatrix-Elemente eines RC-Zweitors betrachtet werden.

Aufgabe 4.5 23

Man bestimme mit Hilfe des Guillemin-Verfahrens ein RC-Zweitor, das die gegebenen Funktionen als Admittanzmatrix-Elemente besitzt. Das Zweitor soll dabei durch Parallelschaltung von drei Teilzweitoren entstehen. Wie groß muß die Konstante K gewählt werden?
Man gebe den Maximalwert der Konstante K an, für den ein RC-Zweitor mit durchgehender Kurzschlußverbindung existiert.

Lösung zu Aufgabe 4.5
Die Lösung erfolgt gemäß SEN I, Abschnitt 6.6. Das durch Gl.(2) gegebene Admittanzmatrix-Element wird, zunächst mit $K = 1$, in die Summe der folgenden Admittanzmatrix-Elemente zerlegt:

$$-Y_{12}^{(0)}(p) = \frac{2}{p^2 + \frac{7}{3}p + 1} \quad , \tag{3}$$

$$-Y_{12}^{(1)}(p) = \frac{p}{p^2 + \frac{7}{3}p + 1} \quad , \tag{4}$$

$$-Y_{12}^{(2)}(p) = \frac{p^2}{p^2 + \frac{7}{3}p + 1} \quad . \tag{5}$$

Jedem dieser Elemente wird als Hauptdiagonalelement $Y_{22}^{(\mu)}(p)$ ($\mu = 0, 1, 2$) der Admittanzmatrix die Funktion $Y_{22}(p)$ Gl.(1) zugeordnet.
Damit sind drei Teilzweitore durch jeweils ein Paar von Admittanzmatrix-Elementen eingeführt. Sie werden im folgenden als Kettennetzwerke gemäß SEN I, Abschnitt 6.5 realisiert.
Zunächst soll das *Teilzweitor 0* mit den durch die Gln.(1) und (3) gegebenen Admittanzmatrix-Elementen realisiert werden. Beide Übertragungsnullstellen liegen in $p = \infty$. Um die Verwirklichung einer dieser Übertragungsnullstellen vorzubereiten, wird auf der sekundären Seite des Zweitors ein Längswiderstand abgespalten, so daß das Admittanzmatrix-Element $Y_{22}^{(a)}(p)$ des Restzweitors a in $p = \infty$ einen Pol erhält. Auf diese Weise entstehen die Admittanzmatrix-Elemente des Restzweitors

$$Y_{22}^{(a)}(p) = \left[\frac{1}{Y_{22}(p)} - \frac{1}{Y_{22}(\infty)}\right]^{-1} = \frac{p^2 + 2p + \frac{2}{3}}{\frac{1}{3}p + \frac{1}{3}} \tag{6}$$

und

$$-Y_{12}^{(a)}(p) = Y_{22}^{(a)}(p) \frac{-Y_{12}^{(0)}(p)}{Y_{22}(p)} = \frac{2}{\frac{1}{3}p + \frac{1}{3}}.$$

Im zweiten Entwicklungsschritt wird auf der Sekundärseite des Zweitors *a* eine Querkapazität abgespalten. Diese wird so gewählt, daß der Pol der Admittanz $Y_{22}^{(a)}(p)$ Gl.(6) in $p = \infty$ vollständig abgebaut wird. Dadurch wird eine erste Übertragungsnullstelle in $p = \infty$ verwirklicht. Das Restzweitor *b* erhält so die Admittanzmatrix-Elemente

$$Y_{22}^{(b)}(p) = Y_{22}^{(a)}(p) - 3p = \frac{3p + 2}{p + 1}$$

und

$$-Y_{12}^{(b)}(p) \equiv -Y_{12}^{(a)}(p) = \frac{6}{p + 1}.$$

Um die Verwirklichung der zweiten Übertragungsnullstelle in $p = \infty$ vorzubereiten, wird im dritten Entwicklungsschritt ein ohmscher Längswiderstand mit dem Wert $1/Y_{22}^{(b)}(\infty) = 1/3$ auf der Sekundärseite des Zweipols *b* abgespalten. Auf diese Weise entsteht ein Restzweitor *c* mit den Admittanzmatrix-Elementen

$$Y_{22}^{(c)}(p) = \left[\frac{1}{Y_{22}^{(b)}(p)} - \frac{1}{3} \right]^{-1} = 9p + 6 \qquad (7)$$

und

$$-Y_{12}^{(c)}(p) = Y_{22}^{(c)}(p) \frac{-Y_{12}^{(b)}(p)}{Y_{22}^{(b)}(p)} = 18.$$

Im vierten Entwicklungsschritt wird auf der Sekundärseite des Zweitors *c* eine Querkapazität abgespalten, so daß der Pol der Admittanz $Y_{22}^{(c)}(p)$ Gl.(7) in $p = \infty$ vollständig abgebaut wird. Damit ist die zweite Übertragungsnullstelle in $p = \infty$ verwirklicht. Zur Realisierung der noch verbleibenden Admittanzmatrix-Elemente

$$Y_{22}^{(d)}(p) = 6, \quad -Y_{12}^{(d)}(p) = 18$$

wird die Funktion $Y_{12}^{(d)}(p)$ mit dem Faktor 1/3 multipliziert. Damit läßt sich das Restzweitor *d* durch den Ohmwiderstand 1/6 in Längsrichtung realisieren. Das voll-

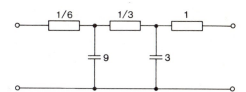

Bild 4.5a:
Realisierung der Admittanzmatrix-Elemente
$Y_{12}^{(0)}(p)/3$ und $Y_{22}(p)$ (Teilzweitor 0)

ständige Teilzweitor 0 ist im Bild 4.5a dargestellt. Es realisiert die durch die Gln.(1) und (3) gegebenen Admittanzmatrix-Elemente $Y_{22}(p)$ und $(1/3)\,Y_{12}^{(0)}(p)$.
Bei der Realisierung des *Teilzweitors 1* mit den durch die Gln.(1) und (4) gegebenen Admittanzmatrix-Elementen muß beachtet werden, daß von den zwei Übertragungsnullstellen die eine in $p=0$ und die andere in $p=\infty$ liegt. Die Verwirklichung der Übertragungsnullstelle $p=0$ wird eingeleitet durch die Abspaltung des Ohmwiderstands $1/Y_{22}(0) = 3/2$ in Querrichtung auf der Sekundärseite des Teilzweitors 1. Das Restzweitor a besitzt die Admittanzmatrix-Elemente

$$Y_{22}^{(a)}(p) = Y_{22}(p) - Y_{22}(0) = \frac{\frac{1}{3}p^2 + \frac{4}{9}p}{p^2 + \frac{7}{3}p + 1}$$

und

$$-Y_{12}^{(a)}(p) \equiv -Y_{12}^{(1)}(p) = \frac{p}{p^2 + \frac{7}{3}p + 1} .$$

Im zweiten Entwicklungsschritt wird auf der Sekundärseite des Zweitors a eine Längskapazität abgespalten, so daß der Pol der Impedanz $1/Y_{22}^{(a)}(p)$ in $p=0$ vollständig abgebaut wird. Dadurch erhält man die Admittanzmatrix-Elemente

$$Y_{22}^{(b)}(p) = \left[\frac{1}{Y_{22}^{(a)}(p)} - \frac{9}{4p}\right]^{-1} = \frac{\frac{1}{3}p + \frac{4}{9}}{p + \frac{19}{12}}$$

und

$$-Y_{12}^{(b)}(p) = -Y_{22}^{(b)}(p)\,\frac{Y_{12}^{(a)}(p)}{Y_{22}^{(a)}(p)} = \frac{1}{p + \frac{19}{12}}$$

des Restzweitors b. Um die Verwirklichung der Übertragungsnullstelle $p=\infty$ vorzubereiten, wird im dritten Entwicklungsschritt auf der Sekundärseite des Zweitors *b* ein Längswiderstand abgespalten, so daß das Admittanzmatrix-Element $Y_{22}^{(c)}(p)$ des Restzweitors *c* in $p = \infty$ einen Pol erhält. Auf diese Weise entstehen die Admittanzmatrix-Elemente

$$Y_{22}^{(c)}(p) = \left[\frac{1}{Y_{22}^{(b)}(p)} - 3 \right]^{-1} = \frac{4}{3}p + \frac{16}{9}$$

und

$$-Y_{12}^{(c)}(p) = -Y_{22}^{(c)}(p) \frac{Y_{12}^{(b)}(p)}{Y_{22}^{(b)}(p)} = 4$$

des Zweitors *c*. Im vierten Entwicklungsschritt wird auf der Sekundärseite dieses Zweitors die Querkapazität 4/3 abgespalten. Zur Realisierung der noch verbleibenden Admittanzmatrix-Elemente

$$Y_{22}^{(d)}(p) = \frac{16}{9}, \quad -Y_{12}^{(d)}(p) = 4$$

wird die Funktion $Y_{12}^{(d)}(p)$ mit dem Faktor 4/9 multipliziert. Damit läßt sich das Restzweitor *d* durch den Ohmwiderstand 9/16 in Längsrichtung verwirklichen. Das vollständige Teilzweitor 1 ist im Bild 4.5b dargestellt. Es realisiert die durch die Gln.(1) und (4) gegebenen Admittanzmatrix-Elemente $Y_{22}(p)$ und (4/9) $Y_{12}^{(1)}(p)$. Aus den durch die Gln.(1) und (5) gegebenen Admittanzmatrix-Elementen von *Teilzweitor 2* entnimmt man, daß beide Übertragungsnullstellen in $p = 0$ liegen. Die Verwirklichung der ersten Übertragungsnullstelle wird eingeleitet durch die Abspaltung des Ohmwiderstands $1/Y_{22}(0) = 3/2$ in Querrichtung auf der Sekundärseite des Teilzweitors 2. Das Restzweitor *a* besitzt die Admittanzmatrix-Elemente

$$Y_{22}^{(a)}(p) = Y_{22}(p) - Y_{22}(0) = \frac{\frac{1}{3}p^2 + \frac{4}{9}p}{p^2 + \frac{7}{3}p + 1}$$

und

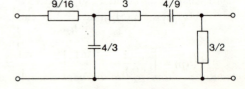

Bild 4.5b:
Realisierung der Admittanzmatrix-Elemente
(4/9) $Y_{12}^{(1)}(p)$ und $Y_{22}(p)$ (Teilzweitor 1)

$$-Y^{(a)}_{12}(p) \equiv -Y^{(2)}_{12}(p) = \frac{p^2}{p^2 + \frac{7}{3}p + 1}.$$

Im zweiten Entwicklungsschritt wird auf der Sekundärseite des Zweitors *a* eine Längskapazität abgespalten, so daß der Pol der Impedanz $1/Y^{(a)}_{22}(p)$ in $p=0$ vollständig abgebaut wird. Dadurch erhält man die Admittanzmatrix-Elemente

$$Y^{(b)}_{22}(p) = \left[\frac{1}{Y^{(a)}_{22}(p)} - \frac{9}{4p}\right]^{-1} = \frac{\frac{1}{3}p + \frac{4}{9}}{p + \frac{19}{12}}$$

und

$$-Y^{(b)}_{12}(p) = -Y^{(b)}_{22}(p) \frac{Y^{(a)}_{12}(p)}{Y^{(a)}_{22}(p)} = \frac{p}{p + \frac{19}{12}}$$

des Restzweitors *b*. Um die Verwirklichung der zweiten Übertragungsnullstelle $p=0$ vorzubereiten, wird im dritten Entwicklungsschritt auf der Sekundärseite des Zweitors *b* der Ohmwiderstand $1/Y^{(b)}_{22}(0) = 57/16$ in Querrichtung abgespalten. Das Restzweitor *c* besitzt die Admittanzmatrix-Elemente

$$Y^{(c)}_{22}(p) = Y^{(b)}_{22}(p) - \frac{16}{57} = \frac{\frac{1}{19}p}{p + \frac{19}{12}}$$

und

$$-Y^{(c)}_{12}(p) \equiv -Y^{(b)}_{12}(p) = \frac{p}{p + \frac{19}{12}}.$$

Im vierten Entwicklungsschritt wird auf der Sekundärseite des Zweitors *c* eine Längskapazität abgespalten, so daß der Pol der Impedanz $1/Y^{(c)}_{22}(p)$ in $p=0$ vollständig abgebaut wird. Auf diese Weise entstehen die Admittanzmatrix-Elemente

$$Y^{(d)}_{22}(p) = \left[\frac{1}{Y^{(c)}_{22}(p)} - \frac{361}{12p}\right]^{-1} = \frac{1}{19}$$

und

$$-Y_{12}^{(d)}(p) = -Y_{22}^{(d)}(p) \frac{Y_{12}^{(c)}(p)}{Y_{22}^{(c)}(p)} = 1$$

des Restzweitors d. Zur Realisierung dieses Zweitors wird das Admittanzmatrix-Element $Y_{12}^{(d)}(p)$ mit 1/19 multipliziert. Damit läßt sich das Restzweitor durch einen Längswiderstand mit dem Wert 1/19 verwirklichen. Das gesamte Teilzweitor 2 ist im Bild 4.5c dargestellt. Es realisiert die durch die Gln.(1) und (5) gegebenen Admittanzmatrix-Elemente $Y_{22}(p)$ und $(1/19)\,Y_{12}^{(2)}(p)$.

Da die durch die Gln.(3) - (5) gegebenen Admittanzmatrix-Elemente durch die entstandenen Zweitore nur bis auf die Faktoren 1/3, 4/9 bzw. 1/19 realisiert wurden, werden alle Admittanzen des Teilzweitors 0 (Bild 4.5a) mit der Konstante $3K$, alle Admittanzen des Teilzweitors 1 (Bild 4.5b) mit der Konstante $9K/4$ und alle Admittanzen des Teilzweitors 2 (Bild 4.5c) mit der Konstante $19K$ multipliziert. Schaltet man sodann alle drei RC-Zweitore miteinander parallel, so erhält man ein Zweitor mit den Admittanzmatrix-Elementen

$$Y_{22}(p) = \left(3K + \frac{9K}{4} + 19K\right) \frac{p^2 + 2p + \frac{2}{3}}{p^2 + \frac{7}{3}p + 1} \tag{8}$$

und

$$-Y_{12}(p) = \frac{K(p^2 + p + 2)}{p^2 + \frac{7}{3}p + 1} . \tag{9}$$

Damit die durch die Gln.(1) und (8) gegebenen Admittanzen identisch werden, muß

$$3K + \frac{9K}{4} + 19K = 1 ,$$

d.h.

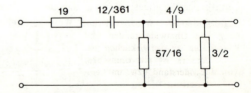

Bild 4.5c:
Realisierung der Admittanzmatrix-Elemente
$Y_{12}^{(2)}(p)/19$ und $Y_{22}(p)$ (Teilzweitor 2)

$$K = \frac{4}{97}$$

gewählt werden.

Aus den Fialkow-Gerst-Bedingungen folgt, daß die Konstante K maximal den Wert $1/3$ annehmen kann. Bei dieser Wahl des Maximalwertes lassen sich die beiden Admittanzmatrix-Elemente Gln.(1),(2) mit Hilfe des Fialkow-Gerst-Verfahrens (SENI, Abschnitt 6.2) durch ein RC-Zweitor realisieren.

■
Aufgabe 4.6

Eine allgemeine RC-Übertragungsfunktion

$$H(p) = \frac{\sum_{\nu=0}^{m} a_\nu p^\nu}{\prod_{\nu=1}^{m} (p + \sigma_\nu)}$$

$(\sigma_\nu > 0, \quad \sigma_\mu \neq \sigma_\nu \quad \text{für} \quad \mu \neq \nu)$

soll durch ein symmetrisches Kreuzglied gemäß Bild 4.6 als Spannungsverhältnis U_2/U_1 realisiert werden. Das aus den RC-Admittanzen $Y_1(p)$ und $Y_2(p)$ aufgebaute Kreuzglied werde im Leerlauf bzw. mit dem ohmschen Belastungswiderstand $R_2 = 1$ betreiben.

a) Wie können für die beiden genannten Betriebsfälle die Admittanzmatrix-Elemente

$$Y_{22}(p) = \frac{R(p)}{Q(p)} \tag{1}$$

und

Bild 4.6:
Symmetrisches Kreuzglied, durch welches die vorgeschriebene Übertragungsfunktion unter Verwendung von Ohmwiderständen und Kapazitäten zu verwirklichen ist. Das Netzwerk ist mit ohmschen Abschlußwiderstand bzw. im Leerlauf zu betreiben

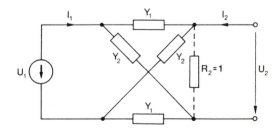

$$-Y_{12}(p) = \frac{KP_1(p)}{Q(p)} \qquad (2)$$

des Kreuzgliedes aus der gegebenen Übertragungsfunktion

$$H(p) = \frac{KP_1(p)}{P_2(p)} \qquad (3)$$

ermittelt werden? Die Größe K bezeichnet einen positiven konstanten Faktor, $P_1(p)$ und $P_2(p)$ sind Polynome, ebenso $R(p)$ und $Q(p)$. Ist das Ergebnis eindeutig?
Man gebe die Partialbruchdarstellung dieser Elemente in allgemeiner Form an.

b) Man bestimme die Admittanzmatrix-Elemente $Y_{22}(p)$ und $Y_{12}(p)$ des im Bild 4.6 angegebenen Kreuzgliedes als Funktionen der Admittanzen $Y_1(p)$ und $Y_2(p)$.

c) Durch einen Vergleich der in den Teilaufgaben *a* und *b* gewonnenen Beziehungen erhält man die Darstellungen

$$-Y_{12}(p) = f(Y_1, Y_2) = \frac{KP_1(p)}{Q(p)} \qquad (4)$$

und

$$Y_{22}(p) = g(Y_1, Y_2) = \frac{R(p)}{Q(p)}. \qquad (5)$$

Aufgrund der Gl.(4) werden die Admittanzen $Y_1(p)$ und $Y_2(p)$ bis auf eine additive RC-Admittanz $Y_3(p)$ festgelegt. Diese zunächst unbekannte Funktion $Y_3(p)$ läßt sich schließlich mit Hilfe der Gl.(5) ermitteln.

d) Kann bei dem beschriebenen Syntheseverfahren die Übertragungsfunktion $H(p)$ Gl.(3) einschließlich des konstanten Faktors K vorgeschrieben werden? Wie ist dieser konstante Faktor zu wählen, damit der Aufwand an Netzwerkelementen möglichst klein wird?

Lösung zu Aufgabe 4.6

a) Die Admittanzmatrix-Elemente $Y_{22}(p)$ und $Y_{12}(p)$ werden aus der gegebenen Übertragungsfunktion Gl.(3) nach SEN I, Abschnitt 6.1 bestimmt.
Im Falle, daß das Kreuzglied auf der Sekundärseite im Leerlauf betrieben wird, gilt für die Übertragungsfunktion

$$\frac{U_2}{U_1} = -\frac{Y_{12}(p)}{Y_{22}(p)} \ . \tag{6}$$

Um die Übertragungsfunktion $H(p)$ Gl.(3) auf diese Form zu bringen, werden Zähler und Nenner durch ein Hilfspolynom $Q(p)$ dividiert. Dieses Polynom ist so zu wählen, daß es keine gemeinsamen Nullstellen mit $P_2(p)$ hat und daß $P_2(p)/Q(p)$ eine RC-Admittanz wird. Damit erhält man

$$H(p) = \frac{KP_1(p)}{P_2(p)} = \frac{KP_1(p)/Q(p)}{P_2(p)/Q(p)} \ . \tag{7}$$

Aufgrund der Gln.(6) und (7) können folgende Zuordnungen vorgenommen werden:

$$Y_{22}(p) = \frac{P_2(p)}{Q(p)} \ ,$$

$$-Y_{12}(p) = \frac{KP_1(p)}{Q(p)} \ .$$

Beide Admittanzmatrix-Elemente haben die gewünschte Form gemäß den Gln.(1) und (2); dabei ist $P_2(p)$ identisch mit dem Polynom $R(p)$.
Im Falle, daß das Kreuzglied auf der Sekundärseite mit dem Ohmwiderstand $R_2 = 1$ belastet ist, gilt gemäß SEN, Gl.(235)

$$\frac{U_2}{U_1} = \frac{-Y_{12}(p)}{1 + Y_{22}(p)} \ . \tag{8}$$

Um die gegebene Übertragungsfunktion $H(p)$ Gl.(3) auf diese Form zu bringen, wird das Nennerpolynom in die Summe zweier Polynome

$$P_2(p) = P_{2a}(p) + P_{2b}(p)$$

zerlegt, so daß der Quotient $P_{2a}(p)/P_{2b}(p)$ eine RC-Admittanz wird. Dann kann die durch Gl.(3) gegebene Übertragungsfunktion in der Form

$$H(p) = \frac{\dfrac{KP_1(p)}{P_{2b}(p)}}{1 + \dfrac{P_{2a}(p)}{P_{2b}(p)}} \tag{9}$$

ausgedrückt werden. Aufgrund der Gln.(8) und (9) lassen sich nun folgende Zuordnungen vornehmen:

$$Y_{22}(p) = \frac{P_{2a}(p)}{P_{2b}(p)} ,$$

$$-Y_{12}(p) = \frac{K P_1(p)}{P_{2b}(p)} .$$

Diese Admittanzmatrix-Elemente haben die gewünschte Form gemäß den Gln.(1) und (2); $P_{2a}(p)$ stimmt mit dem Polynom $R(p)$, $P_{2b}(p)$ mit dem Polynom $Q(p)$ überein.

Die gewonnenen Ergebnisse für die Admittanzmatrix-Elemente sind nicht eindeutig, da die Hilfspolynome $P_{2b}(p)$ und $Q(p)$ in Grenzen frei wählbar sind.

Die Admittanzmatrix-Elemente lassen sich durch die folgenden Partialbruchsummen ausdrücken:

$$-Y_{12}(p) = \frac{K P_1(p)}{Q(p)} =$$

$$= K \left[(C_0 - D_0) + (C_\infty - D_\infty) p + \sum_{\nu=1}^{l} \frac{C_\nu p}{p + \sigma_\nu} - \sum_{\nu=l+1}^{n} \frac{C_\nu p}{p + \sigma_\nu} \right] , \quad (10)$$

$$Y_{22}(p) = \frac{R(p)}{Q(p)} = B_0 + B_\infty p + \sum_{\nu=1}^{n} \frac{B_\nu p}{p + \sigma_\nu} . \quad (11)$$

Hierbei gilt für die Koeffizienten

$C_0 = 0$ für $C_0 - D_0 \leq 0$,

$D_0 = 0$ für $C_0 - D_0 > 0$,

$C_\infty = 0$ für $C_\infty - D_\infty \leq 0$,

$D_\infty = 0$ für $C_\infty - D_\infty > 0$,

$C_\nu \geq 0$ $(\nu = 1, 2, ... n)$,

$B_0 \geq 0$, $B_\infty \geq 0$, $B_\nu > 0$ $(\nu = 1, 2, ..., n)$.

b) Durch Berechnung des Quotienten I_1/U_1 bzw. I_2/U_1 bei $U_2 = 0$ (Bild 4.6) erhält man die Admittanzmatrix-Elemente des Kreuzgliedes:

$$Y_{11}(p) \equiv Y_{22}(p) = \frac{1}{2}[Y_1(p) + Y_2(p)], \tag{12}$$

$$-Y_{12}(p) = \frac{1}{2}[Y_1(p) - Y_2(p)]. \tag{13}$$

c) Durch Vergleich der Gln.(10) und (13) erhält man die RC-Admittanzen

$$Y_1(p) = 2K\left[C_0 + C_\infty p + \sum_{\nu=1}^{l} \frac{C_\nu p}{p + \sigma_\nu}\right] + Y_3(p) \tag{14}$$

und

$$Y_2(p) = 2K\left[\sum_{\nu=l+1}^{n} \frac{C_\nu p}{p + \sigma_\nu} + D_0 + D_\infty p\right] + Y_3(p). \tag{15}$$

Aus den Gln.(11) und (12) folgt weiterhin mit den Gln.(14) und (15)

$$K\left[C_0 + D_0 + (C_\infty + D_\infty)p + \sum_{\nu=1}^{n} \frac{C_\nu p}{p + \sigma_\nu}\right] + Y_3(p) =$$

$$= B_0 + B_\infty p + \sum_{\nu=1}^{n} \frac{B_\nu p}{p + \sigma_\nu}. \tag{16}$$

Wie man hieraus sieht, muß die Konstante K so gewählt werden, daß die Ungleichungen

$$K(C_0 + D_0) \leq B_0,$$
$$K(C_\infty + D_\infty) \leq B_\infty,$$
$$KC_\nu \leq B_\nu \quad (\nu = 1, 2, ..., n)$$

oder die Ungleichung

$$K \leqslant \underset{\substack{\nu=1,\ldots,n \\ \mu=0,\infty}}{\text{Min}} \left[\frac{B_\nu}{C_\nu}, \frac{B_\mu}{C_\mu + D_\mu} \right] \tag{17}$$

gilt. Damit ergibt sich aus Gl.(16)

$$Y_3(p) = [B_0 - K(C_0 + D_0)] + [B_\infty - K(C_\infty + D_\infty)]p + \sum_{\nu=1}^{n} \frac{(B_\nu - KC_\nu)p}{p + \sigma_\nu}.$$

Führt man diese Darstellung der Admittanz $Y_3(p)$ in die Gln.(14) und (15) ein, so erhält man die RC-Admittanzen

$$Y_1(p) = [B_0 + K(C_0 - D_0)] + [B_\infty + K(C_\infty - D_\infty)]p +$$

$$+ \sum_{\nu=1}^{l} \frac{(B_\nu + KC_\nu)p}{p + \sigma_\nu} + \sum_{\nu=l+1}^{n} \frac{(B_\nu - KC_\nu)p}{p + \sigma_\nu}$$

und

$$Y_2(p) = [B_0 - K(C_0 - D_0)] + [B_\infty - K(C_\infty - D_\infty)]p +$$

$$+ \sum_{\nu=1}^{l} \frac{(B_\nu - KC_\nu)p}{p + \sigma_\nu} + \sum_{\nu=l+1}^{n} \frac{(B_\nu + KC_\nu)p}{p + \sigma_\nu}.$$

Beide Admittanzen lassen sich mit Hilfe bekannter Verfahren durch RC-Zweipole realisieren. Diese Zweipole sind dann im Netzwerk nach Bild 4.6 einzufügen.

d) Die maximale Konstante K ist durch die rechte Seite der Ungleichung (17) gegeben. Kleinere Werte können gewählt werden.
Der Aufwand an Netzwerkelementen wird dann minimal, wenn von den Quotienten B_ν/C_ν ($\nu = 1,2,\ldots,n$) und $B_\mu/(C_\mu + D_\mu)$ ($\mu = 0,\infty$) einer mit der Konstante K übereinstimmt.

Aufgabe 4.7

Es seien die beiden Admittanzmatrix-Elemente

$$Y_{22}(p) = \frac{2p^3 + 13p^2 + 20p + 3}{p^2 + 6p + 8}$$

und

$$-Y_{12}(p) = \frac{p + 5}{p^2 + 6p + 8}$$

eines induktivitätsfreien Zweitors gegeben.

a) Man realisiere die Admittanzmatrix-Elemente $Y_{22}(p)$, $Y_{12}(p)$ durch ein RC-Abzweignetzwerk. Dabei soll nach Durchführung der erforderlichen Vorabspaltung mit der Verwirklichung der Übertragungsnullstelle $p = \infty$ begonnen werden. Bekanntlich kann das Admittanzmatrix-Element $Y_{12}(p)$ im allgemeinen nur bis auf einen positiven konstanten Faktor $K < 1$ realisiert werden. Wie groß darf dieser Faktor maximal gewählt werden?

b) Man skizziere das berechnete Netzwerk und überprüfe die Richtigkeit des Ergebnisses durch eine Analyse für die komplexe Frequenz $p = 0$.

Lösung zu Aufgabe 4.7

Die Lösung erfolgt nach SENI, Abschnitt 6.5.

a) In einer Vorabspaltung werden zunächst alle Pole der Admittanz $Y_{22}(p)$ vollständig abgebaut, die im Admittanzmatrix-Element $Y_{12}(p)$ nicht auftreten. Hierfür kommt nur der Pol $p = \infty$ in Betracht. Mit

$$y(p) = 2p$$

wird daher die Admittanz

$$y_{22}(p) = Y_{22}(p) - y(p) = \frac{p^2 + 4p + 3}{p^2 + 6p + 8}$$

$$= \frac{3}{8} + \frac{(1/4)p}{p + 2} + \frac{(3/8)p}{p + 4} \qquad (1)$$

gebildet. Sie erfüllt zusammen mit der Funktion

$$-y_{12}(p) \equiv -Y_{12}(p) = \frac{5}{8} - \frac{(3/4)p}{p + 2} + \frac{(1/8)p}{p + 4} \qquad (2)$$

die Realisierbarkeitsbedingungen, welche die Admittanzmatrix-Elemente von induktivitätsfreien Zweitoren befriedigen müssen. Aufgrund der Gln.(1) und (2) werden die gegebenen Admittanzmatrix-Elemente $Y_{22}(p)$ und $Y_{12}(p)$ durch das im Bild 4.7a angegebene Netzwerk verwirklicht. Die weitere Aufgabe besteht darin, die durch die Gln.(1) und (2) gegebenen Admittanzmatrix-Elemente zu realisieren.

Zur Verwirklichung der Übertragungsnullstelle $p = \infty$ wird nach SEN I, Abschnitt 6.5 zuerst auf der Sekundärseite des Zweitors mit den Admittanzmatrix-Elementen $y_{22}(p), y_{12}(p)$ ein Ohmwiderstand mit dem Wert $1/y_{22}(\infty) = 1$ in Längsrichtung herausgezogen. Nach SEN erhält man für das entstehende Restzweitor a die Admittanzmatrix-Elemente

$$y_{22}^{(a)}(p) = \cfrac{1}{\cfrac{1}{y_{22}(p)} - \cfrac{1}{y_{22}(\infty)}} = \frac{p^2 + 4p + 3}{2p + 5}$$

und

$$-y_{12}^{(a)}(p) = y_{22}^{(a)}(p) \frac{-y_{12}(p)}{y_{22}(p)} = \frac{p+5}{2p+5} \;.$$

Nun wird auf der Sekundärseite des Zweitors a eine Querkapazität herausgezogen, indem der Pol $p = \infty$ von $y_{22}^{(a)}(p)$ vollständig abgebaut wird. Auf diese Weise entsteht das Restzweitor b mit den Admittanzmatrix-Elementen

$$y_{22}^{(b)}(p) = y_{22}^{(a)}(p) - \frac{1}{2}p = \frac{1{,}5p + 3}{2p + 5} = \frac{3}{5} + \frac{(3/20)p}{p + 5/2}$$

und

$$-y_{12}^{(b)}(p) \equiv -y_{12}^{(a)}(p) = \frac{p+5}{2p+5} \;.$$

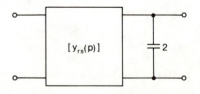

Bild 4.7a: Erster Schritt zur Verwirklichung der vorgeschriebenen Admittanzmatrix-Elemente; Vorabspaltung des Pols von $Y_{22}(p)$ in $p = \infty$

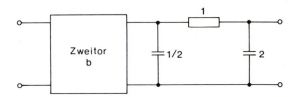

Bild 4.7b: Zweiter Realisierungsschritt: Abspaltung eines Pols von $y_{22}(p)$ und $y_{12}(p)$ in $p = \infty$

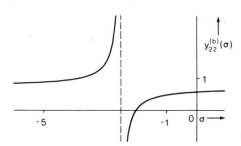

Bild 4.7c:
Funktionsverlauf der sekundären Kurzschlußadmittanz des Restzweitors b

Die Realisierung der gegebenen Admittanzmatrix-Elemente, wie sie sich aufgrund der bisherigen Entwicklung ergibt, ist im Bild 4.7b dargestellt.
Zur Verwirklichung der Übertragungsnullstelle $p = -5$ wird versucht, durch Teilabbau an der Admittanz $y_{22}^{(b)}(p)$ eine Nullstelle der modifizierten Funktion in $p = -5$ zu erzeugen, d.h. die Nullstelle $p = -2$ von $y_{22}^{(b)}(p)$ an die Stelle $p = -5$ zu verschieben. Dies ist aber nicht möglich, wie der Verlauf von $y_{22}^{(b)}(\sigma)$ im Bild 4.7c zeigt. Die Nullstelle kann nämlich nur in dem Intervall verschoben werden, das links vom Pol $p = -2,5$ und rechts vom Nullpunkt begrenzt wird. Wegen dieser Schwierigkeit muß man zur reziproken Funktion

$$\frac{1}{y_{22}^{(b)}(p)} = \frac{4}{3} + \frac{2/3}{p+2}$$

übergehen, deren Pol in $p = -2$ und deren Nullstelle in $p = -2,5$ liegt (Bild 4.7d).

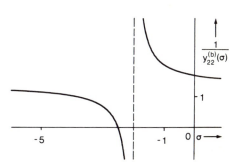

Bild 4.7d:
Funktionsverlauf der sekundären Kurzschlußimpedanz des Restzweitors b

Die letzte kann durch Teilabbau an der Impedanz $1/y_{22}^{(b)}(p)$ im Intervall von $-\infty$ bis -2 auf der negativ reellen Achse verschoben werden. Damit wird einleuchtend, daß durch Teilabbau an $1/y_{22}^{(b)}(p)$ eine Nullstelle in $p = -5$ erzeugt werden kann, und zwar am einfachsten durch Subtraktion des Funktionswertes $1/y_{22}^{(b)}(-5) = 10/9$. Dies entspricht dem Herausziehen des Ohmwiderstandes 10/9 in Längsrichtung auf der Sekundärseite des Zweitors b. Dadurch erhält man ein Restzweitor c mit den Admittanzmatrix-Elementen

$$y_{22}^{(c)}(p) = \frac{1}{\dfrac{1}{y_{22}^{(b)}(p)} - \dfrac{1}{y_{22}^{(b)}(-5)}} = \frac{9(\frac{1}{2}p + 1)}{p + 5} = \frac{9}{5} + \frac{(27/10)p}{p + 5}$$

und

$$-y_{12}^{(c)}(p) = y_{22}^{(c)}(p) \frac{-y_{12}^{(b)}(p)}{y_{22}^{(b)}(p)} = 3 \ .$$

Nun wird auf der Sekundärseite des Zweitors c ein RC-Zweipol herausgezogen, indem der Pol $p = -5$ der Admittanz $y_{22}^{(c)}(p)$ vollständig abgebaut wird. Auf diese Weise erhält man mit

$$y^{(d)}(p) = \frac{(27/10)p}{p + 5}$$

als Admittanzmatrix-Elemente des Restzweitors d

$$y_{22}^{(d)}(p) = y_{22}^{(c)}(p) - y^{(d)}(p) = \frac{9}{5}$$

und

$$-y_{12}^{(d)}(p) \equiv -y_{12}^{(c)}(p) = 3 \ .$$

Damit diese Admittanzmatrix-Elemente kopplungsfrei realisiert werden können, muß die Funktion $y_{12}^{(d)}(p)$ mit einem positiven konstanten Faktor K multipliziert werden. Mit dem größtmöglichen Wert $K = 3/5$ erhält man die modifizierte Funktion

$$-\bar{y}_{12}^{(d)}(p) = \frac{9}{5} \ .$$

Die beiden Funktionen $\bar{y}_{12}^{(d)}(p)$ und $y_{22}^{(d)}(p)$ werden als Admittanzmatrix-Elemente

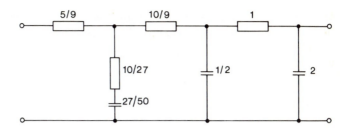

Bild 4.7e: RC-Abzweignetzwerk, welches die vorgeschriebenen Admittanzmatrix-Elemente $Y_{22}(p)$ und $(3/5)\,Y_{12}(p)$ verwirklicht

durch ein Zweitor realisiert, das nur aus einem ohmschen Längswiderstand mit dem Wert 5/9 besteht.
Das endgültige Netzwerk ist im Bild 4.7e dargestellt. Es realisiert die Admittanzmatrix-Elemente $Y_{22}(p)$ und $(3/5)\,Y_{12}(p)$. Für $p \to 0$ verhält sich dieses Netzwerk wie ein Zweitor, das aus einem einzigen Längswiderstand mit dem Wert 8/3 besteht. Es besitzt die Admittanzmatrix

$$\frac{3}{8}\begin{bmatrix} 1 & -1 \\ -1 & 1 \end{bmatrix}.$$

Wie man sieht, verhalten sich die vorgeschriebenen Admittanzmatrix-Elemente $Y_{22}(p)$ und $(3/5)\,Y_{12}(p)$ für $p \to 0$ in derselben Weise.

■

Aufgabe 4.8

Die RC-Übertragungsfunktion

$$H(p) = H_0\,\frac{p^2 + 1}{p^3 + 33p^2 + 41p + 3}$$

soll als Spannungsverhältnis U_2/U_1 durch ein RC-Zweitor gemäß Bild 4.8a verwirk-

Bild 4.8a:
RC-Netzwerk, welches die gegebene Übertragungsfunktion $H(p)$ als Spannungsverhältnis U_2/U_1 verwirklichen soll

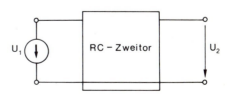

RC-Zweitor-Synthese

licht werden. Die Konstante $H_0 > 0$ ist zunächst unbestimmt. Aus der gegebenen Übertragungsfunktion $H(p)$ können die folgenden Vorschriften für die Admittanzmatrix-Elemente des RC-Zweitors gebildet werden:

$$-Y_{12}(p) = H_0 \frac{p^2 + 1}{p^3 + 34p^2 + 45p + 6}, \tag{1}$$

$$Y_{22}(p) = \frac{p^3 + 33p^2 + 41p + 3}{p^3 + 34p^2 + 45p + 6}. \tag{2}$$

Man realisiere diese Admittanzmatrix-Elemente durch ein RC-Kettennetzwerk, wobei mit der Verwirklichung der Übertragungsnullstelle $p = \infty$ begonnen werden soll. Das Paar konjugiert komplexer Übertragungsnullstellen soll mit Hilfe des Verfahrens von Dasher verwirklicht werden. Welcher Wert ergibt sich für die positive Übertragungskonstante H_0?

Lösung zu Aufgabe 4.8

Im *ersten Entwicklungszyklus* wird die Entwicklungsstelle $p = \infty$ nach dem in SENI, Abschnitt 6.5 beschriebenen Verfahren verwirklicht. Dazu muß man zuerst auf der Sekundärseite des zu ermittelnden RC-Zweitors einen Ohmwiderstand mit dem Wert $1/Y_{22}(\infty)$ in Längsrichtung abspalten, so daß das Admittanzmatrix-Element $Y_{22}^{(a)}(p)$ des Restzweitors in $p = \infty$ eine Nullstelle besitzt. Dieses Restzweitor erhält damit die Admittanzmatrix-Elemente

$$Y_{22}^{(a)}(p) = \frac{1}{\dfrac{1}{Y_{22}(p)} - \dfrac{1}{Y_{22}(\infty)}}$$

und

$$-Y_{12}^{(a)}(p) = Y_{22}^{(a)}(p) \frac{-Y_{12}(p)}{Y_{22}(p)},$$

d.h. bei Verwendung der Gln.(1) und (2)

$$Y_{22}^{(a)}(p) = \frac{p^3 + 33p^2 + 41p + 3}{p^2 + 4p + 3} \tag{3}$$

und

$$-Y_{12}^{(a)}(p) = \frac{H_0(p^2+1)}{p^2+4p+3}.\tag{4}$$

Nun kann auf der Sekundärseite des Restzweitors eine Kapazität in Querrichtung abgespalten werden, so daß das Admittanzmatrix-Element $Y_{22}^{(b)}(p)$ des Restzweitors in $p = \infty$ polfrei wird. Auf diese Weise ergeben sich die folgenden Admittanzmatrix-Elemente des verbleibenden Zweitors, wenn man die Gln.(3) und (4) heranzieht:

$$Y_{22}^{(b)}(p) = Y_{22}^{(a)}(p) - p = \frac{29p^2+38p+3}{p^2+4p+3},\tag{5}$$

$$-Y_{12}^{(b)}(p) \equiv -Y_{12}^{(a)}(p) = \frac{H_0(p^2+1)}{p^2+4p+3}.\tag{6}$$

Damit ist der erste Entwicklungszyklus abgeschlossen.

Im *zweiten Entwicklungszyklus* sind die Übertragungsnullstellen $p = p_0 = j$ und $p = p_0^*$ zu verwirklichen. Dazu ist es notwendig, durch eine Vorabspaltung die Dasher-Bedingung zu erfüllen (man vergleiche SEN I, Abschnitt 6.7.2). Hierfür benötigt man die Admittanz $Y_{22}^{(b)}(p)$ Gl.(5) in der Form

$$Y_{22}^{(b)}(p) = K_0 + K_\infty p + \sum_{\nu=1}^{m} \frac{K_\nu p}{p+\sigma_\nu}.$$

Aus Gl.(5) erhält man

$$m = 2,\ K_0 = 1,\ K_\infty = 0,\ K_1 = 3,\ K_2 = 25,\ \sigma_1 = 1,\ \sigma_2 = 3.$$

Weiterhin erhält man für die Übertragungsnullstelle

$$p_0 = -\xi_0 + j\eta_0 = j$$

die Werte

$$\xi_0 = 0,\ \eta_0 = 1$$

und

$$\omega_0^2 = \xi_0^2 + \eta_0^2 = 1.$$

Damit ergeben sich für den Ausdruck

$$\rho_\nu^4 = [(\sigma_\nu - \xi_0)^2 + \eta_0^2]^2$$

die Zahlenwerte

$$\rho_1^4 = 4 \quad \text{und} \quad \rho_2^4 = 100.$$

Die Dasher-Bedingung kann nun folgendermaßen formuliert werden: Es ist der Ausdruck

$$K(\lambda_0, \lambda_1, ..., \lambda_\infty) = \lambda_\infty K_\infty \sum_{\nu=1}^{m} \frac{\lambda_\nu K_\nu \sigma_\nu}{\rho_\nu^4} - \frac{\lambda_0 K_0}{\omega_0^2} \sum_{\nu=1}^{m} \frac{\lambda_\nu K_\nu \sigma_\nu^2}{\rho_\nu^4} +$$

$$+ \frac{1}{2} \sum_{\nu,\mu=1}^{m} \frac{\lambda_\nu K_\nu \lambda_\mu K_\mu (\sigma_\nu \sigma_\mu - \omega_0^2)(\sigma_\nu - \sigma_\mu)^2}{\rho_\nu^4 \rho_\mu^4} \tag{7}$$

durch geeignete Wahl der Parameter λ_ν im Intervall $0 < \lambda_\nu \leq 1$ zu Null zu machen. Dies entspricht dem Abbau eines Querzweipols mit der Admittanz

$$Y(p) = (1 - \lambda_0) K_0 + (1 - \lambda_\infty) K_\infty p + \sum_{\nu=1}^{m} \frac{(1 - \lambda_\nu) K_\nu p}{p + \sigma_\nu}$$

auf der Sekundärseite des zuletzt entstandenen Zweitors, so daß die Koeffizienten $B_\nu = \lambda_\nu K_\nu$ in der Partialbruchform des Admittanzmatrix-Elements

$$y_{22}(p) = Y_{22}^{(b)}(p) - Y(p)$$

des neuen Restzweitors die Dasher-Bedingung gemäß der Gl.(308) aus SEN erfüllen. Führt man in Gl.(7) die bekannten Parameterwerte für m, $K_\nu (\nu = 0,1,2,\infty)$, σ_1, σ_2, ω_0^2, ρ_1^4, ρ_2^4 ein, so erhält man den speziellen Ausdruck

$$K = -\lambda_0 \left(\frac{3}{4} \lambda_1 + \frac{9}{4} \lambda_2 \right) + \lambda_1 \lambda_2 \cdot \frac{3}{2}.$$

Bei der Wahl $\lambda_1 = \lambda_2 = 1$ läßt sich die Forderung $K = 0$ mit

$$\lambda_0 = \frac{1}{2}$$

befriedigen. Die Admittanz des abzubauenden Querzweipols lautet somit

$$Y(p) = \frac{1}{2},$$

und die Admittanzmatrix-Elemente des Restzweitors sind

$$y_{22}(p) = Y_{22}^{(b)}(p) - Y(p) = \frac{1}{2} + \frac{3p}{p+1} + \frac{25p}{p+3} = \frac{3}{2} \cdot \frac{19p^2 + 24p + 1}{p^2 + 4p + 3},$$

$$-y_{12}(p) \equiv -Y_{12}^{(b)}(p) = \frac{H_0(p^2 + 1)}{p^2 + 4p + 3}.$$

Im zweiten Schritt des Dasher-Zyklus muß eine Funktion der Form

$$y^{(a)}(p) = \frac{a_1 p}{p + \sigma_0} \tag{8}$$

von der Admittanz $y_{22}(p)$ so abgespalten werden, daß die Restfunktion in p_0 und p_0^* verschwindet. Man berechnet

$$y_{22}(j) = \frac{9}{2} + 9j \equiv u_0 + jv_0,$$

also

$$u_0 = \frac{9}{2}, \ v_0 = 9.$$

Damit erhält man nach SEN, Gln.(285a,b) für die in $y^{(a)}(p)$ Gl.(8) auftretenden Parameter die Zahlenwerte

$$a_1 = \frac{1}{v_0} \cdot \frac{v_0^2 + u_0^2}{\dfrac{\xi_0}{\eta_0} + \dfrac{u_0}{v_0}} = \frac{45}{2}$$

und

$$\sigma_0 = \frac{1}{\eta_0} \cdot \frac{\xi_0^2 + \eta_0^2}{\dfrac{\xi_0}{\eta_0} + \dfrac{u_0}{v_0}} = 2.$$

Die Admittanz $y^{(a)}(p)$ Gl.(8) ist somit zahlenmäßig bekannt. Der entsprechende Zweipol wird auf der Sekundärseite des Zweitors mit den Admittanzmatrix-Elementen $y_{22}(p)$ und $y_{12}(p)$ in Querrichtung abgespalten. Das Restzweitor besitzt die Admittanzmatrix-Elemente

$$y_{22}^{(a)}(p) = y_{22}(p) - y^{(a)}(p) = 6 \frac{(p^2 + 1)(p + \frac{1}{2})}{(p^2 + 4p + 3)(p + 2)}$$

und

$$-y_{12}^{(a)}(p) \equiv -y_{12}(p) = \frac{H_0(p^2 + 1)}{p^2 + 4p + 3} .$$

Im dritten Schritt des Dasher-Zyklus werden die Pole $p_0 = j$ und $p_0^* = -j$ der Impedanz $1/y_{22}^{(a)}(p)$ vollständig abgebaut, indem auf der Sekundärseite des zuletzt erhaltenen Zweitors in Längsrichtung ein entsprechender Zweipol abgespalten wird. Mit Hilfe des Entwicklungskoeffizienten der Funktion $1/y_{22}^{(a)}(p)$ im Pol $p = p_0$

$$A = \lim_{p \to p_0} \frac{p - p_0}{y_{22}^{(a)}(p)} = \frac{1}{3} - \frac{2}{3} j$$

erhält man als Impedanz des abzuspaltenden Zweipols

$$\frac{1}{y^{(b)}(p)} = \frac{A}{p - p_0} + \frac{A^*}{p - p_0^*} = \frac{\frac{1}{3} - \frac{2}{3}j}{p - j} + \frac{\frac{1}{3} + \frac{2}{3}j}{p + j}$$

oder

$$\frac{1}{y^{(b)}(p)} = \frac{p + 2}{\frac{3}{2}(p^2 + 1)} \equiv \frac{p + \sigma_0}{C_0(p^2 + 2\xi_0 p + \omega_0^2)} .$$

Hier kann man als Rechenkontrolle die Tatsache benützen, daß die Nullstelle der Funktion $1/y^{(b)}(p)$ mit der an früherer Stelle bestimmten Größe $-\sigma_0$ übereinstimmen muß. Der letzten Darstellung von $y^{(b)}(p)$ entnimmt man noch die Konstante

$$C_0 = \frac{3}{2} .$$

Als Admittanzmatrix-Elemente des Restzweitors erhält man

$$y_{22}^{(b)}(p) = \cfrac{1}{\cfrac{1}{y_{22}^{(a)}(p)} - \cfrac{1}{y^{(b)}(p)}} = 6 \, \cfrac{p + \cfrac{1}{2}}{p+2} = \cfrac{3}{2} + \cfrac{\cfrac{9}{2}p}{p+2}$$

und

$$-y_{12}^{(b)}(p) = y_{22}^{(b)}(p) \, \cfrac{-y_{12}^{(a)}(p)}{y_{22}^{(a)}(p)} = H_0 \; .$$

Von diesem Restzweitor wird im vierten Schritt des Dasher-Zyklus auf der Sekundärseite ein Querzweipol mit der Admittanz

$$y^{(c)}(p) = \frac{a_3 p}{p + \sigma_0}$$

abgespalten. Dabei gilt

$$a_3 = \frac{-a_1 a_2}{a_1 + a_2}$$

mit

$$a_2 = \lim_{p \to -\sigma_0} \frac{p + \sigma_0}{p} \, y^{(b)}(p) = \frac{C_0 \, (\sigma_0^2 - 2\xi_0 \sigma_0 + \omega_0^2)}{-\sigma_0} = -\frac{15}{4} \; .$$

Also wird

$$a_3 = \cfrac{\cfrac{45}{2} \cdot \cfrac{15}{4}}{\cfrac{45}{2} - \cfrac{15}{4}} = \cfrac{9}{2} \; .$$

Für das verbleibende Zweitor erhält man die Admittanzmatrix-Elemente

$$y_{22}^{(c)}(p) = y_{22}^{(b)}(p) - y^{(c)}(p) = \frac{3}{2} + \cfrac{\cfrac{9}{2}p}{p+2} - \cfrac{\cfrac{9}{2}p}{p+2} = \frac{3}{2}$$

46 RC-Zweitor-Synthese

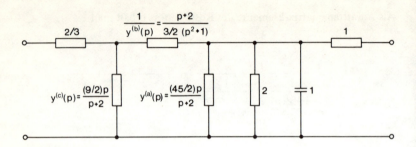

Bild 4.8b: Nicht-realisierbare Form des gesuchten RC-Zweitors, die unmittelbar aus den einzelnen Abspaltzyklen hervorgeht

und

$$-y_{12}^{(c)}(p) \equiv -y_{12}^{(b)}(p) = H_0 \, .$$

Diese lassen sich übertragerfrei nur für $H_0 \leq 3/2$ realisieren. Man wählt zweckmäßigerweise $H_0 = 3/2$. Dann besitzt das Restzweitor neben der durchgehenden Kurzschlußverbindung nur einen Längswiderstand mit dem Wert 2/3.

Im Bild 4.8b findet man das gesamte Zweitor, das aufgrund der durchgeführten Entwicklung direkt angegeben werden kann. Das Teilzweitor mit den Admittanzen $y^{(a)}(p)$, $y^{(b)}(p)$ und $y^{(c)}(p)$ ist in der vorliegenden Struktur nicht realisierbar, da $y^{(b)}(p)$ keine Zweipolfunktion darstellt. Gemäß SEN, Gln.(301a-c) besitzt dieses Zweitor die Admittanzmatrix-Elemente

$$\bar{y}_{11}(p) = \frac{3}{4} + \frac{3}{2}p + \frac{75}{4} \cdot \frac{p}{p+2} \, ,$$

$$-\bar{y}_{12}(p) = \frac{3}{4} + \frac{3}{2}p - \frac{15}{4} \cdot \frac{p}{p+2} \, ,$$

$$\bar{y}_{22}(p) = \frac{3}{4} + \frac{3}{2}p + \frac{3}{4} \cdot \frac{p}{p+2} \, .$$

Die Realisierung dieser Matrix erfolgt nach SEN I, Abschnitt 6.7.3. Wegen $\xi_0 = 0$ liegt der Fall $\sigma_0 \geq 2\xi_0$ vor, und daher muß das Netzwerk nach SEN, Bild 121 verwendet werden. Die Netzwerkelemente des Teilzweitors lassen sich mit Hilfe der Gln.(317a), (320a-d), (322a-c) aus SEN folgendermaßen berechnen:

$$\kappa = \frac{\sigma_0(\sigma_0 - 2\xi_0)}{(\sigma_0 - \xi_0)^2 + \eta_0^2} = \frac{4}{5},$$

$$R_1 = \frac{1}{\kappa(a_1 + a_3)} = \frac{5}{108}, \quad \frac{1}{C_{11}} = \frac{a_3}{C_0(a_1 + a_3)} = \frac{1}{9},$$

$$\frac{1}{C_{13}} = \frac{a_1}{C_0(a_1 + a_3)} = \frac{5}{9}, \quad \frac{1}{C_{12}} = \frac{\sigma_0}{\kappa(a_1 + a_3)} + \frac{a_2}{C_0(a_1 + a_3)} = 0,$$

$$R_{21} = \frac{a_3 \sigma_0}{\omega_0^2 C_0(a_1 + a_3)} = \frac{2}{9}, \quad R_{23} = \frac{a_1 \sigma_0}{\omega_0^2 C_0(a_1 + a_3)} = \frac{10}{9},$$

$$\frac{1}{C_2} = \frac{\sigma_0}{(1 - \kappa)(a_1 + a_3)} = \frac{10}{27}.$$

Bild 4.8c zeigt dieses Teilzweitor, das im Netzwerk von Bild 4.8b anstelle des Zweitors mit den Admittanzen $y^{(a)}(p)$, $y^{(b)}(p)$, $y^{(c)}(p)$ einzufügen ist.

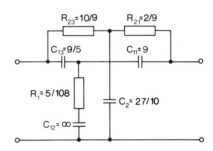

Bild 4.8c:
Ausführbare Form des im Bild 4.8b auftretenden nicht realisierbaren Teilzweitors bestehend aus den Elementen $y^{(a)}(p), y^{(b)}(p), y^{(c)}(p)$

■
Aufgabe 4.9

a) Die Admittanzmatrix-Elemente

$$-y_{12}(p) = \frac{p^2 + \lambda p + 4}{p + 1} \tag{1}$$

und

$$y_{22}(p) = \frac{p^2 + 6p + 4}{p + 1} \tag{2}$$

sollen durch eine Admittanz $y_{11}(p)$ so ergänzt werden, daß sämtliche Pole der Matrix

$$Y(p) = \begin{bmatrix} y_{11}(p) & y_{12}(p) \\ y_{12}(p) & y_{22}(p) \end{bmatrix}$$

kompakt sind und die Determinante von $Y(p)$ für $p = 0$ verschwindet.

b) Welche Arten von Netzwerkelementen sind zur Realisierung der in Teilaufgabe *a* bestimmten Matrix als Admittanzmatrix eines Zweitors erforderlich? Die Antwort ist zu begründen.

c) In welchen Intervallen des Wertebereichs $\lambda \geqslant 0$ sind die Übertragungsnullstellen komplex bzw. reell und wie lautet der Grenzfall?

d) Für welche Parameterwerte λ ist eine direkte Realisierung von $Y(p)$ als Admittanzmatrix eines übertragerfreien Zweitors mit durchgehender Kurzschlußverbindung sicher nicht möglich? Dabei seien Erweiterungen mit gemeinsamen Polynomfaktoren im Zähler und Nenner der Matrix-Elemente ausgeschlossen.

e) Man gebe übertragerfreie RC-Zweitore mit durchgehender Kurzschlußverbindung an, welche $Y(p)$ als Admittanzmatrix realisieren. Hierbei sind die zugehörigen λ-Bereiche zu nennen.

f) Man gebe ein für alle λ-Werte ausführbares RCÜ-Zweitor an, welches $Y(p)$ als Admittanzmatrix realisiert.

g) Welche *Paare* von Elementen der Matrix $Y(p)$ kann man in dem von der Realisierung nach Teilaufgabe *e* nicht erfaßten λ-Bereich durch ein übertragerfreies Zweitor mit durchgehender Kurzschlußverbindung verwirklichen?

h) Man verwirkliche die Admittanzmatrix $Y(p)$ explizit für einige frei wählbare λ-Werte.

Lösung zu Aufgabe 4.9

a) Die durch die Gln.(1) und (2) gegebenen Admittanzmatrix-Elemente lassen sich in der Form

$$-y_{12}(p) = C_0 + \frac{C_1 p}{p+1} + C_\infty p$$

bzw.

$$y_{22}(p) = B_0 + \frac{B_1 p}{p+1} + B_\infty p$$

mit den Koeffizienten

$$C_0 = 4, \; C_1 = -(5-\lambda), \; C_\infty = 1, \; B_0 = 4, \; B_1 = 1, \; B_\infty = 1$$

darstellen. Für das zu bestimmende Admittanzmatrix-Element $y_{11}(p)$ wird der Ansatz

$$y_{11}(p) = A_0 + \frac{A_1 p}{p+1} + A_\infty p \qquad (3)$$

gemacht. Aufgrund der gestellten Forderungen $A_\nu B_\nu - C_\nu^2 = 0 \; (\nu = 0, 1, \infty)$ erhält man für die Koeffizienten in Gl.(3)

$$A_0 = \frac{C_0^2}{B_0} = 4, \; A_1 = \frac{C_1^2}{B_1} = (5-\lambda)^2, \; A_\infty = \frac{C_\infty^2}{B_\infty} = 1 \; .$$

Führt man diese Werte in die Gl.(3) ein, so ergibt sich die Darstellung

$$y_{11}(p) = \frac{p^2 + [5 + (5-\lambda)^2] p + 4}{p+1} \; . \qquad (4)$$

b) Zur Realisierung von $Y(p)$ als Admittanzmatrix sind allenfalls Ohmwiderstände, Kapazitäten und ideale Übertrager erforderlich, da die Matrix entsprechende Realisierbarkeitsbedingungen erfüllt. Die Funktionen $y_{11}(p)$ und $y_{22}(p)$ sind nämlich RC-Admittanzen, und die Koeffizientenbedingungen $A_\nu B_\nu - C_\nu^2 \geq 0$ werden für $\nu = 0, 1, \infty$ erfüllt.

c) Da die Übertragungsnullstellen mit den Nullstellen des Elements $y_{12}(p)$ übereinstimmen, sind diese aufgrund der Gl.(1) genau dann komplex, wenn die Ungleichung

$$\lambda^2 - 16 < 0,$$

d.h. die Bedingung

$$0 \leq \lambda < 4$$

erfüllt ist. Das Intervall $-4 \leq \lambda < 0$ kommt nicht in Frage, weil $\lambda \geq 0$ vorausgesetzt ist.
Für $\lambda > 4$ ergeben sich zwei einfache reelle Übertragungsnullstellen. Für den Grenzfall $\lambda = 4$ erhält man eine doppelte Nullstelle im Punkt $p = -2$.

d) Eine Realisierung der Admittanzmatrix $Y(p)$ durch ein übertragerfreies Zweitor mit durchgehender Kurzschlußverbindung ist, sofern die durch die Gln.(1), (2) und (4) gegebenen Elemente nicht mit einem Polynomfaktor erweitert werden, sicher dann unmöglich, wenn die Fialkow-Gerst-Bedingungen nicht erfüllt sind (SEN I, Abschnitt 4.5.2). Die Anwendung dieser Bedingungen auf die Gln.(1), (2) und (4) führt auf die Ungleichungen

$$0 \leq \lambda \leq 6,$$

$$0 \leq \lambda \leq 5 + (5-\lambda)^2$$

als notwendige Realisierbarkeitsforderungen. Die zweite Ungleichung kann auch in der Form

$$\lambda^2 - 11\lambda + 30 \geq 0, \quad \lambda \geq 0$$

dargestellt werden. Da die linke Seite der ersten Ungleichung für $\lambda = 5$ und $\lambda = 6$ verschwindet, resultieren schließlich die Forderungen

$$0 \leq \lambda \leq 5 \quad \text{und} \quad 6 \leq \lambda.$$

Die Fialkow-Gerst-Bedingungen sind also in den Intervallen

$$5 < \lambda < 6 \tag{5}$$

und

$$6 < \lambda \tag{6}$$

für die gesamte Matrix $Y(p)$ nicht erfüllt. Wie man aus Gl.(1) ersieht, sind diese Bedingungen auch für negative λ-Werte nicht erfüllt, sofern keine Erweiterungen durchgeführt werden.

e) Die zu realisierenden Admittanzmatrix-Elemente

$$y_{11}(p) = 4 + p + \frac{(5-\lambda)^2 p}{p+1}, \tag{7a}$$

$$-y_{12}(p) = 4 + p + \frac{-(5-\lambda)p}{p+1}, \tag{7b}$$

$$y_{22}(p) = 4 + p + \frac{p}{p+1} \tag{7c}$$

haben die Form der in SEN, Gln.(301a - c) dargestellten Funktionen. Daher können unter bestimmten Bedingungen die in SEN I, Abschnitt 6.7.3 entwickelten Zweitore zur Realisierung der Admittanzmatrix $Y(p)$ herangezogen werden. Aus dem Vergleich der Gln.(301a - c) aus SEN mit den Gln.(7a - c) ist zu ersehen, daß

$$\sigma_0 = 1$$

ist. Die in SEN, Gl.(286) auftretende Größe $2\xi_0$ ist gleich dem negativen doppelten Realteil der Übertragungsnullstelle. Diese Größe ist andererseits nach Gl.(1) gleich λ, so daß die Beziehung

$$2\xi_0 = \lambda$$

gilt. Für $0 \leqslant 2\xi_0 \leqslant \sigma_0$, d.h. für

$$0 \leqslant \lambda \leqslant 1$$

erhält man als realisierendes Zweitor das Netzwerk aus SEN, Bild 121. Für $\sigma_0 \leqslant 2\xi_0$, d.h. für

$$1 \leqslant \lambda$$

ergibt sich, solange die Fialkow-Gerst-Bedingungen erfüllt sind, also für

$$1 \leqslant \lambda \leqslant 5,$$

das Netzwerk aus SEN, Bild 120. Aufgrund der Ergebnisse von Teilaufgabe d verbleibt nur noch der Wert $\lambda = 6$ für eine Realisierung durch ein übertragerfreies Zweitor mit durchgehender Kurzschlußverbindung. In diesem Fall gilt

$$y_{11}(p) \equiv -y_{12}(p) \equiv y_{22}(p) = 4 + p + \frac{p}{p+1},$$

und hieraus folgt unmittelbar als realisierendes Netzwerk ein Zweitor, das außer der durchgehenden Kurzschlußverbindung nur einen Längszweipol mit der Admittanz $y_{11}(p)$ hat. Damit kann $Y(p)$ als Admittanzmatrix durch ein übertragerfreies Zweitor mit durchgehender Kurzschlußverbindung für alle λ-Werte verwirklicht werden, bei denen die Fialkow-Gerst-Bedingungen erfüllt sind.

f) Nach SEN I, Abschnitt 4.4 wird die Admittanzmatrix $Y(p)$ mit den durch die Gln.(7a - c) gegebenen Elementen folgendermaßen zerlegt:

$$Y(p) = 4 \begin{bmatrix} 1 & -1 \\ -1 & 1 \end{bmatrix} + p \begin{bmatrix} 1 & -1 \\ -1 & 1 \end{bmatrix} + \frac{p}{p+1} \begin{bmatrix} (5-\lambda)^2 & (5-\lambda) \\ (5-\lambda) & 1 \end{bmatrix}$$

Die hier vorkommenden Teilmatrizen können gemäß SEN I, Abschnitt 4.1.2 durch RC- bzw. RCÜ-Zweitore realisiert werden. Schaltet man diese parallel, so ergibt sich das Zweitor nach Bild 4.9a, welches die Matrix $Y(p)$ als Admittanzmatrix für alle λ-Werte realisiert. Für das Übersetzungsverhältnis des auftretenden Übertragers erhält man gemäß SEN, Gl.(142)

$$w_1 : w_2 = -\frac{5-\lambda}{(5-\lambda)^2} = -1 : (5-\lambda) \ .$$

g) In Frage kommen hier nur die durch die Ungleichungen (5) und (6) gegebenen λ-Intervalle. Im Intervall $5 < \lambda < 6$ erfüllen allein die Funktionen $y_{22}(p)$ und $y_{12}(p)$ gemäß den Gln.(1) und (2) die Fialkow-Gerst-Bedingungen. Im Intervall $\lambda > 6$ befriedigen nur die Funktionen $y_{11}(p)$ und $y_{12}(p)$ gemäß den Gln.(4) und (1) die Fialkow-Gerst-Bedingungen. In beiden Fällen kann das jeweilige Funktionspaar durch ein übertragerfreies Zweitor mit durchgehender Kurzschlußverbindung verwirklicht werden (SENI, Abschnitt 6.2.2).

h) Wählt man beispielsweise $\lambda = 6$, so läßt sich das im Bild 4.9b dargestellte Zweitor zur Realisierung von $Y(p)$ verwenden. Für $\lambda = 5$ erhält man das Zweitor nach Bild 4.9c.

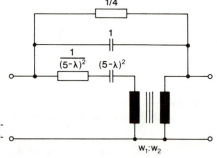

Bild 4.9a:
Cauersches Partialbruchzweitor, welches die gegebene Admittanzmatrix für beliebige λ-Werte verwirklicht.

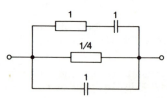

Bild 4.9b:
Übertragerfreie Realisierung der gegebenen Admittanzmatrix für $\lambda = 6$

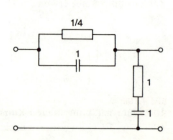

Bild 4.9c:
Übertragerfreie Realisierung der gegebenen Admittanzmatrix für $\lambda = 5$

Aufgabe 4.10

Die folgenden Fragen sind mit ausführlicher Begründung zu beantworten.

a) Kann man das Admittanzmatrix-Element

$$-y_{12}(p) = \frac{p-1}{p+2} \tag{1}$$

durch ein RC-Zweitor mit durchgehender Kurzschlußverbindung, d.h. durch einen Dreipol gemäß Bild 4.10a realisieren?

b) Kann man das Impedanzmatrix-Element

$$z_{12}(p) = \frac{p^2 - p + 1}{p(p+1)} \tag{2}$$

durch ein RC-Zweitor mit durchgehender Kurzschlußverbindung gemäß Bild 4.10a verwirklichen?

c) Kann man die in den Teilaufgaben *a* und *b* genannten Vorschriften durch RCÜ-Zweitore verwirklichen?

d) Man führe irgendeine der aufgrund der vorausgegangenen Teilaufgaben möglichen Realisierungen durch.

Lösung zu Aufgabe 4.10

a) Das Admittanzmatrix-Element $y_{12}(p)$ Gl.(1) kann durch ein übertragerfreies Zweitor mit durchgehender Kurzschlußverbindung nicht realisiert werden, da eine Übertragungsnullstelle auf der positiv reellen Achse auftritt. Damit werden die Fialkow-Gerst-Bedingungen verletzt. Dies bedeutet, daß notwendige Bedingungen für die gewünschte Realisierung nicht erfüllt werden. Diese Schwierigkeit läßt sich auch nicht durch Einführung eines Polynomfaktors zur Erweiterung des Zählers und des Nenners von $y_{12}(p)$ beseitigen.

b) Das Impedanzmatrix-Element $z_{12}(p)$ Gl.(2) wird durch das Polynom $(p + a)$ im Zähler und Nenner erweitert. Dadurch erhält man die Darstellung

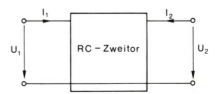

Bild 4.10a:
RC-Zweitor mit durchgehender Kurzschlußverbindung

RC-Zweitor-Synthese

$$z_{12}(p) = \frac{(p^2 - p + 1)(p + a)}{p(p + 1)(p + a)} = \frac{p^3 + p^2(a - 1) + p(1 - a) + a}{p^3 + p^2(a + 1) + pa}. \quad (3)$$

Hieraus ist zu ersehen, daß bei der Wahl $a = 1$ alle Koeffizienten nicht-negative Werte erhalten. Auf diese Weise können die Fialkow-Gerst-Bedingungen erfüllt werden. Trotzdem läßt sich in diesem Fall kein RC-Zweitor mit durchgehender Kurzschlußverbindung angeben, welches die Funktion $z_{12}(p)$ Gl.(3) als Impedanzmatrix-Element verwirklicht, da keine dem Fialkow-Gerst-Verfahren entsprechende Realisierungsmethode für Impedanzmatrix-Elemente existiert.

c) Eine Realisierung der durch die Gln.(1) und (2) gegebenen Matrix-Elemente durch jeweils ein RCÜ-Zweitor ist möglich, da die in SENI, Abschnitt 4.4 angegebenen entsprechenden notwendigen und hinreichenden Realisierbarkeitsbedingungen eingehalten werden. Diese beschränken sich im vorliegenden Fall auf die Forderung, daß $y_{12}(p)$ und $z_{12}(p)$ einfache Pole auf der negativ reellen p-Achse bzw. auf dieser Achse einschließlich $p = 0$ besitzen, da kein Hauptdiagonalelement vorgeschrieben ist.

d) Dem durch die Gl.(1) gegebenen Admittanzmatrix-Element

$$-y_{12}(p) = \frac{p - 1}{p + 2}$$

$$= -\frac{1}{2} + \frac{\frac{3}{2}p}{p + 2}$$

werden die Hauptdiagonalelemente

$$y_{11}(p) = \frac{1}{2} + \frac{\frac{3}{2}p}{p + 2}$$

und

$$y_{22}(p) = \frac{1}{2} + \frac{\frac{3}{2}p}{p + 2}$$

zugeordnet. Damit läßt sich die Admittanzmatrix in der Form

$$Y(p) = \begin{bmatrix} \dfrac{1}{2} & \dfrac{1}{2} \\ \\ \dfrac{1}{2} & \dfrac{1}{2} \end{bmatrix} + \dfrac{p}{p+2} \begin{bmatrix} \dfrac{3}{2} & -\dfrac{3}{2} \\ \\ -\dfrac{3}{2} & \dfrac{3}{2} \end{bmatrix} \tag{4}$$

ausdrücken. Die beiden hier auftretenden Teilmatrizen können nach SEN I, Abschnitt 4.1.2 sofort durch Zweitore mit durchgehender Kurzschlußverbindung realisiert werden. Schaltet man die Zweitore parallel, so erhält man das im Bild 4.10b dargestellte Zweitor mit der Admittanzmatrix $Y(p)$ Gl.(4).
Dem durch die Gl.(2) gegebenen Impedanzmatrix-Element

$$z_{12}(p) = \frac{p^2 - p + 1}{p(p+1)}$$

$$= \frac{1}{p} + 1 - \frac{3}{p+1}$$

werden die Hauptdiagonalelemente

$$z_{11}(p) = \frac{1}{p} + 1 + \frac{3}{p+1}$$

und

$$z_{22}(p) = \frac{1}{p} + 1 + \frac{3}{p+1}$$

zugeordnet. Damit kann die Impedanzmatrix in der Form

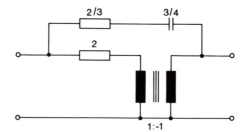

Bild 4.10b:
Verwirklichung der vorgeschriebenen Admittanzmatrix-Elemente gemäß Teilaufgabe *a* durch ein RCÜ-Zweitor

56 RC-Zweitor-Synthese

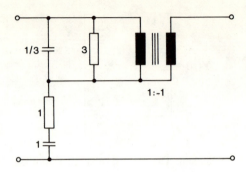

Bild 4.10c:
Verwirklichung des vorgeschriebenen Impedanzmatrix-Elements gemäß Teilaufgabe *b* durch ein RCÜ-Zweitor

$$Z(p) = \begin{bmatrix} 1+\dfrac{1}{p} & 1+\dfrac{1}{p} \\ \\ 1+\dfrac{1}{p} & 1+\dfrac{1}{p} \end{bmatrix} + \begin{bmatrix} \dfrac{3}{p+1} & -\dfrac{3}{p+1} \\ \\ -\dfrac{3}{p+1} & \dfrac{3}{p+1} \end{bmatrix} \quad (5)$$

ausgedrückt werden. Die beiden Teilmatrizen lassen sich nach SEN I, Abschnitt 4.1.2 sofort durch RCÜ-Zweitore realisieren. Schaltet man diese Zweitore in Reihe, so erhält man das im Bild 4.10c dargestellte Zweitor mit der Impedanzmatrix $Z(p)$ Gl.(5).

∎

Aufgabe 4.11

Es sei ein Paar zulässiger Admittanzmatrix-Elemente

$$Y_{22}(p) = K_0 + K_\infty p + \sum_{\nu=1}^{m} \frac{K_\nu p}{p+\sigma_\nu} \quad (K_0 \geqslant 0,\ K_\infty \geqslant 0,\ K_\nu > 0,\ \nu=1,2,\ldots,m)$$

(1)

$$-Y_{12}(p) = L_0 + L_\infty p + \sum_{\nu=1}^{m} \frac{L_\nu p}{p+\sigma_\nu} \quad (L_0 \geqslant 0,\ L_\infty \geqslant 0;\ L_\nu \gtreqless 0,\ \nu=1,2,\ldots,m)$$

(2)

eines induktivitätsfreien Zweitors gegeben, welches mit Hilfe des Dasher-Verfahrens realisiert werden soll.
Wird zunächst ein Paar konjugiert komplexer Übertragungsnullstellen verwirklicht, so ist bekanntlich hierfür die Dasher-Bedingung zu erfüllen. Man wird dies durch Teilabbauten an der Admittanz $Y_{22}(p)$ zu erreichen versuchen. Wenn mindestens eine der beiden Größen K_0 und K_∞ gleich Null ist, läßt sich auf diese Weise die Dasher-Bedingung nicht in jedem Falle befriedigen.
Durch Vorabspaltung eines geeigneten (einfachen) RC-Zweipols, mit der Impedanz $\bar{z}(p)$, in Längsrichtung auf der Sekundärseite des gesuchten Zweitors (Bild 4.11a) kann man jedoch stets erreichen, daß die Admittanzmatrix-Elemente des Restzweitors

$$\bar{Y}_{22}(p) = \bar{K}_0 + \bar{K}_\infty p + \sum_{\nu=1}^{m} \frac{\bar{K}_\nu p}{p + \bar{\sigma}_\nu}$$

und

$$-\bar{Y}_{12}(p) = \bar{L}_0 + \bar{L}_\infty p + \sum_{\nu=1}^{m} \frac{\bar{L}_\nu p}{p + \bar{\sigma}_\nu}$$

die kennzeichnenden Eigenschaften für ein induktivitätsfreies Zweitor und die weitere Eigenschaft $\bar{K}_0 > 0$, $\bar{K}_\infty > 0$ besitzen. Durch diese Vorabspaltung läßt sich unter Umständen bereits eine Übertragungsnullstelle verwirklichen. In jedem Fall kann aber für das Restzweitor durch Teilabbauten an der Admittanz $\bar{Y}_{22}(p)$ die Dasher-Bedingung erfüllt werden.
Diese Behauptung ist zu beweisen, und die bei der Vorabspaltung auftretenden Impedanzen sind anzugeben.

Lösung zu Aufgabe 4.11

Die Zulässigkeit der Admittanzmatrix-Elemente Gln.(1), (2) drückt sich in den Forderungen

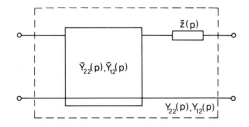

Bild 4.11a:
Vorabspaltung einer RC-Impedanz $\bar{z}(p)$ auf der Sekundärseite des durch $Y_{22}(p)$ und $Y_{12}(p)$ gegebenen Zweitors

$K_0 > 0,$ falls $L_0 \neq 0$
$K_\infty > 0,$ falls $L_\infty \neq 0$
$K_\nu > 0,$ falls $L_\nu \neq 0$ $(\nu = 1,2,...,m)$

aus. Da das gesuchte Zweitor eine durchgehende Kurzschlußverbindung haben soll, gilt jedenfalls $L_0 \geqslant 0$, $L_\infty \geqslant 0$.
Nach SEN I, Abschnitt 6.7.2 kann die Dasher-Bedingung zur Realisierung einer komplexen Übertragungsnullstelle durch Teilabbauten an der Admittanz $Y_{22}(p)$ erfüllt werden, wenn beide Größen K_0 und K_∞ größer als Null sind. In diesem Fall können nämlich alle Koeffizienten $K_\nu (\nu \neq 0, \nu \neq \infty)$ so weit verkleinert werden, daß die verbleibenden Koeffizienten B_ν zwar noch positiv, aber beliebig klein sind. Die Größe

$$K(K_0, K_\infty, B_1, B_2, ..., B_m) =$$

$$= K_\infty \sum_{\nu=1}^{m} \frac{B_\nu \sigma_\nu}{\rho_\nu^4} - \frac{K_0}{\omega_0^2} \sum_{\nu=1}^{m} \frac{B_\nu \sigma_\nu^2}{\rho_\nu^4} + \frac{1}{2} \sum_{\nu,\mu=1}^{m} \frac{B_\nu B_\mu (\sigma_\nu \sigma_\mu - \omega_0^2)(\sigma_\nu - \sigma_\mu)^2}{\rho_\nu^4 \rho_\mu^4},$$

(3)

welche zur Befriedigung der Dasher-Bedingung zum Verschwinden zu bringen ist, wird dann durch Verkleinerung von K_0 bzw. K_∞ zu Null gemacht.
Falls $K_0 = 0$ und (oder) $K_\infty = 0$ ist, kann die Dasher-Bedingung nicht in jedem Falle durch Teilabbauten an der Admittanz $Y_{22}(p)$ erfüllt werden. Es sind die folgenden Fälle zu unterscheiden.

a) $K_0 > 0$, $K_\infty = 0$, $K < 0$

Die Dasher-Bedingung läßt sich durch Teilabbauten an der Admittanz $Y_{22}(p)$ nicht immer erfüllen. Es gilt

$$Y_{22}(p) = K_0 + \sum_{\nu=1}^{m} \frac{K_\nu p}{p + \sigma_\nu} \quad (K_\nu > 0; \nu = 0,1,...,m)$$

oder

$$Y_{22}(p) = \frac{\sum_{\nu=0}^{m} a_\nu p^\nu}{\sum_{\nu=0}^{m} c_\nu p^\nu}$$

und

Bild 4.11b:
Vorabspaltung gemäß Bild 4.11a für den Sonderfall $K_0 > 0, K_\infty = 0, K < 0$

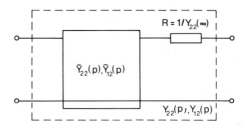

$$-Y_{12}(p) = L_0 + \sum_{\nu=1}^{m} \frac{L_\nu p}{p + \sigma_\nu} \quad (L_0 \geq 0; \; L_\nu \gtreqless 0, \; \nu = 1,2,...,m)$$

oder

$$-Y_{12}(p) = \frac{\sum_{\nu=0}^{m} b_\nu p^\nu}{\sum_{\nu=0}^{m} c_\nu p^\nu} \not\equiv 0 \; . \tag{4}$$

Die in der Gl.(4) auftretenden Polynome können gemeinsame Nullstellen besitzen. Es wird nun auf der Sekundärseite des zu ermittelnden Zweitors in Längsrichtung ein Ohmwiderstand abgebaut (Bild 4.11b), so daß das Admittanzmatrix-Element $\bar{Y}_{22}(p)$ des Restzweitors einen Pol in $p = \infty$ erhält. Auf diese Weise ergeben sich die folgenden Admittanzmatrix-Elemente des Restzweitors:

$$\bar{Y}_{22}(p) = \frac{1}{\dfrac{1}{Y_{22}(p)} - \dfrac{1}{Y_{22}(\infty)}} = \frac{\sum_{\nu=0}^{m} a_\nu p^\nu}{\sum_{\nu=0}^{m-1} (c_\nu - \dfrac{c_m}{a_m} a_\nu) p^\nu}$$

$$= \bar{K}_0 + \bar{K}_\infty p + \sum_{\nu=1}^{m-1} \frac{\bar{K}_\nu p}{p + \bar{\sigma}_\nu} \quad (\bar{K}_\nu > 0, \; \nu = 0,1,...,m-1,\infty) \, ,$$

$$-\bar{Y}_{12}(p) = \bar{Y}_{22}(p) \frac{-Y_{12}(p)}{Y_{22}(p)} = \frac{\sum_{\nu=0}^{m} b_\nu p^\nu}{\sum_{\nu=0}^{m-1} (c_\nu - \frac{c_m}{a_m} a_\nu) p^\nu}$$

$$= \bar{L}_0 + \bar{L}_\infty p + \sum_{\nu=1}^{m-1} \frac{\bar{L}_\nu p}{p + \bar{\sigma}_\nu} \quad (\bar{L}_\nu \geq 0, \ \nu = 0, \infty; \ \bar{L}_\nu \gtreqless 0, \ \nu = 1, 2, ..., m-1).$$

Die endlichen Übertragungsnullstellen bleiben durch den Abbau des Ohmwiderstands unverändert. Es wurde allenfalls eine Übertragungsnullstelle in $p = \infty$ verwirklicht. Das Admittanzmatrix-Element $\bar{Y}_{22}(p)$ besitzt die Eigenschaft, daß durch Teilabbauten an dieser Funktion die Dasher-Bedingung erfüllt werden kann.

b) $K_0 > 0, \ K_\infty = 0, \ K > 0$

In diesem Fall läßt sich offensichtlich durch Teilabbauten an der Admittanz $Y_{22}(p)$ die Dasher-Bedingung immer erfüllen, d.h. die Größe $K(K_0, 0, K_1, K_2, ..., K_m)$ Gl.(3) durch Verkleinerung der Werte K_ν ($\nu = 0, 1, ..., m$) zu Null machen.

c) $K_0 = 0, \ K_\infty > 0, \ K > 0$

Die Dasher-Bedingung läßt sich durch Teilabbauten an der Admittanz $Y_{22}(p)$ nicht immer erfüllen. Es gilt

$$Y_{22}(p) = K_\infty p + \sum_{\nu=1}^{m} \frac{K_\nu p}{p + \sigma_\nu} \quad (K_\nu > 0, \ \nu = 1, 2, ..., m, \infty)$$

oder

$$Y_{22}(p) = \frac{\sum_{\nu=1}^{m+1} a_\nu p^\nu}{\sum_{\nu=0}^{m} c_\nu p^\nu}$$

und

$$-Y_{12}(p) = L_\infty p + \sum_{\nu=1}^{m} \frac{L_\nu p}{p + \sigma_\nu} \quad (L_\infty \geq 0;\ L_\nu \gtreqless 0,\ \nu = 1,2,\ldots,m)$$

oder

$$-Y_{12}(p) = \frac{\sum_{\nu=1}^{m+1} b_\nu p^\nu}{\sum_{\nu=0}^{m} c_\nu p^\nu} \not\equiv 0.$$

Es wird nun auf der Sekundärseite des zu ermittelnden Zweitors in Längsrichtung eine Kapazität abgebaut (Bild 4.11c), so daß die Impedanz $1/Y_{22}(p)$ in $p = 0$ polfrei wird. Auf diese Weise ergeben sich die folgenden Admittanzmatrix-Elemente des Restzweitors:

$$\bar{Y}_{22}(p) = \frac{1}{\dfrac{1}{Y_{22}(p)} - \dfrac{c_0}{a_1 p}} = \frac{\sum_{\nu=0}^{m} a_{\nu+1} p^\nu}{\sum_{\nu=0}^{m-1} \left(c_{\nu+1} - \dfrac{c_0}{a_1} a_{\nu+2}\right) p^\nu}$$

$$= \bar{K}_0 + \bar{K}_\infty p + \sum_{\nu=1}^{m-1} \frac{\bar{K}_\nu p}{p + \bar{\sigma}_\nu} \quad (\bar{K}_\nu > 0,\ \nu = 0,1,\ldots, m-1, \infty),$$

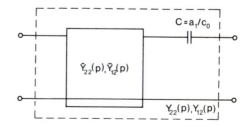

Bild 4.11c:
Vorabspaltung gemäß Bild 4.11a für den Sonderfall $K_0 = 0, K_\infty > 0, K > 0$

$$-\bar{Y}_{12}(p) = \bar{Y}_{22}(p)\frac{-Y_{12}(p)}{Y_{22}(p)} = \frac{\sum_{\nu=0}^{m} b_{\nu+1} p^{\nu}}{\sum_{\nu=0}^{m-1}\left(c_{\nu+1} - \frac{c_0}{a_1} a_{\nu+2}\right) p^{\nu}}$$

$$= \bar{L}_0 + \bar{L}_\infty p + \sum_{\nu=1}^{m-1} \frac{\bar{L}_\nu p}{p + \bar{\sigma}_\nu} \quad (\bar{L}_\nu \geqslant 0, \; \nu = 0, \infty; \; \bar{L}_\nu \gtreqless 0,$$

$$\nu = 1, 2, \ldots, m-1) .$$

Durch diesen Vorabbau wurde zugleich eine Übertragungsnullstelle in $p = 0$ realisiert. Das Admittanzmatrix-Element $\bar{Y}_{22}(p)$ besitzt die Eigenschaft, daß durch Teilabbauten an dieser Funktion die Dasher-Bedingung erfüllt werden kann.

d) $K_0 = 0$, $K_\infty > 0$, $K < 0$

In diesem Fall läßt sich offensichtlich durch Teilabbauten an der Admittanz $Y_{22}(p)$ die Dasher-Bedingung immer erfüllen, d.h. die Größe $K(0, K_\infty, K_1, K_2, \ldots, K_m)$ Gl. (3) durch Verkleinerung der Werte K_ν ($\nu = 1, 2, \ldots, m, \infty$) zu Null machen.

e) $K_0 = 0$, $K_\infty = 0$

Die Dasher-Bedingung läßt sich durch Teilabbauten an der Admittanz $Y_{22}(p)$ nicht immer erfüllen. Es gilt

$$Y_{22}(p) = \sum_{\nu=1}^{m} \frac{K_\nu p}{p + \sigma_\nu} \quad (K_\nu > 0, \; \nu = 1, 2, \ldots, m)$$

oder

$$Y_{22}(p) = \frac{\sum_{\nu=1}^{m} a_\nu p^\nu}{\sum_{\nu=0}^{m} c_\nu p^\nu}$$

und

$$-Y_{12}(p) = \sum_{\nu=1}^{m} \frac{L_\nu p}{p + \sigma_\nu} \quad (L_\nu \gtreqless 0, \; \nu = 1, 2, \ldots, m)$$

oder

$$-Y_{12}(p) = \frac{\sum_{\nu=1}^{m} b_\nu p^\nu}{\sum_{\nu=0}^{m} c_\nu p^\nu} \not\equiv 0.$$

Es wird nun auf der Sekundärseite des zu ermittelnden Zweitors in Längsrichtung ein RC-Zweipol nach Bild 4.11d abgebaut. Auf diese Weise ergeben sich die folgenden Admittanzmatrix-Elemente des Restzweitors:

$$\bar{Y}_{22}(p) = \frac{1}{\dfrac{1}{Y_{22}(p)} - \dfrac{1}{Y_{22}(\infty)} - \dfrac{c_0}{a_1 p}} =$$

$$= \frac{\sum_{\nu=0}^{m-1} a_{\nu+1} p^\nu}{\sum_{\nu=0}^{m-2} \left[\left(c_{\nu+1} - \dfrac{c_m}{a_m} a_{\nu+1} - \dfrac{c_0}{a_1} a_{\nu+2} \right) p^\nu \right]}$$

$$= \bar{K}_0 + \bar{K}_\infty p + \sum_{\nu=1}^{m-2} \frac{\bar{K}_\nu p}{p + \bar{\sigma}_\nu} \quad (\bar{K}_\nu > 0, \nu = 0,1,...,m-2, \infty),$$

$$-\bar{Y}_{12}(p) = \bar{Y}_{22}(p) \frac{-Y_{12}(p)}{Y_{22}(p)} = \frac{\sum_{\nu=0}^{m-1} b_{\nu+1} p^\nu}{\sum_{\nu=0}^{m-2} \left[\left(c_{\nu+1} - \dfrac{c_m}{a_m} a_{\nu+1} - \dfrac{c_0}{a_1} a_{\nu+2} \right) p^\nu \right]}$$

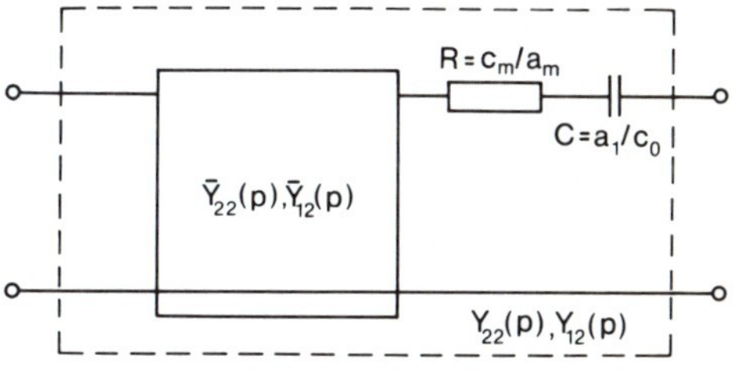

Bild 4.11d:
Vorabspaltung gemäß Bild 4.11a für den Sonderfall $K_0 = 0, K_\infty = 0$

$$= \bar{L}_0 + \bar{L}_\infty p + \sum_{\nu=1}^{m-2} \frac{\bar{L}_\nu p}{p + \bar{\sigma}_\nu} \quad (\bar{L}_0 \geq 0,\ \bar{L}_\infty \geq 0;\ \bar{L}_\nu \gtreqless 0,\ \nu = 1,2,\ldots, m-2).$$

Durch diesen Vorabbau wurde eine Übertragungsnullstelle in $p = 0$ verwirklicht. Zusätzlich wird noch in $p = \infty$ eine Übertragungsnullstelle verwirklicht, falls $b_m = 0$ gilt.

■
Aufgabe 4.12

Es sind die Admittanzmatrix-Elemente

$$Y_{22}(p) = \frac{29p^2 + 38p + 3}{p^2 + 4p + 3}$$

und

$$-Y_{12}(p) = K \frac{p^2 + 1}{p^2 + 4p + 3}$$

eines RC-Zweitors gegeben. Der Wert der Konstante $K > 0$ sei zunächst nicht vorgeschrieben.
Man realisiere diese Admittanzmatrix-Elemente durch ein Dasher-Netzwerk. Dabei soll nicht der eigentliche Dasher-Algorithmus, sondern das in SENI, Abschnitt 6.7.4 beschriebene einfache Realisierungsverfahren verwendet werden.

Lösung zu Aufgabe 4.12

Im ersten Realisierungsschritt wird auf der Sekundärseite des gesuchten Zweitors in Längsrichtung ein Ohmwiderstand R so abgespalten, daß das Admittanzmatrix-Element $y_{22}(p)$ des Restzweitors einen Pol in $p = \infty$ erhält. Auf diese Weise ergeben sich mit

$$R = \frac{1}{Y_{22}(\infty)} = \frac{1}{29}$$

für das Restzweitor die Admittanzmatrix-Elemente

$$y_{22}(p) = \frac{1}{\dfrac{1}{Y_{22}(p)} - R} = \frac{29p^2 + 38p + 3}{2{,}6896p + 2{,}8966}$$

oder

$$y_{22}(p) = \beta_0 + \beta_\infty p + \frac{\beta_1 p}{p + x_1}$$

mit

$\beta_0 = 1{,}0357$, $\beta_1 = 1{,}4811$, $\beta_\infty = 10{,}782$,

$x_1 = 1{,}0769$

und

$$-y_{12}(p) = y_{22}(p) \frac{-Y_{12}(p)}{Y_{22}(p)} = \frac{K(p^2 + 1)}{2{,}6896p + 2{,}8966}$$

oder

$$-y_{12}(p) = K\left[\gamma_0 + \gamma_\infty p + \frac{\gamma_1 p}{p + x_1} \right]$$

mit

$\gamma_0 = 0{,}34524$, $\gamma_1 = -0{,}74563$, $\gamma_\infty = 0{,}37179$.

Gemäß SEN I, Abschnitt 6.7.4 muß jetzt

$$K = K_0 \equiv \text{Min}\left[\frac{\beta_0}{\gamma_0}, \frac{\beta_\infty}{\gamma_\infty} \right] = \text{Min}\,[3;29] = 3$$

gewählt werden (gemäß SEN liegt somit der Fall a vor). Damit wird im zweiten Realisierungsschritt auf der Sekundärseite des Zweitors mit den Admittanzmatrix-Elementen $y_{22}(p), y_{12}(p)$ die Querkapazität

$$C_a = \beta_\infty - K_0\,\gamma_\infty = 9{,}6667$$

abgespalten. Das verbleibende Zweitor besitzt die Admittanzmatrix-Elemente

$$y_{22}^{(a)}(p) = B_0 + B_\infty p + \frac{B_1 p}{p + x_1} \tag{1}$$

und

$$-y_{12}^{(a)}(p) = B_0 + B_\infty p + \frac{C_1 p}{p + x_1} \tag{2}$$

mit

$B_0 = 1{,}0357, \quad B_1 = 1{,}4811, \quad B_\infty = 1{,}1154,$

$C_1 = -2{,}2369 \,.$

Diesen beiden Admittanzmatrix-Elementen wird aufgrund der Kompaktheitsforderung das dritte Admittanzmatrix-Element

$$y_{11}^{(a)}(p) = B_0 + B_\infty p + \frac{A_1 p}{p + x_1} \tag{3}$$

mit

$$A_1 = \frac{C_1^2}{B_1} = 3{,}3785$$

zugeordnet.
Im letzten Realisierungsschritt müssen zur Verwirklichung der Admittanzmatrix-Elemente Gln.(1), (2) und (3) durch eines der Zweitore nach SENI, Abschnitt 6.7.3 die folgenden Parameterwerte berechnet werden:

$a_1 = A_1 - C_1 = 5{,}6154 \,;$

$a_2 = C_1 = -2{,}2369 \,;$

$a_3 = B_1 - C_1 = 3{,}7179 \,;$

$\sigma_0 = x_1 = 1{,}0769 \,;$

$C_0 = B_\infty = 1{,}1154 \,;$

$$\omega_0^2 = \frac{B_0 x_1}{B_\infty} = 1 \; ;$$

$$\xi_0 = \frac{B_0 + x_1 B_\infty + C_1}{2 B_\infty} = 0.$$

Es liegt der Fall $2\xi_0 \leq \sigma_0$ (SEN, Bild 121) vor. Die Netzwerkelementewerte berechnen sich nach SEN, Gln.(320a-c), (322a-c). Auf diese Weise erhält man mit κ gemäß Gl.(317a)

$$\kappa = \frac{\sigma_0(\sigma_0 - 2\xi_0)}{(\sigma_0 - \xi_0)^2 + \eta_0^2} = 0{,}53699$$

die Zahlenwerte

$$R_1 = \frac{1}{\kappa(a_1 + a_3)} = 0{,}19953 \; ;$$

$$C_{11} = \frac{C_0(a_1 + a_3)}{a_3} = 2{,}8 \; ;$$

$$C_{13} = \frac{C_0(a_1 + a_3)}{a_1} = 1{,}8539 \; ;$$

$$R_{21} = \frac{a_3 \sigma_0}{\omega_0^2 C_0(a_1 + a_3)} = 0{,}38462 \; ;$$

$$R_{23} = \frac{a_1 \sigma_0}{\omega_0^2 C_0(a_1 + a_3)} = 0{,}58090 \; ;$$

$$C_2 = \frac{(a_1 + a_3)(1 - \kappa)}{\sigma_0} = 4{,}0128 \; .$$

Das resultierende Gesamtzweitor ist im Bild 4.12 dargestellt. Es realisiert die gegebenen Admittanzmatrix-Elemente $Y_{22}(p)$ und $-Y_{12}(p)$ für $K = 3$.

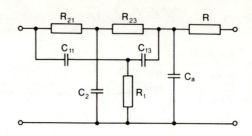

Bild 4.12:
Verwirklichung der vorgeschriebenen Admittanzmatrix-Elemente nach dem in SENI, Abschnitt 6.7.4 beschriebenen Verfahren

5. RLCÜ-Zweitor-Synthese

In diesem Abschnitt werden Verfahren zur Synthese von RLCÜ-Zweitoren angewendet. Dabei wird immer von einer Übertragungsfunktion ausgegangen. Im Gegensatz zur Synthese von Reaktanzzweitoren ist die Lage der Übertragungsnullstellen nicht eingeschränkt. Zunächst wird die Möglichkeit besprochen, symmetrische Kreuzglieder zur Realisierung zu verwenden (Aufgaben 1, 2 und 4). Danach findet man Aufgaben (3, 6 - 8) über die Realisierung von Mindestphasen-Übertragungsfunktionen mit Hilfe einzelner überbrückter T-Glieder bzw. von Kettenschaltungen solcher Glieder. Weitere Aufgaben (8 - 10) sind der Realisierung von Mindestphasen-Übertragungsfunktionen mit Hilfe des Hoschen Verfahrens gewidmet. Die Erweiterung einer bekannten Allpaßstruktur eignet sich wie die Allpässe selbst zur Verwirklichung von Übertragungsnullstellen in der rechten Halbebene (Aufgaben 5 und 11). Abschließend wird gezeigt, wie durch eine mit einem Ohmwiderstand belastete Parallelschaltung zweier durch jeweils einen Widerstand ergänzten Reaktanzzweitore Übertragungsfunktionen realisiert werden können (Aufgaben 12 und 13).
Mit Hilfe der im Vorwort festgelegten Kategorien werden die Aufgaben dieses Abschnitts folgendermaßen gekennzeichnet:

a	b	c
1 3 7 - 13	2 - 4 6 7	5

Aufgabe 5.1

Gegeben ist die rationale, reelle und in der Halbebene Re $p \geq 0$ einschließlich $p = \infty$ polfreie Funktion

$$H(p) = \frac{(p+2)(p^2-p+4)}{(p+1)(p^2+4p+8)} \quad . \tag{1}$$

a) Man ermittle den größtmöglichen Wert k, für den die Funktion $k\,H(p)$ als Übertragungsfunktion $H_0(p) = U_2/U_0$ eines symmetrischen Kreuzgliedes (Bild 5.1a) mit den Widerständen $R_1 = R_2 = 1$ und zueinander dualen Zweipolen, deren Impedanzen $Z_1(p)$ bzw. $Z_2(p)$ sind, realisiert werden kann.
Man führe die Realisierung für diesen k-Wert durch und gebe ein äquivalentes Zweitor an, bei welchem gegenüber der ersten Realisierung die Hälfte der Energiespeicher eingespart wird.

b) Man ermittle den größtmöglichen Wert k, für den die Funktion $k\,H(p)$ in der Form eines Darlington-Netzwerks mit den Widerständen $R_1 = R_2 = 1$ realisiert werden kann. Man gebe die beiden möglichen Zweitore an.

c) Man faktorisiere $H(p)$ in ein Produkt zweier Übertragungsfunktionen $H_a(p)$ und $H_b(p)$. Diese beiden Funktionen sind mit den konstanten positiven Faktoren k_a bzw. k_b so zu multiplizieren, daß die Funktionen $H^{(1)}(p) = k_a H_a(p)$ und $H^{(2)}(p) = k_b H_b(p)$ jeweils durch ein symmetrisches Kreuzglied mit dualen Zweipolen realisiert werden können. Dabei sollen beide Kreuzglieder mit dem Ohmwiderstand Eins abgeschlossen sein. Der Innenwiderstand der Quelle soll in einem Netzwerk den Wert Eins und im anderen den Wert Null erhalten. Wie groß dürfen die Konstanten k_a und k_b höchstens gewählt werden?
Unter Verwendung dieser Werte ist die gesamte Übertragungsfunktion $H(p)$ bis auf einen konstanten Faktor k durch die Kettenanordnung zweier Kreuzglieder zu realisieren. Das Gesamtnetzwerk soll mit dem Ohmwiderstand $R_2 = 1$ abgeschlossen und von einer Quelle mit dem Innenwiderstand $R_1 = 1$ gespeist werden. Wie groß ist hier der konstante Faktor k?

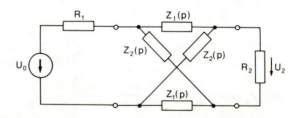

Bild 5.1a: Symmetrisches Kreuzglied, durch welches eine vorgeschriebene Übertragungsfunktion als Spannungsverhältnis U_2/U_0 verwirklicht werden soll

Lösung zu Aufgabe 5.1

a) Aus Gl.(1) erhält man die Darstellung

$$|H(j\omega)|^2 = \left| \frac{8 - \omega^2 + j\omega(2 - \omega^2)}{8 - 5\omega^2 + j\omega(12 - \omega^2)} \right|^2 = \frac{64 - 12\omega^2 - 3\omega^4 + \omega^6}{64 + 64\omega^2 + \omega^4 + \omega^6}.$$

Wie man hieraus sieht, gilt

$$|H(j\omega)| < 1 \quad \text{für} \quad 0 < \omega < \infty \quad (2a)$$

und

$$|H(j\omega)| = 1 \quad \text{für} \quad \omega = 0, \infty. \quad (2b)$$

Nach SENI, Abschnitt 7.1.1 muß nun zur gewünschten Realisierung einer Funktion

$$H_0(p) = kH(p)$$

die Bedingung

$$|H_0(j\omega)| \leq \frac{1}{2} \quad \text{für} \quad 0 \leq \omega \leq \infty$$

erfüllt werden. Hieraus folgt wegen der Beziehungen (2a,b) die Forderung

$$k \leq \frac{1}{2}.$$

Wählt man den größtmöglichen Wert $k = 1/2$, so erhält man gemäß SEN, Gln.(337b) und (336a) für die Impedanzen des Kreuzgliedes

$$Z_1(p) = \frac{1}{Z_2(p)} = \frac{1 - 2H_0(p)}{1 + 2H_0(p)} = \frac{1 - H(p)}{1 + H(p)}$$

oder mit Gl.(1)

$$Z_1(p) = \frac{1}{Z_2(p)} = \frac{4p^2 + 10p}{2p^3 + 6p^2 + 14p + 16} = \cfrac{1}{\cfrac{8}{5p} + \cfrac{1}{4} + \cfrac{p}{2} + \cfrac{1}{\cfrac{100}{51} + \cfrac{40}{51}p}}$$

72 RLCÜ-Zweitor-Synthese

Auf Grund dieses Ergebnisses lassen sich unmittelbar die im Bild 5.1b dargestellten Zweipole mit den Impedanzen $Z_1(p)$ bzw. $Z_2(p)$ angeben.

Das Netzwerk mit der Hälfte der Energiespeicher des Kreuzgliedes ergibt sich gemäß SEN, Bild 126. Die Querinduktivität des Zweipols mit der Impedanz $2Z_1(p)$ kann dabei mit dem auftretenden idealen Übertrager zu einem festgekoppelten Übertrager zusammengefaßt werden. Das auf diese Weise entstandene Zweitor ist im Bild 5.1c dargestellt.

b) Für eine Übertragungsfunktion $H_0(p)$, die durch ein Darlington-Netzwerk mit den Ohmwiderständen $R_1 = R_2 = 1$ realisiert werden soll, muß nach SENI, Abschnitt 7.1.2 die Ungleichung

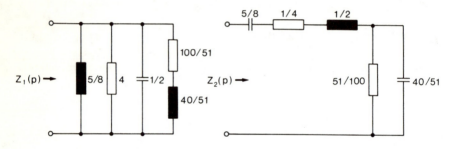

Bild 5.1b: Die zur Realisierung von $H_0(p)$ gemäß Teilaufgabe a ermittelten dualen Zweipole

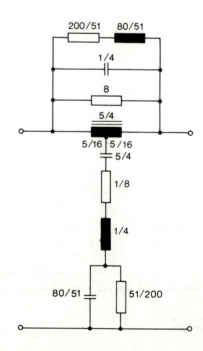

Bild 5.1c:
Zum symmetrischen Kreuzglied äquivalente Sparschaltung, durch die $H_0(p)$ gemäß Teilaufgabe a verwirklicht wird

$$|H_0(j\omega)| \leqslant \frac{1}{\left(1 + \sqrt{\frac{R_1}{R_2}}\right)^2} = \frac{1}{4}$$

für alle reellen ω-Werte bestehen. Da das Maximum von $|H(j\omega)|$ gleich Eins ist, kann $H(p)$ nur bis auf einen konstanten Faktor

$$k \leqslant \frac{1}{4}$$

als Übertragungsfunktion $H_0(p) = kH(p)$ mittels eines Darlington-Netzwerks ($R_1 = R_2 = 1$) verwirklicht werden.
Mit dem Maximalwert $k = 1/4$ erhält man gemäß SENI, Abschnitt 7.1.2 als erste Möglichkeit für die Impedanzen des Kreuzgliedes

$$Z_2(p) = \sqrt{R_1 R_2} = 1$$

und bei Verwendung der Gl.(1)

$$Z_1(p) = \sqrt{R_1 R_2} \; \frac{1 - H_0(p)\left(1 + \sqrt{\frac{R_1}{R_2}}\right)^2}{1 + H_0(p)\left(1 + \sqrt{\frac{R_1}{R_2}}\right)^2} = \frac{1 - H(p)}{1 + H(p)}$$

$$= \frac{1}{\dfrac{8}{5p} + \dfrac{1}{4} + \dfrac{p}{2} + \dfrac{1}{\dfrac{100}{51} + \dfrac{40}{51}p}}.$$

Das zugehörige Zweitor ist im Bild 5.1d zu finden. Es läßt sich hier noch ein äquivalentes Zweitor mit der Hälfte der Energiespeicher angeben, das einen festgekoppelten Übertrager enthält (man vergleiche hierzu SEN, Bild 126).
Als zweite Möglichkeit erhält man gemäß SENI, Abschnitt 7.1.2 mit dem Maximalwert $k = 1/4$ für die Impedanzen des Kreuzgliedes

$$Z_1(p) = \sqrt{R_1 R_2} = 1$$

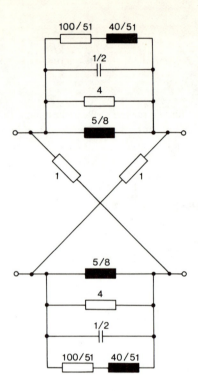

Bild 5.1d:
Erste Variante des Darlington-Netzwerks, durch welche die vorgeschriebene Spannungsübertragungsfunktion mit dem größtmöglichen Faktor $k = 1/4$ verwirklicht wird

und bei Verwendung der Gl.(1)

$$Z_2(p) = \sqrt{R_1 R_2}\; \frac{1 + H_0(p)\left(1 + \sqrt{\frac{R_1}{R_2}}\right)^2}{1 - H_0(p)\left(1 + \sqrt{\frac{R_1}{R_2}}\right)^2} = \frac{1 + H(p)}{1 - H(p)}$$

$$= \frac{8}{5p} + \frac{1}{4} + \frac{p}{2} + \frac{1}{\frac{100}{51} + \frac{40}{51}p}\;.$$

Das zugehörige Zweitor ist im Bild 5.1e dargestellt. Das äquivalente Zweitor mit der Hälfte der Energiespeicher ist im vorliegenden Fall von geringem Interesse, weil der auftretende ideale Übertrager nicht mit einer Induktivität zu einem festgekoppelten Übertrager vereinigt werden kann.

c) Da die Teilübertragungsfunktionen $H_a(p)$ und $H_b(p)$ rational, reell und in

Re $p \geq 0$ einschließlich $p = \infty$ polfrei sein müssen, besteht nur eine Möglichkeit, die Pole und Nullstellen von $H(p)$ auf die genannten Teilübertragungsfunktionen aufzuteilen. Die resultierenden Funktionen lauten

$$H_a(p) = \frac{p+2}{p+1}, \quad H_b(p) = \frac{p^2 - p + 4}{p^2 + 4p + 8}.$$

Hieraus folgt

$$|H_a(j\omega)|^2 = \frac{4 + \omega^2}{1 + \omega^2} \leq 4 \quad \text{für} \quad 0 \leq \omega \leq \infty$$

und

$$|H_b(j\omega)|^2 = \frac{(4-\omega^2)^2 + \omega^2}{(8-\omega^2)^2 + 16\omega^2} = 1 - \frac{48 + 7\omega^2}{64 + \omega^4} \leq 1 \quad \text{für} \quad 0 \leq \omega \leq \infty,$$

d.h.

$$|H_a(j\omega)| \leq 2 \quad \text{für} \quad 0 \leq \omega \leq \infty \tag{3a}$$

und

$$|H_b(j\omega)| \leq 1 \quad \text{für} \quad 0 \leq \omega \leq \infty. \tag{3b}$$

Soll bei der Realisierung der Übertragungsfunktion $H^{(1)}(p) = k_a H_a(p)$ der Innenwiderstand der Quelle den Wert Eins besitzen, so muß nach SENI, Abschnitt 7.1.1 die Einschränkung $|H^{(1)}(j\omega)| = k_a |H_a(j\omega)| \leq 1/2$ gemacht, also wegen Ungleichung (3a)

$$k_a \leq \frac{1}{4}$$

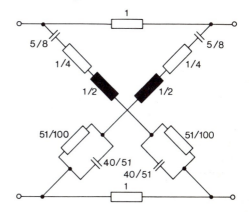

Bild 5.1e:
Zweite Variante des Darlington-Netzwerks, durch welche die vorgeschriebene Spannungsübertragungsfunktion mit dem größtmöglichen Faktor $k = 1/4$ verwirklicht wird

76 RLCÜ-Zweitor-Synthese

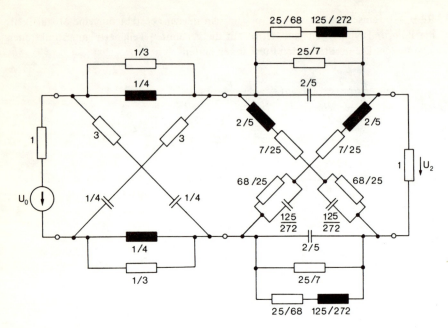

Bild 5.1f: Kettenschaltung zweier symmetrischer Kreuzglieder, welche die vorgeschriebene Übertragungsfunktion als Spannungsverhältnis U_2/U_0 bis auf den konstanten Faktor $k = 1/4$ verwirklicht

gefordert werden. Bei der Realisierung der Übertragungsfunktion $H^{(2)}(p) = k_b H_b(p)$ soll dagegen der Innenwiderstand der Quelle gleich Null sein. Dann lautet nach SENI, Abschnitt 7.1.1 die Einschränkung $|H^{(2)}(j\omega)| = k_b |H_b(j\omega)| \leq 1$; es ist also wegen Ungleichung (3b)

$$k_b \leq 1$$

zu verlangen.
Bei der Wahl der Maximalwerte $k_a = 1/4$ und $k_b = 1$ ergeben sich nach SENI, Abschnitt 7.1.1 die folgenden Impedanzen für die beiden Kreuzglieder:

$$Z_1^{(1)}(p) = \frac{1}{Z_2^{(1)}(p)} = \frac{1 - 2H^{(1)}(p)}{1 + 2H^{(1)}(p)} = \frac{1 - \frac{1}{2}H_a(p)}{1 + \frac{1}{2}H_a(p)}$$

$$= \frac{p}{3p + 4} = \frac{1}{3 + \frac{4}{p}},$$

$$Z_1^{(2)}(p) = \frac{1}{Z_2^{(2)}(p)} = \frac{1-H^{(2)}(p)}{1+H^{(2)}(p)} = \frac{1-H_b(p)}{1+H_b(p)}$$

$$= \frac{5p+4}{2p^2+3p+12} = \frac{1}{\frac{2}{5}p + \frac{7}{25} + \frac{1}{\frac{125}{272}p + \frac{25}{68}}}.$$

Das resultierende Gesamtnetzwerk, das die Form der Kettenschaltung zweier symmetrischer Kreuzglieder aufweist, ist im Bild 5.1f dargestellt. Es realisiert die gegebene Übertragungsfunktion $H(p)$ bis auf den konstanten Faktor

$$k = k_a k_b = \frac{1}{4}.$$

■

Aufgabe 5.2

Die rationale, reelle, in der Halbebene Re $p \geq 0$ einschließlich $p = \infty$ polfreie Funktion

$$H(p) = K \frac{p+x}{(p+p_1)(p+p_2)} \qquad (1)$$

mit den reellen Polen $p = -p_1, p = -p_2$ ($0 < p_1 < p_2$), der positiven Konstante K und der Nullstelle $p = -x$ ($-\infty < x < \infty$) läßt sich als Spannungsverhältnis U_2/U_1 sowohl durch eine Kettenschaltung zweier symmetrischer Kreuzglieder mit jeweils zueinander dualen Zweipolen (Bild 5.2a) als auch durch ein einzelnes symmetrisches

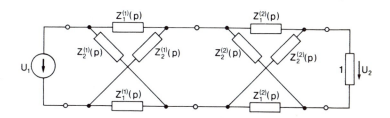

Bild 5.2a: Kettenschaltung zweier symmetrischer Kreuzglieder als erste Netzwerkstruktur zur Realisierung der vorgeschriebenen Spannungsübertragungsfunktion

78 RLCÜ-Zweitor-Synthese

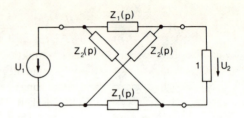

Bild 5.2b:
Einzelnes symmetrisches Kreuzglied als zweite Netzwerkstruktur zur Realisierung der vorgeschriebenen Spannungsübertragungsfunktion

Kreuzglied mit dualen Zweipolen (Bild 5.2b) realisieren. Dabei darf K jedenfalls einen bestimmten Maximalwert nicht übersteigen, der von der gewählten Realisierungsart (Bild 5.2a oder 5.2b) und von den Größen p_1, p_2, x abhängt. Der maximal zulässige K-Wert soll im folgenden als Funktion von x bei fest vorgegebenen Werten von p_1 und p_2 für beide Realisierungsarten ermittelt und in Diagrammen dargestellt werden.

a) Man bestimme in Abhängigkeit von x den Faktor K_{max}, der bei Realisierung von $H(p)$ durch eine Kettenschaltung zweier symmetrischer Kreuzglieder mit dualen Zweipolen (zwei Lösungen!) für K maximal zulässig ist, und stelle das Ergebnis in einem Diagramm dar.

b) Man diskutiere die Funktion $|H(j\omega)|^2$ und zeige, daß sie in Abhängigkeit von ω monoton fällt, wenn die Beziehung $|x| \geq p_1 p_2 / \sqrt{p_1^2 + p_2^2}$ gilt, und daß sie für $|x| < p_1 p_2 / \sqrt{p_1^2 + p_2^2}$ ihr Maximum bei einer von Null verschiedenen endlichen Frequenz annimmt.

Wie groß ist in den beiden genannten Fällen das Maximum von $|H(j\omega)|$ im Intervall $0 \leq \omega \leq \infty$ und wie groß ist demzufolge der Faktor K_{max}, der bei der Realisierung von $H(p)$ durch ein einzelnes symmetrisches Kreuzglied mit dualen Zweipolen für K maximal zulässig ist? Man stelle K_{max} in Abhängigkeit von x in einem Schaubild dar.

c) Man vergleiche die Ergebnisse der Teilaufgaben a und b.

Lösung zu Aufgabe 5.2

a) Eine *erste* Möglichkeit zur Faktorisierung der Übertragungsfunktion $H(p)$ Gl.(1) lautet

$$H(p) = k_1 H_1(p) \cdot k_2 H_2(p)$$

mit

$$H_1(p) = \frac{p+x}{p+p_1} \quad , \quad H_2(p) = \frac{1}{p+p_2}$$

und

$$K = k_1 k_2 \qquad (k_1 > 0, k_2 > 0).$$

Zur Realisierung der Übertragungsfunktion $k_1 H_1(p)$ durch ein symmetrisches Kreuzglied mit dualen Zweipolen und dem Abschlußwiderstand Eins muß nach SEN I, Abschnitt 7.1.1 die Ungleichung $|k_1 H_1(j\omega)| \leqslant 1$ für alle ω-Werte erfüllt werden. Da $k_1 H_1(j\omega)$ in Abhängigkeit von ω in der komplexen Ebene einen Kreis beschreibt, wird die genannte Ungleichung genau dann eingehalten, wenn $|k_1 H_1(\infty)| = k_1 \leqslant 1$ und $|k_1 H_1(0)| = k_1 |x| / p_1 \leqslant 1$, d.h.

$$k_1 \leqslant \mathrm{Min}\left(1, \frac{p_1}{|x|}\right)$$

gilt. In entsprechender Weise erhält man die Forderung

$$k_2 \leqslant p_2$$

für die Realisierung der Übertragungsfunktion $k_2 H_2(p)$ durch ein symmetrisches Kreuzglied mit dualen Zweipolen und dem Abschlußwiderstand Eins.
Damit ergibt sich als Maximalwert für die Konstante $K = k_1 k_2$ die Größe

$$K_{\mathrm{max}} = p_2 \cdot \mathrm{Min}\left(1, \frac{p_1}{|x|}\right).$$

Diese Größe ist in Abhängigkeit von $|x|$ im Bild 5.2c dargestellt.
Eine *zweite* Möglichkeit zur Faktorisierung der Übertragungsfunktion $H(p)$ Gl.(1) lautet

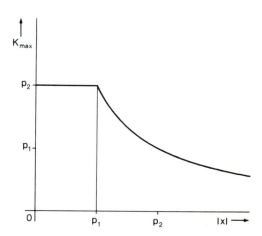

Bild 5.2c:
Maximalwert der Konstante K in Abhängigkeit von $|x|$ für die Netzwerkstruktur aus Bild 5.2a [erste Möglichkeit der Faktorisierung von $H(p)$]

$$H(p) = k_1 H_1(p) \cdot k_2 H_2(p)$$

mit

$$H_1(p) = \frac{1}{p + p_1}, \qquad H_2(p) = \frac{p + x}{p + p_2}$$

und

$$K = k_1 k_2 \qquad (k_1 > 0, \ k_2 > 0).$$

Aus den Realisierungsbedingungen $k_1/p_1 \leqslant 1$ und $k_2 \leqslant 1$, $k_2 |x|/p_2 \leqslant 1$ erhält man für die Konstante $K = k_1 k_2$ den Maximalwert

$$K_{\max} = p_1 \cdot \mathrm{Min}\left(1, \frac{p_2}{|x|}\right).$$

Diese Größe ist in Abhängigkeit von $|x|$ im Bild 5.2d dargestellt.

b) Die Gl.(1) liefert unmittelbar die Betragsquadratfunktion

$$|H(j\omega)|^2 = \frac{\omega^2 + x^2}{(\omega^2 + p_1^2)(\omega^2 + p_2^2)}$$

oder mit $\omega^2 = w$

$$|H(j\omega)|^2 = \frac{w + x^2}{(w + p_1^2)(w + p_2^2)} \equiv F(w).$$

Aufgrund der Forderung $dF(w)/dw = 0$ ergeben sich die Werte

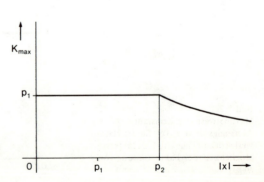

Bild 5.2d:
Maximalwert der Konstante K in Abhängigkeit von $|x|$ für die Netzwerkstruktur aus Bild 5.2a [zweite Möglichkeit der Faktorisierung von $H(p)$]

$$w_{1,2} = -x^2 \pm \sqrt{(x^2-p_1^2)(x^2-p_2^2)} \;. \tag{2}$$

Da die Ungleichung $0 < p_1 < p_2$ besteht, sind die durch die Gl.(2) gegebenen Lösungen w_1, w_2 für $|x| \geqslant p_2$ und für $|x| = p_1$ negativ, für $p_1 < |x| < p_2$ komplex. Für $|x| < p_1$ existiert eine positive Lösung, sofern $-x^2 + \sqrt{(p_1^2 - x^2)(p_2^2 - x^2)} > 0$, d.h.

$$|x| < \frac{p_1 p_2}{\sqrt{p_1^2 + p_2^2}}$$

gilt.

Unter der Voraussetzung $|x| \geqslant p_1 p_2 / \sqrt{p_1^2 + p_2^2}$ kann damit die Betragsfunktion $|H(j\omega)|$ für $\omega > 0$ kein Extremum besitzen, sie muß vielmehr monoton fallend verlaufen, da $|H(j\omega)|$ für $\omega \to \infty$ verschwindet. Das Maximum von $|H(j\omega)|$ tritt also für $\omega = 0$ auf und beträgt $|x|/(p_1 p_2)$. Hieraus erhält man als Maximalwert für die Konstante K

$$K_{max} = \frac{p_1 p_2}{|x|} \quad \text{für} \quad |x| \geqslant \frac{p_1 p_2}{\sqrt{p_1^2 + p_2^2}} \;. \tag{3a}$$

Unter der Voraussetzung $|x| < p_1 p_2 / \sqrt{p_1^2 + p_2^2}$ ergibt sich das Maximum der Betragsfunktion $|H(j\omega)|$ aufgrund von Gl.(2) für

$$\omega = \sqrt{-x^2 + \sqrt{(x^2-p_1^2)(x^2-p_2^2)}} \;.$$

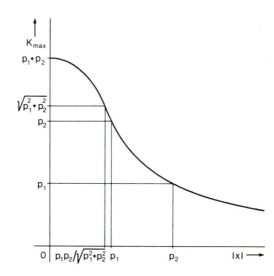

Bild 5.2e:
Maximalwert der Konstante K in Abhängigkeit von $|x|$ für die Netzwerkstruktur aus Bild 5.2b

Dieses Maximum hat den Wert

$$\frac{1}{\sqrt{p_1^2 - x^2} + \sqrt{p_2^2 - x^2}} > \frac{|x|}{p_1 p_2}.$$

Hieraus folgt als Maximalwert für die Konstante K

$$K_{\max} = \sqrt{p_1^2 - x^2} + \sqrt{p_2^2 - x^2} \quad \text{für } |x| < \frac{p_1 p_2}{\sqrt{p_1^2 + p_2^2}}. \tag{3b}$$

Den Verlauf der Größe $K_{\max}$ in Abhängigkeit von $|x|$, wie er durch die Gln.(3a,b) gegeben ist, zeigt Bild 5.2e.

c) Ein Vergleich der Kurvenverläufe $K_{\max}$ in Abhängigkeit von $|x|$ an Hand der Bilder 5.2c,d,e zeigt, daß die Realisierung durch ein einzelnes Kreuzglied für $|x| < p_1$ stets günstiger ist als die Realisierung durch eine Kettenschaltung von zwei Kreuzgliedern. Bei der Verwendung einer Kettenschaltung von zwei Kreuzgliedern ist jedenfalls für $|x| < p_2$ die erste Zerlegungsmöglichkeit der zweiten vorzuziehen.

■
Aufgabe 5.3

Von der rationalen, reellen Funktion

$$H(p) = \frac{(p + a)(p + b)}{p^2 + cp + d} \tag{1}$$

mit den positiven Parametern a, b, c, d und der Einschränkung $c^2 - 4d < 0$, d.h. komplexwertigen Polen, wird vorausgesetzt, daß sie keine Zweipolfunktion ist. Die Parameter müssen daher nach SENI, Abschnitt 3.5.3 die Ungleichung

$$(a + b) c < \left(\sqrt{ab} - \sqrt{d} \right)^2 \tag{2}$$

erfüllen. Mit Hilfe eines Erweiterungsfaktors $(p + A)$, in welchem $A > 0$ sein soll, läßt sich $H(p)$ in das Produkt aus einer Funktion zweiten Grades

$$H_1(p) = \frac{(p + a)(p + A)}{p^2 + cp + d} \tag{3}$$

und einer Funktion ersten Grades

$$H_2(p) = \frac{p+b}{p+A} \qquad (4)$$

aufspalten.

a) Man zeige, daß für die reelle Größe A ein Intervall positiver Werte existiert, für welche $H_1(p)$ und $H_2(p)$ Zweipolfunktionen mit der Eigenschaft

$$\operatorname{Re} H_1(j\omega) > 0, \quad \operatorname{Re} H_2(j\omega) > 0 \quad (0 \leq \omega \leq \infty)$$

sind.

b) Man zeige folgendes: Für die Größe A kann innerhalb des in Teilaufgabe a ermittelten Intervalls ein Wert gewählt werden, so daß $H_1(0)$ und $H_1(\infty)$ übereinstimmen. Man realisiere nach Wahl dieses Wertes die Übertragungsfunktion $H(p) = H_1(p)\,H_2(p)$ bis auf einen konstanten Faktor als Spannungsverhältnis $U_2/U_1 = kH(p)$ zweier gemäß Bild 5.3a in Kette geschalteter überbrückter T-Glieder mit den Teilübertragungsfunktionen $k_1 H_1(p)$ und $k_2 H_2(p)$. Wie groß darf k höchstens sein?

c) Man verwende die in Teilaufgabe b erzielten allgemeinen Ergebnisse dazu, die Übertragungsfunktion

$$H(p) = \frac{p^2 + 15p + 36}{p^2 + p + 1} \qquad (5)$$

durch zwei Netzwerke zu realisieren.

Lösung zu Aufgabe 5.3

a) Die Übertragungsfunktion $H_2(p)$ Gl.(4) ist in jedem Fall eine Zweipolfunktion, deren Realteil für $p = j\omega$ beständig positiv bleibt. Damit auch die Funktion $H_1(p)$

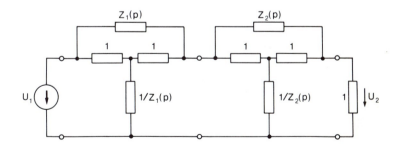

Bild 5.3a: Kettenschaltung zweier überbrückter T-Glieder, die zur Realisierung der gegebenen Übertragungsfunktion $H(p)$ als Spannungsverhältnis U_2/U_1 zu verwenden ist

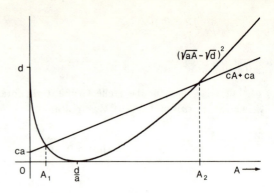

Bild 5.3b: Schaubild zur Ermittlung des Intervalls $A_1 < A < A_2$, für welches die Ungleichung $(\sqrt{Aa} - \sqrt{d})^2 < (A + a)c$ erfüllt wird

Gl.(3) diese Eigenschaft erhält, muß gemäß SEN I, Abschnitt 3.5.3 verlangt werden, daß die Ungleichung

$$\left(\sqrt{Aa} - \sqrt{d}\right)^2 < (A + a)c$$

durch geeignete Wahl von A erfüllt wird. Beide Seiten dieser Ungleichung sind in Abhängigkeit vom Parameter A im Bild 5.3b graphisch veranschaulicht. Wie man sieht, gibt es ein Intervall

$$A_1 < A < A_2 \;,$$

für welches $H_1(p)$ eine Zweipolfunktion mit $\operatorname{Re} H_1(j\omega) > 0$ ($0 \leq \omega \leq \infty$) ist.

b) Wie man der Gl.(1) entnimmt, stimmen $H_1(0)$ und $H_1(\infty)$ genau bei der Wahl $A = d/a$ überein. Dieser Wert liegt im genannten Intervall $A_1 < A < A_2$ (Bild 5.3b). Mit diesem Wert erhält man

$$H_1(p) = \frac{p^2 + (a + \dfrac{d}{a})p + d}{p^2 + cp + d} \;.$$

Die Ortskurve von $H_1(j\omega)$ ist ein zur reellen Achse symmetrischer Kreis, der für $\omega = 0$ und $\omega = \infty$ durch den Punkt 1 und für $\omega = \sqrt{d}$ durch den Punkt $(a + d/a)/c$ geht (Bild 5.3c). Dabei ist der Fall $a + d/a \leq c$ auszuschließen, weil aus Ungleichung (2) direkt die Beziehung

$$a + \frac{d - (2\sqrt{abd} + a^2)}{a + b} > c$$

und hieraus die Relation

$$a + \frac{d}{a} > c$$

folgt. Es muß also die Übertragungsfunktion $H_1(p)$ mit einem positiven konstanten Faktor

$$k_1 \leq \frac{c}{a + \frac{d}{a}} = k_{1\,max} > 0$$

multipliziert werden, damit die Ortskurve von $k_1 H_1(j\omega)$ den Kreis um den Punkt 1/2 mit dem Radius 1/2 nicht verläßt und dadurch die Übertragungsfunktion $k_1 H_1(p)$ durch ein überbrücktes T-Glied mit dem Abschlußwiderstand Eins realisiert werden kann. Die für diese Realisierung erforderliche Impedanz $Z_1(p)$ (Bild 5.3 a) ergibt sich bei Wahl von $k_1 = k_{1\,max}$ gemäß SEN, Gl.(377) zu

$$Z_1(p) = \frac{1}{k_1 H_1(p)} - 1 = \frac{a + \frac{d}{a}}{c} \cdot \frac{p^2 + cp + d}{p^2 + (a + \frac{d}{a})p + d} - 1 =$$

$$= \left[\frac{1}{c}(a + \frac{d}{a}) - 1\right] \frac{p^2 + d}{p^2 + (a + \frac{d}{a})p + d}$$

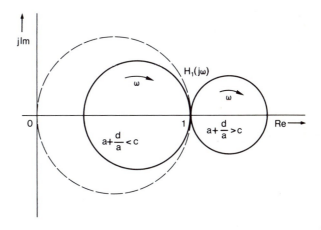

Bild 5.3c: Ortskurve von $H_1(j\omega)$ für zwei verschiedene Werte der Größe $(a + d/a)/c$

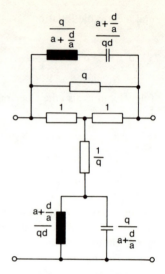

Bild 5.3d:
Überbrücktes T-Glied, welches die Spannungsübertragungsfunktion $k_{1\max}H_1(p)$ bei Abschluß mit dem Ohmwiderstand Eins verwirklicht

oder mit $q = (a + d/a)/c - 1$ zu

$$Z_1(p) = \frac{1}{\dfrac{1}{q} + \dfrac{1}{q} \cdot \dfrac{(a + d/a)\,p}{p^2 + d}} \quad . \tag{6}$$

Hieraus folgt das im Bild 5.3d dargestellte überbrückte T-Glied, durch welches bei Abschluß mit dem Ohmwiderstand Eins die Übertragungsfunktion $k_1 H_1(p)$ als Verhältnis von Ausgangs- zu Eingangsspannung verwirklicht wird.
Falls

$$\frac{b}{A} < 1, \quad \text{d.h.} \quad \frac{ab}{d} < 1$$

gilt, kann die Übertragungsfunktion $H_2(p)$ Gl.(4) direkt durch ein überbrücktes T-Glied mit dem Abschlußwiderstand Eins und der Impedanz

$$Z_2(p) = \frac{1}{H_2(p)} - 1 = \frac{p + \dfrac{d}{a}}{p + b} - 1 = \frac{\dfrac{d}{a} - b}{p + b}$$

realisiert werden. Das resultierende Netzwerk ist im Bild 5.3e dargestellt.

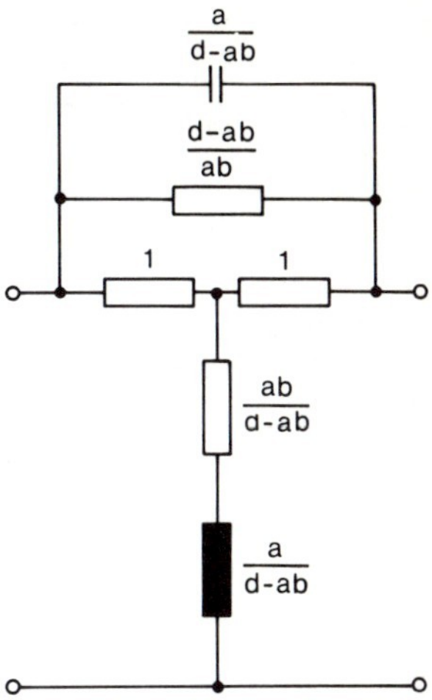

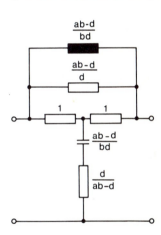

Bild 5.3e:
Realisierung der Spannungsübertragungsfunktion $H_2(p)$ für den Fall $ab/d < 1$ bei Abschluß des Zweitors mit dem Ohmwiderstand Eins

Bild 5.3f:
Realisierung der Spannungsübertragungsfunktion $k_{2\max} H_2(p)$ für den Fall $ab/d > 1$ bei Abschluß des Zweitors mit dem Ohmwiderstand Eins

Im Falle

$$\frac{ab}{d} > 1$$

muß $H_2(p)$ mit einer Konstante

$$k_2 \leqslant \frac{d}{ab} = k_{2\max} > 0$$

multipliziert werden, damit die Übertragungsfunktion in Form eines überbrückten T-Gliedes mit dem Abschlußwiderstand Eins realisiert werden kann. Die hierbei auftretende Impedanz ist bei Wahl von $k_2 = k_{2\max}$

$$Z_2(p) = \frac{ab}{d} \cdot \frac{p + \dfrac{d}{a}}{p + b} - 1 = \frac{1}{\dfrac{d}{ab-d} + \dfrac{bd}{ab-d} \cdot \dfrac{1}{p}} \, . \tag{7}$$

Das resultierende Netzwerk ist im Bild 5.3f dargestellt.
Durch Kettenschaltung der überbrückten T-Glieder aus den Bildern 5.3d und 5.3e bzw. 5.3f und nach Abschluß des so entstehenden Gesamtzweitors mit dem Ohmwiderstand Eins wird die Übertragungsfunktion $kH(p)$ mit

$$k = k_1 k_2$$

als Spannungsverhältnis U_2/U_1 verwirklicht. Der Faktor k hat aufgrund der vorausgegangenen Überlegungen den größtmöglichen Wert

$$k = \frac{c}{a + \dfrac{d}{a}} \quad \text{für} \quad \frac{ab}{d} < 1$$

bzw.

$$k = \frac{d}{ab} \cdot \frac{c}{a + \dfrac{d}{a}} \quad \text{für} \quad \frac{ab}{d} > 1 \, .$$

c) Die Übertragungsfunktion $H(p)$ Gl.(5) lautet in der Darstellung nach Gl.(1)

$$H(p) = \frac{(p + 3)(p + 12)}{p^2 + p + 1} \, .$$

Sie hat komplexwertige Pole, und ihre Parameter erfüllen die Ungleichung (2). Da $a = 3$, $b = 12$ oder $a = 12$, $b = 3$ gewählt werden kann, gibt es zwei Realisierungsmöglichkeiten.
Die erste Realisierung ergibt sich mit $A = d/a = 1/3$ aufgrund der Faktorisierung

$$H(p) = \frac{(p+3)(p+\frac{1}{3})}{p^2+p+1} \cdot \frac{p+12}{p+\frac{1}{3}},$$

d.h. durch Verwirklichung der Übertragungsfunktionen

$$H^{(1)}(p) = k_1 \frac{p^2 + \frac{10}{3}p + 1}{p^2 + p + 1}$$

und

$$H^{(2)}(p) = k_2 \frac{p+12}{p+\frac{1}{3}}$$

mit

$$k_1 \leq k_{1\,max} = \frac{3}{10}$$

und

$$k_2 \leq k_{2\,max} = \frac{1}{36}.$$

Die zugehörigen Impedanzen lauten bei Wahl von $k_1 = k_{1\,max}$ und $k_2 = k_{2\,max}$ gemäß den Gln.(6) und (7)

$$Z_1(p) = \frac{1}{\frac{3}{7} + \frac{\frac{10}{7}p}{p^2+1}}$$

bzw.

$$Z_2(p) = \frac{1}{\frac{1}{35} + \frac{12}{35p}}.$$

Das gesamte Netzwerk, durch welches die Übertragungsfunktion $k_{1\max} k_{2\max} H(p)$ als Spannungsverhältnis U_2/U_1 realisiert wird, ist im Bild 5.3g dargestellt. Die Werte für die in den verschiedenen Zweipolen auftretenden Netzwerkelemente lauten

$$L_{11} = \frac{7}{10}, \quad C_{11} = \frac{10}{7}, \quad R_{11} = \frac{7}{3}, \quad R_{12} = \frac{3}{7}, \quad L_{12} = \frac{10}{7}, \quad C_{12} = \frac{7}{10},$$

$$L_{21} = \frac{35}{12}, \quad R_{21} = 35, \quad C_{21} = \frac{35}{12}, \quad R_{22} = \frac{1}{35},$$

$$k = \frac{1}{120}.$$

Die zweite Realisierung ergibt sich mit $A = d/a = 1/12$ aufgrund der Faktorisierung

$$H(p) = \frac{(p+12)(p+1/12)}{p^2 + p + 1} \cdot \frac{p+3}{p + 1/12},$$

d.h. durch Verwirklichung der Übertragungsfunktionen

$$H^{(1)}(p) = k_1 \frac{p^2 + \frac{145}{12} p + 1}{p^2 + p + 1}$$

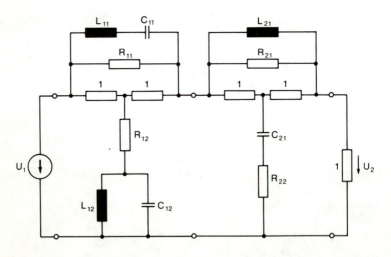

Bild 5.3g: Vollständiges Netzwerk für das Zahlenbeispiel von Teilaufgabe c. Die Werte der Netzwerkelemente sind in der Lösung für zwei verschiedene Faktorisierungen von $H(p)$ angegeben

und

$$H^{(2)}(p) = k_2 \frac{p+3}{p+\frac{1}{12}}$$

mit

$$k_1 \leqslant k_{1\max} = \frac{12}{145}$$

und

$$k_2 \leqslant k_{2\max} = \frac{1}{36}.$$

Die zugehörigen Impedanzen lauten bei der Wahl von $k_1 = k_{1\max}$ und $k_2 = k_{2\max}$ gemäß den Gln.(6) und (7)

$$Z_1(p) = \frac{1}{\frac{12}{133} + \frac{\frac{145}{133}p}{p^2+1}}$$

bzw.

$$Z_2(p) = \frac{1}{\frac{1}{35} + \frac{3}{35p}}.$$

Das gesamte Netzwerk, durch das die Übertragungsfunktion $k_{1\max} k_{2\max} H(p)$ als Spannungsverhältnis U_2/U_1 realisiert wird, ist im Bild 5.3g dargestellt. Die Werte für die in den verschiedenen Zweipolen auftretenden Netzwerkelemente lauten

$$L_{11} = \frac{133}{145}, \quad C_{11} = \frac{145}{133}, \quad R_{11} = \frac{133}{12}, \quad R_{12} = \frac{12}{133}, \quad L_{12} = \frac{145}{133}, \quad C_{12} = \frac{133}{145},$$

$$L_{21} = \frac{35}{3}, \quad R_{21} = 35, \quad C_{21} = \frac{35}{3}, \quad R_{22} = \frac{1}{35},$$

$$k = \frac{1}{435}.$$

Aufgabe 5.4

Nach SENI, Abschnitt 7.1.1 läßt sich ein symmetrisches Kreuzglied mit den Impedanzen $Z_1(p)$ und $Z_2(p)$ durch ein äquivalentes Zweitor mit durchgehender Kurzschlußverbindung und einem idealen Übertrager ersetzen (Bild 5.4a). Dieses äquivalente Zweitor, bei dem bekanntlich gegenüber dem Kreuzglied die Hälfte der Energiespeicher eingespart wird, ist besonders in den Fällen von Interesse, in denen der Zweipol mit der Impedanz $2Z_1(p)$ als Parallelschaltung einer Induktivität L und eines Restzweipols mit der Impedanz $Z_{1r}(p)$ vorliegt. Die Induktivität L kann aus dem Zweipol herausgetrennt und mit dem physikalisch nicht zu verwirklichenden idealen Übertrager zu einem festgekoppelten Übertrager verschmolzen werden, der sich mit einer für viele Anwendungsfälle ausreichenden Genauigkeit auch praktisch realisieren läßt.

Welche Bedingungen muß eine Übertragungsfunktion $H(p)$ erfüllen, damit sie, abgesehen von einem konstanten Faktor k, gemäß Bild 5.4b als Spannungsverhältnis U_2/U_1 verwirklicht werden kann. Dabei soll $Z_1(p)\, Z_2(p) \equiv R^2$ gelten.

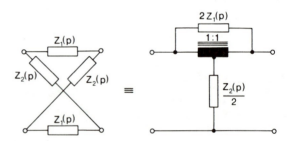

Bild 5.4a: Symmetrisches Kreuzglied und die hierzu äquivalente Sparschaltung mit idealem Übertrager und durchgehender Kurzschlußverbindung

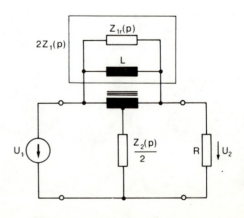

Bild 5.4b:
Spezielle Form der Sparschaltung von Bild 5.4a, bei der die Abspaltung einer Induktivität vom Zweipol mit der Admittanz $1/Z_1(p)$ möglich ist

Lösung zu Aufgabe 5.4

Eine rationale, reelle, in $\operatorname{Re} p \geqslant 0$ und $p = \infty$ polfreie Funktion $H_1(p)$ kann nach SENI, Abschnitt 7.1.1 genau dann als Verhältnis von Ausgangsspannung U_2 zu Eingangsspannung U_1 durch ein symmetrisches Kreuzglied mit dualen Impedanzen $Z_1(p)$, $Z_2(p) = R^2/Z_1(p)$ und ohmschem Abschluß R verwirklicht werden, wenn

$$|H_1(j\omega)| \leqslant 1 \qquad (0 \leqslant \omega \leqslant \infty)$$

gilt. Der Zusammenhang zwischen der Übertragungsfunktion $H_1(p)$ und der Impedanz $Z_1(p)$ lautet hierbei

$$Z_1(p) = R \frac{1 - H_1(p)}{1 + H_1(p)} \, . \tag{1}$$

Damit eine Realisierung der Impedanz $2Z_1(p)$ in der im Bild 5.4b dargestellten Weise möglich ist, muß offenbar die Bedingung

$$Z_1(0) = 0$$

erfüllt werden. Dies ist nach Gl.(1) genau dann der Fall, wenn

$$H_1(0) = 1$$

gilt.

Eine Funktion $H(p)$, die abgesehen von einem konstanten Faktor k durch eine Anordnung nach Bild 5.4b realisierbar sein soll, muß demzufolge rational, reell und polfrei in $\operatorname{Re} p \geqslant 0$ einschließlich $p = \infty$ sein und muß die Bedingungen

$$k|H(j\omega)| \leqslant 1 \qquad (0 \leqslant \omega \leqslant \infty),$$

$$k H(0) = 1$$

erfüllen. Aus den beiden letztgenannten Beziehungen folgt unmittelbar die Forderung

$$|H(j\omega)| \leqslant H(0) \qquad (0 \leqslant \omega \leqslant \infty) \, .$$

Aufgabe 5.5

Gegeben ist die rationale Funktion

$$H(p) = \frac{p^2 - a_1 p + b_0}{p^2 + b_1 p + b_0} \qquad (1)$$

mit positiven reellen Koeffizienten a_1, b_0, b_1. Die Nullstellen und Pole von $H(p)$ seien nicht reell. Die gegebene Funktion soll als Spannungsverhältnis U_2/U_1 durch ein struktursymmetrisches RLC-Zweitor realisiert werden, das eine durchgehende Kurzschlußverbindung besitzt, auf der Sekundärseite mit dem Ohmwiderstand Eins abgeschlossen ist und die konstante Eingangsimpedanz Eins hat (Bild 5.5a).[1])

a) Bekanntlich existiert zu jedem symmetrischen RLC-Zweitor ein äquivalentes symmetrisches Kreuzglied mit Zweipolen, deren Impedanzen $Z_1(p)$ und $Z_2(p)$ reziprok zueinander sind, sofern man verlangt, daß die Eingangsimpedanz den konstanten Wert Eins hat. Welche notwendige Realisierungsbedingung muß demnach die Übertragungsfunktion $H(p)$ Gl.(1) erfüllen? Welche Koeffizientenbedingung folgt hieraus?

b) Man berechne die Impedanzen $Z_1(p)$ und $Z_2(p)$ des äquivalenten symmetrischen Kreuzgliedes. Hieraus sollen die Elemente $Y_{rs}(p)$ ($r,s = 1,2$) der Admittanzmatrix $Y(p)$ des gesuchten Zweitors angegeben werden.

c) Man zerlege die Matrix $Y(p)$ in die Summe

$$Y(p) = Y^{(1)}(p) + Y^{(2)}(p).$$

Für die Elemente der Matrix $Y^{(1)}(p)$ soll die Beziehung

$$Y^{(1)}_{11}(p) \equiv Y^{(1)}_{22}(p) \equiv - Y^{(1)}_{12}(p)$$

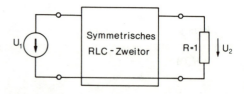

Bild 5.5a:
Grundsätzliche Struktur des Netzwerks, das zur Realisierung der vorgeschriebenen Spannungsübertragungsfunktion zugrundegelegt werden soll

---

[1]) Übertragungsfunktionen der hier betrachteten Art sind für die Realisierung von Übertragungsnullstellen in der rechten p-Halbebene bedeutsam. Die Wahl von $a_1 \neq b_1$ (keine Allpaßfunktion) kann sich auf die Realisierung der zugehörigen Mindestphasen-Teilübertragungsfunktionen mit Hilfe überbrückter T-Glieder vorteilhaft auswirken.

gelten. In jeder dieser Funktionen soll aus der Partialbruchentwicklung des entsprechenden Admittanzmatrix-Elements $Y_{rs}(p)$ ein Teil des Partialbruchs mit dem Pol $p = \infty$, ein Teil des Partialbruchs mit dem Pol $p = 0$ und der vollständige konstante Anteil enthalten sein. Damit ist $Y^{(1)}(p)$ als Admittanzmatrix durch ein einfaches RLC-Zweitor mit durchgehender Kurzschlußverbindung realisierbar.

Man berechne aus der Matrix $Y^{(2)}(p)$ ihre Inverse $Z^{(2)}(p) = [Y^{(2)}(p)]^{-1}$. Nach dem Vorbild von SEN I, Abschnitt 7.2.4 soll dann untersucht werden, unter welchen Bedingungen das Element $Z^{(2)}_{12}(p)$ der Matrix $Z^{(2)}(p)$ Zweipolfunktion ist. Unter diesen Bedingungen läßt sich $Z^{(2)}(p)$ als Impedanzmatrix eines einfachen RLC-Zweitors mit durchgehender Kurzschlußverbindung realisieren.

d) Aufgrund der Ergebnisse von Teilaufgabe c sollen eine Realisierung der Übertragungsfunktion $H(p)$ Gl.(1) als Spannungsverhältnis U_2/U_1 und die zugehörigen Realisierungsbedingungen angegeben werden.

Lösung zu Aufgabe 5.5

a) Nach SEN I, Abschnitt 7.1.1 muß die Ungleichung

$$|H(j\omega)| \leq 1$$

für alle ω-Werte erfüllt sein. Mit Gl.(1) erhält man hieraus die Forderung

$$(b_0 - \omega^2)^2 + a_1^2 \omega^2 \leq (b_0 - \omega^2)^2 + b_1^2 \omega^2$$

oder wegen $a_1 > 0$, $b_1 > 0$

$$a_1 \leq b_1 . \tag{2}$$

Gemäß SEN, Gl.(337b) erhält man für die Impedanzen des äquivalenten Kreuzgliedes

$$Z_1(p) = \frac{1 - H(p)}{1 + H(p)} = \frac{\frac{1}{2}(b_1 + a_1)p}{p^2 + \frac{1}{2}(b_1 - a_1)p + b_0}$$

und

$$Z_2(p) = \frac{1}{Z_1(p)} = \frac{p^2 + \frac{1}{2}(b_1 - a_1)p + b_0}{\frac{1}{2}(b_1 + a_1)p} .$$

Im folgenden werden die Abkürzungen

$$a = \frac{b_1 + a_1}{2}, \quad \beta = \frac{b_1 - a_1}{2}$$

verwendet.

Die Admittanzmatrix-Elemente des Kreuzgliedes lauten nach SENI, Abschnitt 7.2.4

$$Y_{11}(p) = Y_{22}(p) = \frac{1}{2}[Z_1(p) + Z_2(p)] =$$

$$= \frac{(a/2)p}{p^2 + \beta p + b_0} + \frac{b_0}{2a}\frac{1}{p} + \frac{\beta}{2a} + \frac{1}{2a}p$$

bzw.

$$-Y_{12}(p) = \frac{1}{2}[-Z_1(p) + Z_2(p)] =$$

$$= \frac{-(a/2)p}{p^2 + \beta p + b_0} + \frac{b_0}{2a}\frac{1}{p} + \frac{\beta}{2a} + \frac{1}{2a}p .$$

c) Es wird

$$Y_{11}^{(1)}(p) = Y_{22}^{(1)}(p) = -Y_{12}^{(1)}(p) = \kappa \frac{p}{2a} + \lambda \frac{b_0}{2ap} + \frac{\beta}{2a} \tag{3}$$

und

$$Y_{11}^{(2)}(p) = Y_{22}^{(2)}(p) = \frac{(a/2)p}{p^2 + \beta p + b_0} + (1-\kappa)\frac{p}{2a} + (1-\lambda)\frac{b_0}{2ap},$$

$$-Y_{12}^{(2)}(p) = \frac{-(a/2)p}{p^2 + \beta p + b_0} + (1-\kappa)\frac{p}{2a} + (1-\lambda)\frac{b_0}{2ap}$$

mit

$$0 \leq \kappa \leq 1, \quad 0 \leq \lambda \leq 1 \quad (\kappa \neq \lambda)$$

gebildet. Mit Hilfe der Determinante

$$\det[Y_{rs}^{(2)}(p)] = \frac{(1-\kappa)p^2 + (1-\lambda)b_0}{p^2 + \beta p + b_0}$$

erhält man die Elemente der inversen Matrix

$$Z_{11}^{(2)}(p) = Z_{22}^{(2)}(p) = \frac{(a/2)p}{(1-\kappa)p^2 + (1-\lambda)b_0} + \frac{p^2 + \beta p + b_0}{2ap}$$

und

$$Z_{12}^{(2)}(p) = \frac{-(a/2)p}{(1-\kappa)p^2 + (1-\lambda)b_0} + \frac{p^2 + \beta p + b_0}{2ap}.$$

Eine notwendige Voraussetzung dafür, daß $Z_{12}^{(2)}(p)$ eine Zweipolfunktion wird, ist die Wahl von $\kappa = 1$ oder von $\lambda = 1$.
Im Falle $\kappa = 1$ ergibt sich

$$Z_{11}^{(2)}(p) = Z_{22}^{(2)}(p) = \left[\frac{1}{2a} + \frac{a/2}{(1-\lambda)b_0}\right]p + \frac{b_0}{2ap} + \frac{\beta}{2a} \tag{4a}$$

und

$$Z_{12}^{(2)}(p) = \left[\frac{1}{2a} - \frac{a/2}{(1-\lambda)b_0}\right]p + \frac{b_0}{2ap} + \frac{\beta}{2a}. \tag{4b}$$

Die Forderung, daß $Z_{12}^{(2)}(p)$ eine Zweipolfunktion ist, liefert die Bedingung

$$1 - \lambda \geqslant \frac{a^2}{b_0}. \tag{5}$$

Da λ im Intervall $0 \leqslant \lambda < 1$ liegen muß, kann diese Bedingung nur dann erfüllt werden, wenn die Ungleichung

$$\frac{a^2}{b_0} \leqslant 1$$

oder mit $a = (a_1 + b_1)/2$

$$\frac{a_1}{2\sqrt{b_0}} + \frac{b_1}{2\sqrt{b_0}} \leqslant 1$$

besteht. Bezeichnet man mit φ den Winkel der in der oberen Halbebene liegenden Nullstelle von $H(p)$ bezüglich der positiv reellen Achse und mit ψ den Winkel der

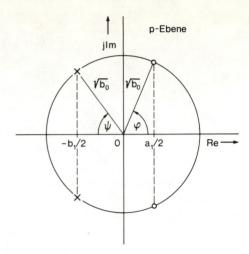

Bild 5.5b:
Zur Definition des Nullstellenwinkels φ und des Polstellenwinkels ψ der Übertragungsfunktion

in der oberen Halbebene liegenden Polstelle von $H(p)$ bezüglich der negativ reellen Achse der p-Ebene (Bild 5.5b), so läßt sich obige Ungleichung in der Form

$$\cos \psi + \cos \varphi \leq 1 \tag{6a}$$

ausdrücken. Die Ungleichung (2) lautet dann

$$\cos \varphi \leq \cos \psi$$

oder

$$\varphi \geq \psi . \tag{6b}$$

Somit folgt

$$\cos \varphi \leq 1/2$$

oder

$$\frac{\pi}{3} \leq \varphi < \frac{\pi}{2} . \tag{6c}$$

Sind die Bedingungen (6a,b) erfüllt, so wählt man nach Ungleichung (5) für den Parameter λ einen Wert im Intervall

$$0 \leq \lambda \leq \frac{b_0 - a^2}{b_0} . \tag{7}$$

Der Fall $\lambda = 1$ wird ganz ähnlich wie der Fall $\kappa = 1$ behandelt. Zunächst erhält man

$$Z_{11}^{(2)}(p) = Z_{22}^{(2)}(p) = \left[\frac{b_0}{2a} + \frac{a/2}{1-\kappa}\right]\frac{1}{p} + \frac{1}{2a}p + \frac{\beta}{2a} \tag{8a}$$

und

$$Z_{12}^{(2)}(p) = \left[\frac{b_0}{2a} - \frac{a/2}{1-\kappa}\right]\frac{1}{p} + \frac{1}{2a}p + \frac{\beta}{2a}. \tag{8b}$$

Aus der Forderung, daß $Z_{12}^{(2)}(p)$ eine Zweipolfunktion ist, folgt

$$1 - \kappa \geqslant \frac{a^2}{b_0} \tag{9}$$

und somit wieder die Bedingung (6a) sowie die Ungleichung (6c). Sind die Bedingungen (6a,b) erfüllt, so wählt man aufgrund der Ungleichung (9) für den Parameter κ einen Wert im Intervall

$$0 \leqslant \kappa \leqslant \frac{b_0 - a^2}{b_0}. \tag{10}$$

d) Für den Fall $\kappa = 1$ läßt sich mit Hilfe der Gln.(3), (4a,b) direkt ein Netzwerk angeben, durch das die Übertragungsfunktion $H(p)$ Gl.(1) als Spannungsverhältnis U_2/U_1 realisiert wird. Dabei muß λ gemäß Ungleichung (7) gewählt werden, und es ist zu fordern, daß die Bedingungen (6a,b) erfüllt werden. Das resultierende Netzwerk ist im Bild 5.5c dargestellt. Für die Netzwerkelemente gilt

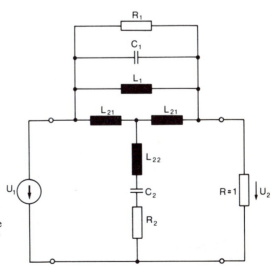

Bild 5.5c:
Das für den Fall $\kappa = 1$ resultierende Zweitor, welches die gegebene Übertragungsfunktion $H(p)$ als Spannungsverhältnis U_2/U_1 realisiert

$$R_1 = \frac{2a}{\beta}, \quad C_1 = \frac{1}{2a}, \quad L_1 = \frac{2a}{\lambda b_0},$$

$$L_{21} = \frac{a}{(1-\lambda)b_0}, \quad L_{22} = \frac{1}{2a} - \frac{a/2}{(1-\lambda)b_0}, \quad R_2 = \frac{\beta}{2a}, \quad C_2 = \frac{2a}{b_0}.$$

Die gemäß Ungleichung (7) gegebene Freiheit in der Wahl des Parameters λ kann dazu verwendet werden, das gefundene Netzwerk noch etwas zu vereinfachen. Bei der Wahl $\lambda = \lambda_{max} = (b_0 - a^2)/b_0$ wird $L_{22} = 0$, bei der Wahl $\lambda = 0$ wird $L_1 = \infty$. Dadurch läßt sich jeweils eine Induktivität beseitigen.

Für den Fall $\lambda = 1$ kann mit Hilfe der Gln.(3), (8a,b) direkt ein Netzwerk angegeben werden, durch das die Übertragungsfunktion $H(p)$ Gl.(1) als Spannungsverhältnis U_2/U_1 realisiert wird. Dabei muß κ gemäß Ungleichung (10) gewählt werden, und es ist zu fordern, daß die Bedingungen (6a,b) erfüllt werden. Das resultierende Netzwerk ist im Bild 5.5d dargestellt. Für die Netzwerkelemente gilt

$$R_1 = \frac{2a}{\beta}, \quad C_1 = \frac{\kappa}{2a}, \quad L_1 = \frac{2a}{b_0},$$

$$C_{21} = \frac{1-\kappa}{a}, \quad C_{22} = \left[\frac{b_0}{2a} - \frac{a/2}{1-\kappa}\right]^{-1}, \quad L_2 = \frac{1}{2a}, \quad R_2 = \frac{\beta}{2a}.$$

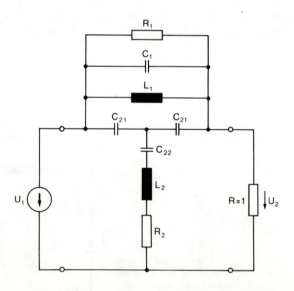

Bild 5.5d: Das für den Fall $\lambda = 1$ resultierende Zweitor, welches die gegebene Übertragungsfunktion $H(p)$ als Spannungsverhältnis U_2/U_1 realisiert

Die gemäß Ungleichung (10) gegebene Freiheit in der Wahl des Parameters κ kann dazu verwendet werden, das gefundene Netzwerk noch etwas zu vereinfachen. Bei der Wahl $\kappa = \kappa_{max} = (b_0 - a^2)/b_0$ wird $C_{22} = \infty$, bei der Wahl $\kappa = 0$ wird $C_1 = 0$. Dadurch läßt sich jeweils eine Kapazität beseitigen.

■
Aufgabe 5.6

Die rationale, reelle Funktion

$$H(p) = K \frac{p+x}{(p+p_1)(p+p_2)} \tag{1}$$

mit positiven Parametern p_1, p_2 ($0 < p_1 < p_2$) und mit $K > 0, x \geq 0$ läßt sich stets durch eine Kettenschaltung zweier überbrückter T-Glieder (Bild 5.6a) und für einen bestimmten Wertebereich von x auch durch ein einzelnes überbrücktes T-Glied (Bild 5.6b) als Spannungsverhältnis U_2/U_1 realisieren, sofern die Konstante K jeweils einen bestimmten Maximalwert K_{max} nicht übersteigt, der von der gewählten Realisierungsart (Bild 5.6a oder Bild 5.6b) und von den Größen p_1, p_2, x abhängt. Der maximal zulässige Wert K_{max} soll im folgenden als Funktion von x bei fest vorgegebenen Werten p_1 und p_2 für beide Realisierungsmöglichkeiten ermittelt werden.

a) Man bestimme in Abhängigkeit von x den Faktor K_{max}, der bei der Reali-

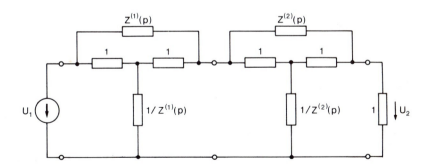

Bild 5.6a: Kettenschaltung zweier überbrückter T-Glieder als erste Netzwerkstruktur zur Realisierung der vorgeschriebenen Spannungsübertragungsfunktion

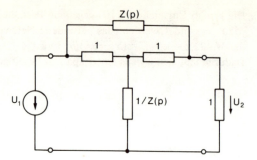

Bild 5.6b:
Einzelnes überbrücktes T-Glied als zweite Netzwerkstruktur zur Realisierung der vorgeschriebenen Spannungsübertragungsfunktion

sierung der gegebenen Übertragungsfunktion $H(p)$ durch eine Kettenanordnung zweier überbrückter T-Glieder (zwei Lösungen!) für K maximal zulässig ist, und stelle das Ergebnis in einem Diagramm dar.

b) Welche Ungleichungsbeziehungen müssen zwischen p_1, p_2, x und K bestehen, damit die Impedanz $Z(p) = 1/H(p) - 1$ eine Zweipolfunktion ist? Man ermittle hieraus in Abhängigkeit von x den Faktor K_{max}, der bei der Realisierung von $H(p)$ durch ein einzelnes überbrücktes T-Glied für K maximal zulässig ist, und stelle das Ergebnis in einem Diagramm dar.

c) Man vergleiche die Ergebnisse der Teilaufgaben a und b.

Lösung zu Aufgabe 5.6

a) Zur Realisierung der Übertragungsfunktion $H(p)$ Gl.(1) durch eine Kettenanordnung zweier überbrückter T-Glieder (Bild 5.6a) wird diese in das Produkt zweier Teilübertragungsfunktionen

$$H(p) = [k_1 H^{(1)}(p)][k_2 H^{(2)}(p)] \qquad (2)$$

mit $k_1 k_2 = K$ ($k_1, k_2 > 0$) zerlegt. Die zur Realisierung der Teilübertragungsfunktionen erforderlichen Impedanzen erhält man dann in der Form

$$Z^{(1)}(p) = \frac{1}{k_1 H^{(1)}(p)} - 1 \qquad (3a)$$

bzw.

$$Z^{(2)}(p) = \frac{1}{k_2 H^{(2)}(p)} - 1. \qquad (3b)$$

Eine *erste* Faktorisierungsmöglichkeit gemäß Gl.(2) ergibt sich bei Wahl der folgenden Funktionen

$$H^{(1)}(p) = \frac{p+x}{p+p_1}, \qquad H^{(2)}(p) = \frac{1}{p+p_2}.$$

Damit erhält man aufgrund der Gln.(3a,b) die Impedanzen

$$Z^{(1)}(p) = \frac{p(1-k_1) + (p_1 - k_1 x)}{k_1(p+x)}$$

und

$$Z^{(2)}(p) = \frac{p}{k_2} + \left(\frac{p_2}{k_2} - 1\right).$$

Sie sind genau dann Zweipolfunktionen, wenn die Bedingungen

$$k_1 \leq 1, \quad k_1 \leq \frac{p_1}{x}, \quad k_2 \leq p_2$$

erfüllt sind. Die Konstante $K = k_1 k_2$ wird maximal, wenn man $k_1 = \mathrm{Min}\,[1, p_1/x]$ und $k_2 = p_2$ wählt. Sie hat dann den Wert

$$K_{\max} = p_2 \cdot \mathrm{Min}\left(1, \frac{p_1}{x}\right). \tag{4}$$

Eine *zweite* Faktorisierungsmöglichkeit gemäß Gl.(2) ergibt sich bei der Wahl der folgenden Funktionen:

$$H^{(1)}(p) = \frac{1}{p+p_1}, \qquad H^{(2)}(p) = \frac{p+x}{p+p_2}.$$

Damit erhält man aufgrund der Gln.(3a,b) die Impedanzen

$$Z^{(1)}(p) = \frac{p}{k_1} + \left(\frac{p_1}{k_1} - 1\right)$$

und

$$Z^{(2)}(p) = \frac{p(1-k_2) + (p_2 - k_2 x)}{k_2(p+x)}.$$

Die Realisierungsbedingungen für diese Funktionen lauten

$$k_1 \leqslant p_1, \; k_2 \leqslant 1, \; k_2 \leqslant \frac{p_2}{x}.$$

Hieraus erhält man den Faktor $K_{\max}$ zu

$$K_{\max} = p_1 \cdot \mathrm{Min}\left(1, \frac{p_2}{x}\right). \tag{5}$$

Die durch die Gln.(4) und (5) gegebenen Ergebnisse sind im Bild 5.6c dargestellt. Wie man sieht, führt die erste Faktorisierungsmöglichkeit für $x < p_2$ auf einen größeren Wert $K_{\max}$.

b) Die zur Realisierung mit nur einem überbrückten T-Glied erforderliche Impedanz

$$Z(p) = \frac{1}{H(p)} - 1 = \frac{p}{K} + \frac{(p_1 + p_2 - K - x)p + (p_1 p_2 - Kx)}{K(p+x)}$$

ist genau dann eine Zweipolfunktion, wenn die Bedingungen

$$K \leqslant p_1 + p_2 - x$$

und

$$K \leqslant \frac{p_1 p_2}{x}$$

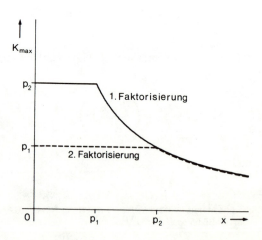

Bild 5.6c:
Maximalwert der Konstante K in Abhängigkeit von x für die Netzwerkstruktur aus Bild 5.6a. Die beiden Kurven entsprechen den beiden Faktorisierungsmöglichkeiten

erfüllt sind. Hieraus erhält man den Maximalwert

$$K_{max} = \text{Min}\left[p_1 + p_2 - x, \frac{p_1 p_2}{x}\right] = \begin{cases} p_1 + p_2 - x & \text{für } 0 \leq x < p_1 \\ \dfrac{p_1 p_2}{x} & \text{für } p_1 \leq x \leq p_2 \\ p_1 + p_2 - x & \text{für } p_2 < x \leq p_1 + p_2 \end{cases}$$

Dieses Ergebnis ist im Bild 5.6d dargestellt.

c) Ein Vergleich der Bilder 5.6c und 5.6d lehrt das Folgende. Für x-Werte im Intervall $0 \leq x < p_1$ liefert die Realisierung mit einem einzelnen überbrückten T-Glied einen größeren Wert für K_{max} als die Realisierung mit einer Kettenschaltung aus zwei überbrückten T-Gliedern. Im Intervall $p_1 \leq x \leq p_2$ liefert die Realisierung mit einem einzelnen überbrückten T-Glied den gleichen Wert K_{max} wie die Realisierung mit einer Kettenschaltung von zwei überbrückten T-Gliedern bei Anwendung der ersten Faktorisierungsmöglichkeit. Für $p_2 < x$ liefert die Realisierung mit Hilfe einer Kettenschaltung von zwei überbrückten T-Gliedern einen größeren Wert für K_{max} als die Realisierung mit einem einzelnen überbrückten T-Glied. Für $x > p_1 + p_2$ besteht nur noch die Realisierungsmöglichkeit mit Hilfe einer Kettenschaltung von zwei überbrückten T-Gliedern.

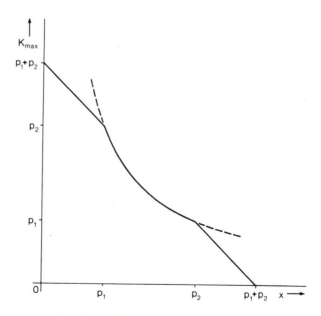

Bild 5.6d: Maximalwert der Konstante K in Abhängigkeit von x für die Netzwerkstruktur aus Bild 5.6b

Aufgabe 5.7

Gegeben ist die rationale, reelle, in der Halbebene $\operatorname{Re} p \geqslant 0$ einschließlich $p = \infty$ polfreie Funktion

$$H(p) = \frac{p+2}{p^2+p+1}.\tag{1}$$

a) Man zeige, daß zur Realisierung der Übertragungsfunktion $kH(p)$ als Spannungsverhältnis U_2/U_1 durch ein einzelnes überbrücktes T-Glied (Bild 5.7a) kein positiver Wert für die Konstante k existiert.

b) Durch Erweiterung mit dem Polynom $p + A$ läßt sich die Übertragungsfunktion $H(p)$ Gl.(1) auf die Form

$$H(p) = \frac{1}{k} H^{(1)}(p) H^{(2)}(p)$$

mit den Teilübertragungsfunktionen

$$H^{(1)}(p) = k_1 \frac{p+A}{p^2+p+1}, \qquad H^{(2)}(p) = k_2 \frac{p+2}{p+A} \tag{2a,b}$$

bringen. In welchem Intervall darf der Parameter A gewählt werden, damit beide Teilübertragungsfunktionen bei geeigneter Wahl positiver Konstanten k_1, k_2 durch überbrückte T-Glieder realisierbar sind?

c) Welche Ungleichungen müssen die Größen k_1 und A sowie k_2 und A erfüllen, damit für einen Wert A aus dem in Teilaufgabe b ermittelten Intervall die Funktionen

$$Z^{(1)}(p) = \frac{1}{H^{(1)}(p)} - 1 \quad \text{und} \quad Z^{(2)}(p) = \frac{1}{H^{(2)}(p)} - 1$$

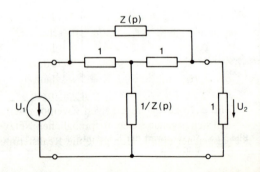

Bild 5.7a: Überbrücktes T-Glied

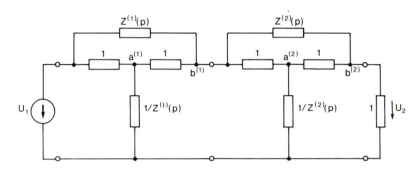

Bild 5.7b: Kettenschaltung zweier überbrückter T-Glieder, durch welche die vorgeschriebene Spannungsübertragungsfunktion bei geeigneter Erweiterung und Faktorisierung verwirklicht werden kann

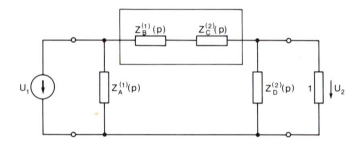

Bild 5.7c: Zum Zweitor von Bild 5.7b bezüglich der Spannungsübertragungsfunktion und der Eingangsimpedanz äquivalentes Zweitor

Zweipolfunktionen sind? Man bestimme die Maximalwerte $k_{1\max}$ und $k_{2\max}$ in Abhängigkeit von A.

d) Man zeige, daß das Produkt $k_{1\max} k_{2\max}$ für $A = 1/2$ seinen größten Wert erreicht.

e) Man gebe für $A = 1/2$, $k_1 = 1/2$, $k_2 = 1/4$ die zugehörige Realisierung der Übertragungsfunktion $kH(p)$ in Form einer Kettenschaltung zweier überbrückter T-Glieder gemäß Bild 5.7b an.

f) Trennt man im Netzwerk von Bild 5.7b den Ohmwiderstand zwischen den Klemmen $a^{(1)}$ und $b^{(1)}$ heraus und schließt man gleichzeitig die Klemmen $a^{(2)}$ und $b^{(2)}$ kurz, so entsteht die im Bild 5.7c dargestellte Netzwerkstruktur. Gemäß SENI, Abschnitt 7.3.2 ändert sich durch diese Maßnahme das Spannungsverhältnis U_2/U_1 und die Eingangsimpedanz der Kettenschaltung nicht. Man zeige, daß sich die Zweipole mit den Impedanzen $Z_B^{(1)}(p)$ und $Z_C^{(2)}(p)$ im Netzwerk von Bild 5.7c zu einem einzigen Zweipol zweiten Grades zusammenfassen lassen, so daß sich gegenüber dem ursprünglichen Netzwerk eine Einsparung von einem Energiespeicher ergibt. Man gebe die Realisierung von $kH(p)$ gemäß Bild 5.7c explizit an.

Lösung zu Aufgabe 5.7

a) Nach SEN I, Abschnitt 7.3.1 ist die folgende Bedingung notwendig und hinreichend dafür, daß die Übertragungsfunktion $kH(p)$ ($0 < k < \infty$) als Spannungsverhältnis U_2/U_1 durch ein einzelnes überbrücktes T-Glied (Bild 5.7a) realisiert werden kann: Es muß die Ungleichung $|kH(j\omega) - 1/2| \leq 1/2$ für alle reellen ω-Werte erfüllt werden. Hieraus folgt, daß $H(p)$ notwendigerweise eine Zweipolfunktion sein muß, die in der Halbebene Re $p \geq 0$ einschließlich $p = \infty$ polfrei ist. Da dies, wie der Gl.(1) direkt entnommen werden kann, nicht der Fall ist, besteht keine Realisierungsmöglichkeit der gewünschten Art.

b) Unter der Voraussetzung positiver Werte k_1 und k_2 ist die Übertragungsfunktion $H^{(1)}(p)$ Gl.(2a) für $0 \leq A \leq 1$, die Übertragungsfunktion $H^{(2)}(p)$ Gl.(2b) für $0 \leq A < \infty$ eine Zweipolfunktion. Es muß daher notwendigerweise die Voraussetzung $0 \leq A \leq 1$ getroffen werden. Wie man sich leicht überlegen kann, ist es nur für $0 \leq A < 1$ möglich, die Bedingung $|H^{(1)}(j\omega) - 1/2| \leq 1/2$ für alle ω-Werte durch Wahl eines geeigneten positiven Wertes k_1 einzuhalten. Weiterhin ist noch zu beachten, daß durch die Einschränkung $0 < A < \infty$ bei geeigneter Wahl eines positiven Wertes k_2 die Bedingung $|H^{(2)}(j\omega) - 1/2| \leq 1/2$ für alle ω-Werte erfüllt werden kann. Der Parameter A unterliegt also endgültig der Einschränkung

$$0 < A < 1. \tag{3}$$

c) Mit der Gl.(2a) erhält man die Impedanz

$$Z^{(1)}(p) = \frac{1}{H^{(1)}(p)} - 1 = \frac{1}{k_1} \frac{p^2 + (1-k_1)p + (1-k_1 A)}{p + A}$$

$$= \frac{1}{k_1} \left[p + \frac{(1-A-k_1)p + (1-k_1 A)}{p + A} \right]. \tag{4}$$

Hieraus ist zu ersehen, daß $Z^{(1)}(p)$ genau dann eine Zweipolfunktion ist, wenn neben der Ungleichung (3) die beiden Ungleichungen

$$k_1 \leq 1 - A \quad \text{und} \quad k_1 \leq \frac{1}{A}$$

erfüllt werden. Da im Intervall $0 < A < 1$ die Beziehung $1 - A < 1/A$ gilt, erhält man für die Konstante k_1 die Einschränkung

$$k_1 \leq k_{1\,\text{max}} = 1 - A.$$

Aufgrund von Gl.(2b) ergibt sich die Impedanz

$$Z^{(2)}(p) = \frac{1}{H^{(2)}(p)} - 1 = \frac{1}{k_2}\left[\frac{A}{2} + \frac{(1-\frac{A}{2})p}{p+2} - k_2\right]. \qquad (5)$$

Wie man sieht, ist $Z^{(2)}(p)$ genau dann Zweipolfunktion, wenn neben der Ungleichung (3) die Beziehung

$$k_2 \leq A/2$$

besteht. Für die Konstante k_2 entsteht so die Einschränkung

$$k_2 \leq k_{2\max} = A/2.$$

d) Aufgrund der Ergebnisse von Teilaufgabe c ergibt sich

$$k_{\max} = k_{1\max}\, k_{2\max} = \frac{1}{2}(1-A)A = \frac{1}{2}(A-A^2).$$

Der größte Wert $k_{\max}$ entsteht für $A = 1/2$, d.h. für $k_{1\max} = 1/2$ und $k_{2\max} = 1/4$.

e) Aus den Gln.(4) und (5) erhält man für $A = 1/2$, $k_1 = k_{1\max} = 1/2$, $k_2 = k_{2\max} = 1/4$ die Zweipolfunktionen

$$Z^{(1)}(p) = 2p + \frac{1}{\frac{2}{3}p + \frac{1}{3}}$$

und

$$Z^{(2)}(p) = \frac{1}{\frac{1}{3} + \frac{2}{3}\cdot\frac{1}{p}}.$$

Hieraus resultiert gemäß Bild 5.7b das im Bild 5.7d dargestellte Netzwerk. Es wird hierdurch die Übertragungsfunktion

$$kH(p) = \frac{1}{8}\frac{p+2}{p^2+p+1} \qquad (6)$$

als Spannungsverhältnis U_2/U_1 realisiert.

f) Durch Veränderung des Netzwerks im Bild 5.7b, nämlich durch Heraustrennen des Ohmwiderstandes Eins zwischen den Klemmen $a^{(1)}$ und $b^{(1)}$ sowie durch

Kurzschließen der Klemmen $a^{(2)}$ und $b^{(2)}$, erhält man eine Netzwerkstruktur gemäß Bild 5.7c mit den Impedanzen

$$Z_A^{(1)}(p) = 1 + \frac{1}{Z^{(1)}(p)}, \qquad Z_B^{(1)}(p) = Z^{(1)}(p),$$

$$Z_C^{(2)}(p) = \frac{Z^{(2)}(p)}{1 + Z^{(2)}(p)}, \qquad Z_D^{(2)}(p) = \frac{1}{Z^{(2)}(p)}.$$

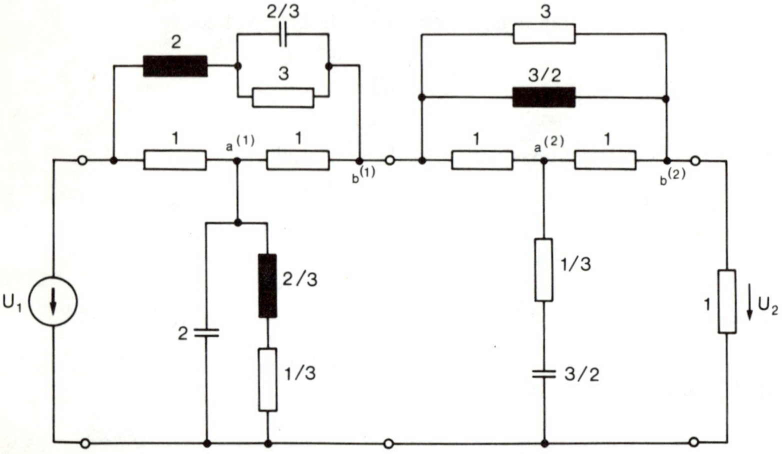

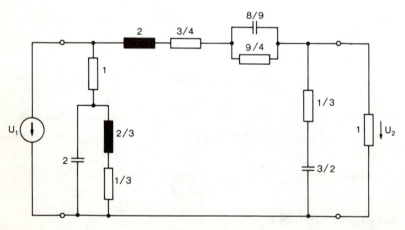

Bild 5.7d: Explizite Verwirklichung der vorgeschriebenen Übertragungsfunktion $H(p)/8$ als Spannungsverhältnis U_2/U_1

Bild 5.7e: Modifizierte Realisierung der Übertragungsfunktion $H(p)/8$ als Spannungsverhältnis U_2/U_1

Hieraus folgt

$$Z_B^{(1)}(p) + Z_C^{(2)}(p) = Z^{(1)}(p) + \frac{Z^{(2)}(p)}{1 + Z^{(2)}(p)}$$

$$= 2p + \frac{3}{1+2p} + \frac{\frac{3}{2}p}{1+2p}$$

$$= 2p + \frac{3}{4} + \frac{9/4}{2p+1} .$$

Aufgrund dieser Darstellung der Impedanz $Z_B^{(1)}(p) + Z_C^{(2)}(p)$ ergibt sich die Verwirklichung der Übertragungsfunktion Gl.(6), wie sie im Bild 5.7e beschrieben ist. Im Vergleich zum Netzwerk von Bild 5.7d konnte ein Energiespeicher eingespart werden.

■
Aufgabe 5.8

Die Mindestphasen-Übertragungsfunktion

$$H(p) = \frac{(p^2 + 2p + 4)p}{(p^2 + p + 4)(p^2 + p + 1)} \tag{1}$$

soll bis auf einen konstanten Faktor als Spannungsverhältnis U_2/U_1 durch zwei in Kette geschaltete überbrückte T-Glieder und außerdem durch Kettennetzwerke nach E.C.Ho realisiert werden.

a) Man stelle $H(p)$ als Produkt eines konstanten Faktors $1/k$ und zweier Mindestphasen-Übertragungsfunktionen zweiten Grades $H^{(1)}(p)$ und $H^{(2)}(p)$ dar. Dabei sollen die Faktorpolynome im Zähler und Nenner von $H(p)$ so kombiniert werden, daß $H^{(1)}(p)$ und $H^{(2)}(p)$ bei größtmöglichem Wert von k als Spannungsübertragungsfunktionen überbrückter T-Glieder realisierbar sind. Man führe diese Realisierung durch.

b) Für die Realisierung der Übertragungsfunktion $H(p)$ Gl.(1) als Spannungsverhältnis U_2/U_1 sekundärseitig leerlaufender Kettennetzwerke nach E.C.Ho bringe man die reziproke Funktion $1/H(p)$ auf die Form

$$\frac{1}{H(p)} = c_0 \left[c_1 W_1(p) \right] \left[c_2 W_2(p) \right] . \tag{2}$$

Dabei bedeuten $W_1(p)$ und $W_2(p)$ Zweipolfunktionen mit ausschließlich positiven Realteilen für $p = j\omega$ ($0 \leq \omega \leq \infty$). Die Koeffizienten bei den höchsten p-Potenzen im Zähler- und Nennerpolynom von $W_1(p)$, $W_2(p)$ sollen gleich Eins gewählt werden, so daß

$$c_0 c_1 c_2 = 1$$

gilt. Der Bildung dieser Funktionen ist die Faktorisierung aus der Teilaufgabe *a* zugrundezulegen. Man gebe von den vier grundsätzlichen Realisierungsmöglichkeiten die beiden an, bei denen die Konstante c_0 am größten gewählt werden kann, und zwar jeweils für den Maximalwert von c_0.

Lösung zu Aufgabe 5.8

a) Die gewünschte Zerlegung der Übertragungsfunktion $H(p)$ Gl.(1) hat die Form

$$H(p) = \frac{1}{k} H^{(1)}(p) H^{(2)}(p) . \tag{3}$$

Für die Wahl der Teilübertragungsfunktionen lautet eine *erste* Möglichkeit

$$H^{(1)}(p) = k_1 \frac{p^2 + 2p + 4}{p^2 + p + 4} , \tag{4a}$$

$$H^{(2)}(p) = k_2 \frac{p}{p^2 + p + 1} . \tag{4b}$$

Damit gilt

$$k = k_1 k_2 .$$

Im Hinblick auf die Realisierungen der Übertragungsfunktionen $H^{(\mu)}(p)$ ($\mu = 1,2$) durch überbrückte T-Glieder müssen die Konstanten k_1 und k_2 so gewählt werden, daß die Ungleichung

$$|H^{(\mu)}(j\omega) - \frac{1}{2}| \leq \frac{1}{2} \tag{5}$$

für $\mu = 1,2$ und alle ω-Werte gilt. Im Bild 5.8a sind die geometrischen Verläufe der Funktionen $H^{(1)}(j\omega)$ und $H^{(2)}(j\omega)$ für $k_1 = 1$ bzw. $k_2 = 1$ dargestellt. Hieraus ist zu erkennen, daß die Ungleichung (5) für $\mu = 1,2$ erfüllt ist, wenn

$k_1 \leq \dfrac{1}{2}$ und $k_2 \leq 1$

gilt. Zur Erzielung des größtmöglichen Wertes $k = k_1 k_2$, nämlich $k = 1/2$, wird

$k_1 = \dfrac{1}{2}$ und $k_2 = 1$

gewählt.

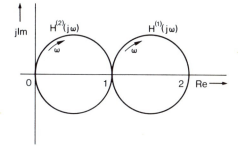

Bild 5.8a:
Ortskurven der Funktionen $H^{(1)}(j\omega)$ und $H^{(2)}(j\omega)$ für die erste Faktorisierung von $H(p)$ in Abhängigkeit von ω ($-\infty \leq \omega \leq \infty$) mit $k_1 = k_2 = 1$

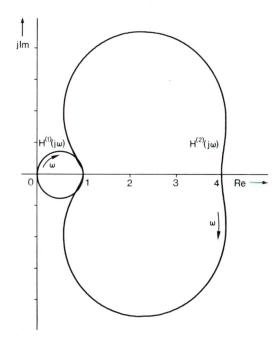

Bild 5.8b:
Ortskurven der Funktionen $H^{(1)}(j\omega)$ und $H^{(2)}(j\omega)$ für die zweite Faktorisierung von $H(p)$ in Abhängigkeit von ω ($-\infty \leq \omega \leq \infty$) mit $k_1 = 1$ und $k_2 = 1$

Eine *zweite* Möglichkeit für die Wahl der Teilübertragungsfunktionen in Gl.(3) lautet:

$$H^{(1)}(p) = k_1 \frac{p}{p^2 + p + 4},$$

$$H^{(2)}(p) = k_2 \frac{p^2 + 2p + 4}{p^2 + p + 1}.$$

Auch hier gilt

$$k = k_1 k_2.$$

Die geometrischen Verläufe der Funktionen $H^{(1)}(j\omega)$ und $H^{(2)}(j\omega)$ für $k_1 = 1$ bzw. $k_2 = 1$ sind im Bild 5.8b angedeutet. Hieraus ist zu erkennen, daß die Ungleichung (5) für $\mu = 1,2$ erfüllt ist, wenn

$$k_1 \leqslant 1 \quad \text{und} \quad k_2 \leqslant k_{2\,\text{max}} < \frac{1}{4}$$

gilt. Zur Erzielung des größtmöglichen Wertes k, nämlich $k = k_{2\,\text{max}} < 1/4$ muß

$$k_1 = 1 \quad \text{und} \quad k_2 = k_{2\,\text{max}} < \frac{1}{4}$$

gewählt werden.
Da bei der ersten Zerlegung von $H(p)$ der Wert der Konstante k größer gewählt werden darf als bei der zweiten Zerlegung, wird im weiteren nur noch die erste Möglichkeit betrachtet. Darüber hinaus lassen sich in diesem Fall, wie sich noch zeigt, die auftretenden Impedanzen nach dem Brune-Prozeß kopplungsfrei realisieren.
Mit Hilfe der Gln.(4a,b), in denen $k_1 = 1/2$ bzw. $k_2 = 1$ zu wählen ist, erhält man nun die Impedanzen der die beiden überbrückten T-Glieder bestimmenden Zweipole:

$$Z^{(1)}(p) = \frac{1}{H^{(1)}(p)} - 1 = \frac{1}{1 + \dfrac{2p}{p^2 + 4}},$$

$$Z^{(2)}(p) = \frac{1}{H^{(2)}(p)} - 1 = p + \frac{1}{p}.$$

Die hieraus resultierende Kettenschaltung zweier überbrückter T-Glieder, welche die

Übertragungsfunktion $H(p)/2$ als Spannungsverhältnis U_2/U_1 realisiert, ist im Bild 5.8c dargestellt.

b) Eine *erste* Realisierung nach dem Hoschen Verfahren basiert darauf, daß man in der Faktorisierung gemäß Gl.(2)

$$W_1(p) = \frac{p^2 + p + 1}{p},$$

$$W_2(p) = \frac{p^2 + p + 4}{p^2 + 2p + 4}$$

und sodann gemäß SEN, Gln.(400a,b) die Funktionen

$$Y_1(p) = c_1 W_1(p) - 2 + \frac{1}{c_2 W_2(p)}$$

$$= c_1 p + c_1 + \frac{c_1}{p} - 2 + \frac{1}{c_2} + \frac{p/c_2}{p^2 + p + 4} \tag{6a}$$

und

$$Y_2(p) = c_2 W_2(p) - 1 = \frac{(c_2 - 1) p^2 + (c_2 - 2) p + 4 (c_2 - 1)}{p^2 + 2p + 4} \tag{6b}$$

wählt. Damit $Y_1(p)$ und $Y_2(p)$ Zweipolfunktionen sind, müssen die Forderungen

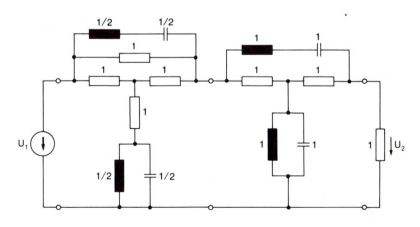

Bild 5.8c: Aus der ersten Faktorisierung von $H(p)$ resultierende Verwirklichung der vorgeschriebenen Spannungsübertragungsfunktion $H(p)/2$

$$c_1 - 2 + \frac{1}{c_2} \geqslant 0$$

und

$$c_2 - 2 \geqslant 0$$

gestellt werden. Die kleinstmöglichen Werte für die auftretenden Konstanten lauten

$$c_1 = \frac{3}{2} \quad \text{und} \quad c_2 = 2.$$

Für c_0 erhält man somit den größtmöglichen Wert

$$c_0 = \frac{1}{3},$$

und die durch die Gln.(6a,b) gegebenen Admittanzen erhalten die Form

$$Y_1(p) = \frac{3}{2}p + \frac{3/2}{p} + \frac{1}{2p + 2 + \frac{8}{p}} \tag{7a}$$

bzw.

$$Y_2(p) = \frac{1}{1 + \dfrac{1}{\dfrac{p}{2} + \dfrac{2}{p}}}. \tag{7b}$$

Eine *zweite* Realisierung nach dem Hoschen Verfahren basiert darauf, daß man in der Faktorisierung gemäß Gl.(2)

$$W_1(p) = \frac{p^2 + p + 4}{p^2 + 2p + 4},$$

$$W_2(p) = \frac{p^2 + p + 1}{p}$$

und sodann gemäß SEN, Gln.(400a,b) die Funktionen

$$Y_1(p) = c_1 W_1(p) - 2 + \frac{1}{c_2 W_2(p)}$$

$$= \frac{(c_1-2)p^2 + (c_1-4)p + 4(c_1-2)}{p^2 + 2p + 4} + \frac{p}{c_2(p^2+p+1)} \qquad (8a)$$

und

$$Y_2(p) = c_2 W_2(p) - 1 = c_2 p + c_2 - 1 + \frac{c_2}{p} \qquad (8b)$$

wählt. Die zulässigen Bereiche für die Konstanten c_1 und c_2 ergeben sich auch hier aus der Forderung, daß $Y_1(p)$ und $Y_2(p)$ Zweipolfunktionen sind. Wie aus Gl.(8a) hervorgeht, ist der Beitrag, den die Funktion $1/[c_2 W_2(j\omega)]$ zum Realteil von $Y_1(j\omega)$ liefert, um so größer, je kleiner c_2 gewählt wird. Die Konstante c_1 erreicht also ihren kleinsten Wert $c_{1\,min}$ für $c_2 = c_{2\,min}$. Aus Gl.(8b) erhält man $c_{2\,min} = 1$. Damit ergibt sich für $c_0 = 1/(c_1 c_2)$ der größtmögliche Wert

$$c_0 = \frac{1}{c_{1\,min} \cdot 1} \, .$$

Es gilt sicher

$$c_0 < \frac{1}{3} \, ,$$

da für $c_2 = 1$

$$c_{1\,min} > 3$$

sein muß. Denn für $c_1 = 3$ und $c_2 = 1$ ist $Y_1(p)$ Gl.(8a) keine Zweipolfunktion, da beispielsweise Re $Y_1(j2) < 0$ ist. Aus diesem Grunde interessiert die aus den Admittanzen Gln.(8a,b) folgende Realisierung nicht weiter.

Eine *dritte* Realisierung nach dem Hoschen Verfahren basiert darauf, daß man in der Faktorisierung gemäß Gl.(2)

$$W_1(p) = \frac{p^2 + p + 4}{p^2 + 2p + 4} \, ,$$

$$W_2(p) = \frac{p^2 + p + 1}{p}$$

und sodann gemäß SEN, Gln.(403a,b) die Funktionen

$$Z_1(p) = c_1 W_1(p) - 1 = \frac{(c_1-1)p^2 + (c_1-2)p + 4(c_1-1)}{p^2 + 2p + 4} \tag{9a}$$

und

$$Z_2(p) = c_2 W_2(p) - 2 + \frac{1}{c_1 W_1(p)}$$

$$= c_2 p + c_2 + \frac{c_2}{p} - 2 + \frac{1}{c_1} + \frac{p/c_1}{p^2 + p + 4} \tag{9b}$$

wählt. Damit $Z_1(p)$ und $Z_2(p)$ Zweipolfunktionen sind, müssen die Forderungen

$$c_1 - 2 \geqslant 0$$

und

$$c_2 - 2 + \frac{1}{c_1} \geqslant 0$$

gestellt werden. Die kleinstmöglichen Werte für die auftretenden Konstanten lauten

$$c_1 = 2 \quad \text{und} \quad c_2 = \frac{3}{2}.$$

Für c_0 erhält man somit den größtmöglichen Wert

$$c_0 = \frac{1}{3},$$

und die durch die Gln.(9a,b) gegebenen Impedanzen erhalten die Form

$$Z_1(p) = \frac{1}{1 + \dfrac{2p}{p^2 + 4}} \tag{10a}$$

bzw.

$$Z_2(p) = \frac{3}{2}p + \frac{3/2}{p} + \frac{1}{2p + 2 + \frac{8}{p}} \ . \tag{10b}$$

Die *vierte* Realisierung nach dem Hoschen Verfahren basiert darauf, daß man in der Faktorisierung gemäß Gl.(2)

$$W_1(p) = \frac{p^2 + p + 1}{p} \ ,$$

$$W_2(p) = \frac{p^2 + p + 4}{p^2 + 2p + 4}$$

und sodann gemäß SEN, Gln.(403a,b) die Funktionen

$$Z_1(p) = c_1 W_1(p) - 1 = c_1 p + \frac{c_1}{p} + c_1 - 1 \tag{11a}$$

und

$$Z_2(p) = c_2 W_2(p) - 2 + \frac{1}{c_1 W_1(p)}$$

$$= \frac{(c_2 - 2)p^2 + (c_2 - 4)p + 4(c_2 - 2)}{p^2 + 2p + 4} + \frac{1}{c_1(p + \frac{1}{p} + 1)} \tag{11b}$$

wählt. Damit $Z_1(p)$ und $Z_2(p)$ Zweipolfunktionen sind, müssen die Forderungen

$$c_1 \geqslant 1$$

und

$$c_2 \geqslant c_{2\,min}$$

gestellt werden. Wie man an Hand der Gl.(11b) unmittelbar sieht, erreicht c_2 seinen kleinsten Wert $c_{2\,min}$ für den kleinsten zulässigen Wert von c_1. Damit erhält man für $c_0 = 1/(c_1 c_2)$ den größtmöglichen Wert

$$c_0 = \frac{1}{c_{2\,min} \cdot 1}$$

wegen $c_{1\,min} = 1$. Es gilt sicher

$$c_0 < \frac{1}{3},$$

da für $c_1 = 1$

$$c_{2\,min} > 3$$

gilt. Denn für $c_1 = 1$ und $c_2 = 3$ ist $Z_2(p)$ Gl.(11b) keine Zweipolfunktion, wovon man sich auf einfache Weise überzeugen kann. Aus diesem Grund interessiert die aus den Impedanzen Gln.(11a,b) folgende Realisierung nicht weiter.
Das mit Hilfe der Admittanzen Gln.(7a,b) sich ergebende Ho-Zweitor ist im Bild 5.8d dargestellt. Das mit den Impedanzen Gln.(10a,b) sich ergebende Ho-Zweitor ist im Bild 5.8e dargestellt. Beide Netzwerke realisieren die Übertragungsfunktion $H(p)/3$ als Spannungsverhältnis U_2/U_1.

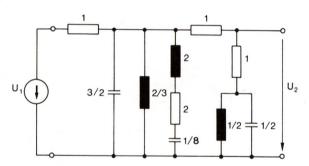

Bild 5.8d: Realisierung der vorgeschriebenen Spannungsübertragungsfunktion $H(p)/3$ nach dem Hoschen Verfahren gemäß der ersten Faktorisierung von $1/H(p)$

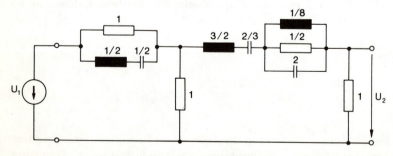

Bild 5.8e: Realisierung der vorgeschriebenen Spannungsübertragungsfunktion $H(p)/3$ nach dem Hoschen Verfahren gemäß der dritten Faktorisierung von $1/H(p)$

Aufgabe 5.9

Die in Aufgabe 5.7 mit Hilfe von überbrückten T-Gliedern realisierte Mindestphasen-Übertragungsfunktion

$$H(p) = \frac{p+2}{p^2+p+1} \qquad (1)$$

soll bis auf einen konstanten Faktor als Spannungsverhältnis $U_2/U_1 = c_0\, H(p)$ ($c_0 > 0$) durch ein sekundärseitig leerlaufendes Kettenzweitor mit Längszweipolen und ohmschen Querwiderständen nach dem Hoschen Verfahren verwirklicht werden. Dabei soll die Realisierung mit dem geringsten Aufwand an Netzwerkelementen gewählt werden. Die verfügbaren Freiheitsgrade sollen dazu benützt werden, die Konstante c_0 möglichst groß zu machen.
Man vergleiche das Ergebnis mit dem von Aufgabe 5.7.

Lösung zu Aufgabe 5.9

Zur Realisierung der Übertragungsfunktion $H(p)$ Gl.(1) nach dem Hoschen Verfahren muß deren Reziproke zunächst mit einem Hilfspolynom ersten Grades $p + A$ erweitert und dann auf die Form

$$\frac{1}{H(p)} = c_0\, [c_1\, W_1(p)]\, [c_2\, W_2(p)] \qquad (2)$$

gebracht werden. Die Erweiterung ist deshalb erforderlich, weil die Funktion $1/H(p)$ keine Zweipolfunktion ist. Es ist zu verlangen, daß $W_1(p)$ und $W_2(p)$ Zweipolfunktionen mit ausschließlich positiven Realteilen für $p = j\omega$ ($0 \leq \omega \leq \infty$) sind. Aus diesem Grund muß die Forderung

$$0 < A < 1$$

gestellt werden. Die Koeffizienten bei den höchsten p-Potenzen im Zähler- und Nennerpolynom von $W_1(p)$, $W_2(p)$ sollen gleich Eins gewählt werden, so daß

$$c_0\, c_1\, c_2 = 1$$

gilt, wie aus einem Vergleich der Gln.(1) und (2) hervorgeht.
Eine *erste* Realisierung basiert auf der Wahl

$$W_1(p) = \frac{p^2 + p + 1}{p + A},$$

$$W_2(p) = \frac{p + A}{p + 2},$$

aus der gemäß SEN, Gln.(403a,b) die Impedanzen

$$Z_1(p) = c_1 W_1(p) - 1 = \frac{c_1 p^2 + (c_1 - 1) p + (c_1 - A)}{p + A}$$

und

$$Z_2(p) = c_2 W_2(p) - 2 + \frac{1}{c_1 W_1(p)} = c_2 \frac{p + A}{p + 2} - 2 + \frac{p + A}{c_1(p^2 + p + 1)}$$

hervorgehen. Die Parameter c_1 und c_2 müssen so gewählt werden, daß $Z_1(p)$ und $Z_2(p)$ Zweipolfunktionen sind. Für die Realisierung von $Z_1(p)$ werden zwei, für die Realisierung von $Z_2(p)$ drei Energiespeicher benötigt.

Die *zweite* Realisierung basiert auf der Wahl

$$W_1(p) = \frac{p + A}{p + 2},$$

$$W_2(p) = \frac{p^2 + p + 1}{p + A},$$

aus der gemäß SEN, Gln.(403a,b) die Impedanzen

$$Z_1(p) = c_1 W_1(p) - 1 = \frac{(c_1 - 1) p + (c_1 A - 2)}{p + 2} \tag{3}$$

und

$$Z_2(p) = c_2 W_2(p) - 2 + \frac{1}{c_1} \frac{1}{W_1(p)}$$

$$= c_2 p + \frac{(c_2 - 2 + \frac{1}{c_1} - c_2 A) p + (c_2 - 2A + \frac{2}{c_1})}{p + A} \tag{4}$$

hervorgehen. Wie man sieht, sind hier für beide Impedanzen insgesamt nur **drei** Energiespeicher erforderlich. Aus diesem Grund interessiert die erste Realisierungsmöglichkeit nicht weiter.
Die Funktion $Z_1(p)$ Gl.(3) ist genau dann eine Zweipolfunktion, wenn die Ungleichungen

$$c_1 \geq 1, \quad c_1 \geq 2/A \qquad (5a,b)$$

erfüllt sind. Wegen der Forderung $0 < A < 1$ braucht nur verlangt zu werden, daß Ungleichung (5b) befriedigt wird. Die Funktion $Z_2(p)$ Gl.(4) ist genau dann Zweipolfunktion, wenn die Ungleichungen

$$c_2 \geq 0, \quad c_2(1-A) \geq 2 - \frac{1}{c_1}, \quad c_2 \geq 2(A - \frac{1}{c_1}) \qquad (6a,b,c)$$

erfüllt sind. Zur Berechnung des Maximums der Konstante $c_0 = 1/(c_1 c_2)$ sind zunächst die kleinsten zulässigen Werte der Konstanten c_1 und c_2 in Abhängigkeit von A zu ermitteln.
Aus der Ungleichung (5b) folgt

$$c_{1\,\text{min}} = \frac{2}{A}.$$

Mit $c_1 = c_{1\,\text{min}}$ ergeben sich dann aus den Ungleichungen (6b,c) die Beziehungen

$$c_2 \geq \frac{2 - \frac{A}{2}}{1 - A} \quad \text{bzw.} \quad c_2 \geq A. \qquad (7a,b)$$

Hierdurch wird auch die Ungleichung (6a) erfüllt. Da im Intervall $0 < A < 1$ die Beziehung

$$\frac{2 - \frac{A}{2}}{1 - A} > A$$

besteht, muß nur verlangt werden, daß die Ungleichung (7a) erfüllt wird. Hieraus ergibt sich

$$c_{2\,\text{min}} = \frac{2 - \frac{A}{2}}{1 - A}.$$

Um einen möglichst großen Wert für die Konstante c_0 zu erhalten, soll der Parameter A so festgelegt werden, daß das Produkt $c_{1\min} c_{2\min}$ so klein wie möglich wird. Dazu wird die Bedingung

$$\frac{d(c_{1\min} c_{2\min})}{dA} = 0$$

gestellt, aus der unmittelbar die Gleichung

$$A^2 - 8A + 4 = 0$$

zur Bestimmung des optimalen Wertes für A folgt. Es ergibt sich als Lösung im Intervall $0 < A < 1$

$$A = 4 - \sqrt{12} = 0{,}5359$$

mit den Konstanten

$$c_{1\min} = c_{2\min} = \frac{1}{2-\sqrt{3}} = 3{,}732.$$

Die im gesuchten Zweitor auftretenden Längszweipole erhalten damit aufgrund der Gln.(3) und (4) die Impedanzen

$$Z_1(p) = \frac{(1+\sqrt{3})p}{p+2} = \frac{1}{\dfrac{1}{2{,}732} + \dfrac{1}{1{,}366p}}$$

bzw.

$$Z_2(p) = (2+\sqrt{3})p + \frac{3\sqrt{3}-2}{p+(4-2\sqrt{3})} = 3{,}732p + \frac{1}{0{,}3129p + \dfrac{1}{5{,}964}}.$$

Die Konstante $c_0 = 1/(c_{1\min} c_{2\min})$ erhält den Wert

$$c_0 = 0{,}07180.$$

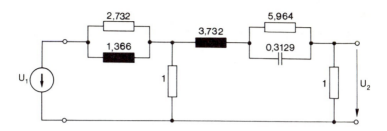

Bild 5.9: Zweitor nach E.C.Ho, welches die Übertragungsfunktion 0,0718 $H(p)$ als Spannungsverhältnis U_2/U_1 verwirklicht

Das resultierende Zweitor ist im Bild 5.9 dargestellt. Es realisiert die Übertragungsfunktion 0,07180 $H(p)$ als Spannungsverhältnis U_2/U_1.
Im Vergleich zur Lösung nach Bild 5.7e, bei welcher das Zweitor sechs Ohmwiderstände, drei Kapazitäten und zwei Induktivitäten enthält, benötigt das Hosche Netzwerk vier Ohmwiderstände, eine Kapazität und zwei Induktivitäten. Allerdings beträgt die Konstante c_0 hier 0,0718 im Gegensatz zum Wert 0,125 bei den überbrückten T-Gliedern nach Aufgabe 5.7.
Die Lösung der Aufgabe hat folgende wichtige Erkenntnis gebracht: Die bei der Realisierung einer Mindestphasen-Übertragungsfunktion $H(p)$ nach dem Hoschen Verfahren in der Regel erforderliche Faktorisierung

$$\frac{1}{H(p)} = c_0 \prod_{\mu=1}^{m} c_\mu W_\mu(p)$$

sollte, falls eine Erweiterung mit einem Polynomfaktor durchgeführt wurde, so vorgenommen werden, daß die Pole von $W_\nu(p)$ und die Nullstellen von $W_{\nu-1}(p)$ im Endlichen übereinstimmen. Dabei werden mit $W_\nu(p)$ und $W_{\nu-1}(p)$ jene Zweipolfunktionen bezeichnet, die gleichzeitig den genannten Polynomfaktor enthalten, und es wird davon ausgegangen, daß ein Ho-Zweitor mit Längszweipolen und ohmschen Querwiderständen gewünscht wird. Bei dieser Faktorisierung findet nämlich im Gegensatz zu allen übrigen Faktorisierungsmöglichkeiten eine Gradreduktion der Impedanz $Z_\nu(p)$ gemäß SEN, Gl.(403b) statt. Wählt man die duale Realisierung, so müssen die Pole von $W_\nu(p)$ und die Nullstellen von $W_{\nu+1}(p)$ im Endlichen übereinstimmen, wobei mit $W_\nu(p)$ und $W_{\nu+1}(p)$ Zweipolfunktionen bezeichnet werden, die das Erweiterungspolynom enthalten. Dann findet bei der Bildung der Admittanz $Y_\nu(p)$ gemäß SEN, Gl.(400a) eine Gradreduktion statt.

Aufgabe 5.10

Gegeben ist die Mindestphasen-Übertragungsfunktion

$$H(p) = \frac{p^2 + 6}{p^2 + 4p + 6} \cdot \frac{p + 1}{p + 2}. \tag{1}$$

a) Man realisiere $H(p)$ bis auf einen konstanten Faktor als Spannungsverhältnis $U_2/U_1 = c_0\, H(p)$ ($c_0 > 0$) durch ein sekundärseitig leerlaufendes Kettenzweitor gemäß Bild 5.10a nach dem Hoschen Verfahren. Dabei wähle man diejenige Realisierung, welche den größtmöglichen Wert für c_0 liefert.

b) Man realisiere $H(p)$ in entsprechender Weise nach dem Hoschen Verfahren durch ein Kettenzweitor, das zwischen seinen Ausgangsklemmen und in Reihe zur erregenden Spannungsquelle jeweils einen Ohmwiderstand Eins besitzt (Bild 5.10b). Wie groß ist bei dieser Realisierung der maximale Wert von c_0?

Lösung zu Aufgabe 5.10

a) Zur Realisierung der gegebenen Übertragungsfunktion $H(p)$ Gl.(1) nach dem Hoschen Verfahren muß deren Reziproke auf die Form

$$\frac{1}{H(p)} = c_0\, [c_1\, W_1(p)]\, [c_2\, W_2(p)] \tag{2}$$

gebracht werden. Dabei ist zu verlangen, daß $W_1(p)$ und $W_2(p)$ Zweipolfunktionen

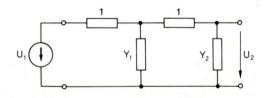

Bild 5.10a: Ausgangsseitig leerlaufendes Kettenzweitor, durch welches die vorgeschriebene Übertragungsfunktion nach dem Verfahren von E.C.Ho zu realisieren ist

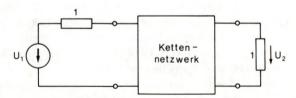

Bild 5.10b: Ausgangsseitig mit dem Ohmwiderstand Eins abgeschlossenes Zweitor, welches nach dem Hoschen Verfahren in der Weise zu bestimmen ist, daß eine weitere Verwirklichung der gegebenen Übertragungsfunktion entsteht

Aufgabe 5.10

mit ausschließlich positiven Realteilen für $p = j\omega$ $(0 \leq \omega \leq \infty)$ sind. Die Koeffizienten bei den höchsten **p-Potenzen** im Zähler- und Nennerpolynom von $W_1(p)$, $W_2(p)$ sollen gleich Eins gewählt werden, so daß

$$c_0 \, c_1 \, c_2 = 1$$

gilt, wie aus einem Vergleich der Gln.(1) und (2) hervorgeht.
Eine *erste* Realisierung basiert auf der Wahl

$$W_1(p) = \frac{p^2 + 4p + 6}{p^2 + 6},$$

$$W_2(p) = \frac{p+2}{p+1},$$

aus der gemäß SEN, Gln.(400a,b) die Funktionen

$$Y_1(p) = c_1 W_1(p) - 2 + \frac{1}{c_2 W_2(p)}$$

$$= c_1 - 2 + \frac{1}{2c_2} + \frac{1}{\dfrac{p}{4c_1} + \dfrac{3}{2c_1 p}} + \frac{1}{2c_2 + \dfrac{4c_2}{p}} \quad (3)$$

und

$$Y_2(p) = c_2 W_2(p) - 1 = c_2 - 1 + \frac{1}{\dfrac{p}{c_2} + \dfrac{1}{c_2}} \quad (4)$$

hervorgehen. Damit $Y_1(p)$ und $Y_2(p)$ Zweipolfunktionen sind, müssen die Forderungen

$$c_1 - 2 + \frac{1}{2c_2} \geq 0 \quad (5a)$$

und

$$c_2 - 1 \geq 0 \quad (5b)$$

gestellt werden. Hieraus folgen die kleinstmöglichen Werte für die auftretenden Konstanten

$$c_1 = \frac{3}{2}, \quad c_2 = 1.$$

Dabei erreicht die Konstante c_0 den größtmöglichen Wert

$$c_0 = \frac{1}{c_1 c_2} = \frac{2}{3}.$$

Die *zweite* Realisierung basiert auf der Wahl

$$W_1(p) = \frac{p+2}{p+1},$$

$$W_2(p) = \frac{p^2 + 4p + 6}{p^2 + 6},$$

aus der gemäß SEN, Gln.(400a,b) die Funktionen

$$Y_1(p) = c_1 W_1(p) - 2 + \frac{1}{c_2 W_2(p)}$$

$$= \frac{(c_1 - 2)p + 2c_1 - 2}{p+1} + \frac{1}{c_2 + \dfrac{4c_2 p}{p^2 + 6}} \tag{6}$$

und

$$Y_2(p) = c_2 W_2(p) - 1 = c_2 - 1 + \frac{4 c_2 p}{p^2 + 6}$$

hervorgehen. Damit $Y_1(p)$ und $Y_2(p)$ Zweipolfunktionen sind, müssen die Forderungen

$$c_1 \geq c_{1\,\min}$$

und

$c_2 \geqslant 1$

gestellt werden. Wie man an Hand der Gl.(6) unmittelbar sieht, erreicht c_1 seinen kleinsten Wert $c_{1\,min}$ für den kleinsten zulässigen Wert von c_2. Damit erhält man für $c_0 = 1/(c_1 c_2)$ mit $c_2 = 1$ den größtmöglichen Wert

$$c_0 = \frac{1}{c_{1\,min}}.$$

Es gilt sicher

$$c_0 < \frac{2}{3},$$

da für $c_2 = 1$

$$c_{1\,min} > \frac{3}{2}$$

ist. Denn für $c_1 = 3/2$ und $c_2 = 1$ ist $Y_1(p)$ Gl.(6) keine Zweipolfunktion, da beispielsweise Re $Y_1(j\sqrt{6}) < 0$ ist.

Da das maximale c_0 der ersten Realisierungsmöglichkeit dasjenige der zweiten Möglichkeit übersteigt, interessiert im weiteren nur noch die Verwirklichung mit Hilfe der Admittanzen Gln.(3) und (4). Das hieraus für $c_1 = 3/2$, $c_2 = 1$ resultierende Zweitor ist im Bild 5.10c dargestellt. Es realisiert die Übertragungsfunktion $(2/3)\,H(p)$ als Spannungsverhältnis U_2/U_1.

b) Damit am Ausgangsklemmenpaar des Zweitors nach Bild 5.10a ein Ohmwiderstand Eins auftritt, muß verlangt werden, daß die durch Gl.(4) gegebene Admittanz

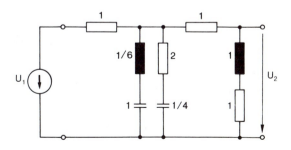

Bild 5.10c: Verwirklichung der vorgeschriebenen Übertragungsfunktion $(2/3)\,H(p)$ durch das Zweitor von Bild 5.10a als Spannungsverhältnis U_2/U_1

$$Y_2(p) - 1 = c_2 - 2 + \frac{1}{\dfrac{p}{c_2} + \dfrac{1}{c_2}}$$

eine Zweipolfunktion ist. Anstelle der Ungleichung (5b) tritt somit die Forderung

$$c_2 \geqslant 2 \,. \tag{7}$$

Damit erhält man aufgrund der Beziehungen (5a) und (7) die kleinstmöglichen Werte für die auftretenden Konstanten

$$c_1 = \frac{7}{4}, \quad c_2 = 2 \,.$$

Dabei erreicht die Konstante c_0 den größtmöglichen Wert

$$c_0 = \frac{1}{c_1 c_2} = \frac{2}{7} \,.$$

Das mit Hilfe der Admittanzen Gln.(3) und (4) für $c_1 = 7/4$, $c_2 = 2$ sich ergebende Zweitor ist im Bild 5.10d dargestellt. Es realisiert die Übertragungsfunktion $(2/7)\,H(p)$ als Spannungsverhältnis U_2/U_1.

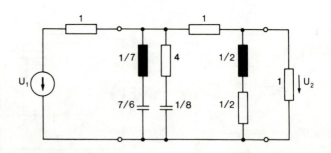

Bild 5.10d: Verwirklichung der vorgeschriebenen Funktion $(2/7)\,H(p)$ durch das Zweitor von Bild 5.10b als Spannungsverhältnis U_2/U_1

Aufgabe 5.11

Vorgelegt ist die rationale, reelle Funktion

$$H(p) = \frac{p^2 - 2p + 25}{p^2 + 24p + 144}. \qquad (1)$$

Sie soll im folgenden als Spannungsverhältnis U_2/U_1 durch die Kettenanordnung eines überbrückten T-Gliedes und eines allpaßhaltigen RLC-Zweitors mit durchgehender Kurzschlußverbindung realisiert werden.

a) Man zeige, daß bei der Faktorisierung von $H(p)$ in ein Produkt aus einer reinen Allpaß-Übertragungsfunktion und einer Mindestphasen-Übertragungsfunktion die letzte mit einem einzelnen überbrückten T-Glied nicht verwirklicht werden kann.

b) Man faktorisiere $H(p)$ mit Hilfe des Erweiterungspolynoms $p^2 + 8p + 25$ in ein Produkt zweier Teilübertragungsfunktionen zweiten Grades, von denen die eine Mindestphasen-Charakter besitzt und die andere von der Art der in Aufgabe 5.5 behandelten Funktionen ist. Es soll gezeigt werden, daß die genannte Mindestphasen-Übertragungsfunktion durch ein einzelnes überbrücktes T-Glied und die allpaßhaltige Teilübertragungsfunktion gemäß Aufgabe 5.5 realisiert werden kann.

Aufgrund dieser Tatsachen soll die gegebene Übertragungsfunktion $H(p)$ in der gewünschten Weise realisiert werden.

Lösung zu Aufgabe 5.11

a) Die Faktorisierung von $H(p)$ Gl.(1) bei Verwendung einer reinen Allpaß-Übertragungsfunktion lautet

$$H(p) = \frac{p^2 - 2p + 25}{p^2 + 2p + 25} \cdot \frac{p^2 + 2p + 25}{p^2 + 24p + 144}.$$

Die erste Teilübertragungsfunktion

$$H_A(p) = \frac{p^2 - 2p + 25}{p^2 + 2p + 25}$$

ist gemäß SEN I, Abschnitt 7.2.4 durch einen kopplungsfreien Allpaß mit durchgehender Kurzschlußverbindung realisierbar. Die zweite Teilübertragungsfunktion

$$H_B(p) = \frac{p^2 + 2p + 25}{p^2 + 24p + 144}$$

ist keine Zweipolfunktion. Sie läßt sich daher nicht durch ein einzelnes überbrücktes T-Glied realisieren, sondern nur durch eine Kettenanordnung zweier solcher Glieder.

b) Die Faktorisierung von $H(p)$ Gl.(1) mit Hilfe des Erweiterungspolynoms $p^2 + 8p + 25$ lautet

$$H(p) = \frac{p^2 - 2p + 25}{p^2 + 8p + 25} \cdot \frac{p^2 + 8p + 25}{p^2 + 24p + 144}.$$

Die erste Teilübertragungsfunktion

$$H_1(p) = \frac{p^2 - 2p + 25}{p^2 + 8p + 25}$$

läßt sich nach Aufgabe 5.5 als Spannungsverhältnis $U_2^{(1)}/U_1$ durch ein RLC-Zweitor realisieren, das durchgehende Kurzschlußverbindung und die konstante Ausgangsimpedanz Eins hat. Dabei ist zu beachten, daß die Realisierungsbedingungen wegen $\cos\varphi = 1/5$ und $\cos\psi = 4/5$ erfüllt sind. Die Ausgangsimpedanz des genannten RLC-Zweitors wird als Eingangsimpedanz eines mit dem Ohmwiderstand Eins abgeschlossenen überbrückten T-Gliedes realisiert, das die Übertragungsfunktion

$$H_2(p) = \frac{p^2 + 8p + 25}{p^2 + 24p + 144}$$

besitzt. Damit wird durch das gesamte Netzwerk die gegebene Übertragungsfunktion $H(p)$ als Spannungsverhältnis

$$\left(\frac{U_2}{U_2^{(1)}}\right) \cdot \left(\frac{U_2^{(1)}}{U_1}\right) = \frac{U_2}{U_1}$$

verwirklicht. Hierbei ist entscheidend, daß sowohl $H_2(p)$ gemäß SEN I, Ungleichungen (73a,b) als auch die Überbrückungsimpedanz

$$Z(p) = \frac{1}{H_2(p)} - 1 = \frac{1}{\dfrac{p}{16} + \dfrac{9}{256} + \dfrac{1}{\dfrac{4096}{5329}p + \dfrac{30464}{5329}}}$$

Zweipolfunktionen sind.
Bei der Realisierung der Teilübertragungsfunktion $H_1(p)$ nach Aufgabe 5.5 gilt $b_0 = 25$, $b_1 = 8$, $a_1 = 2$, $\alpha = 5$, $\beta = 3$, und es wird der Fall $\lambda = 1$ mit $\kappa = 0 = \kappa_{max}$

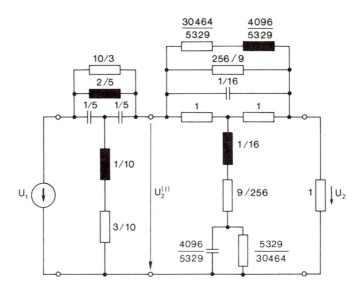

Bild 5.11: Verwirklichung der gegebenen Übertragungsfunktion $H(p)$ als Spannungsverhältnis U_2/U_1 der Kettenschaltung zweier überbrückter T-Glieder

gewählt, so daß man $R_1 = 10/3$, $L_1 = 2/5$, $C_1 = 0$, $C_{21} = 1/5$, $C_{22} = \infty$, $L_2 = 1/10$, $R_2 = 3/10$ (Bild 5.5d) erhält.
Das gesamte Zweitor, das die gegebene Übertragungsfunktion $H(p)$ als Spannungsverhältnis U_2/U_1 realisiert, ist im Bild 5.11 dargestellt.

■
Aufgabe 5.12

Gegeben ist die rationale, reelle und in der abgeschlossenen rechten Halbebene einschließlich $p = \infty$ polfreie Funktion

$$H(p) = \frac{-2p^2 + p}{2p^2 + p + 1}.$$

a) Man realisiere $H(p)$ durch ein Netzwerk nach Bild 5.12a als Spannungsverhältnis U_2/U_1.

b) Man realisiere anstelle von $H(p)$ die Funktion $\kappa H(p)$ und wähle den konstanten Faktor κ derart, daß das zugehörige Netzwerk nur noch *einen* Übertrager enthält.

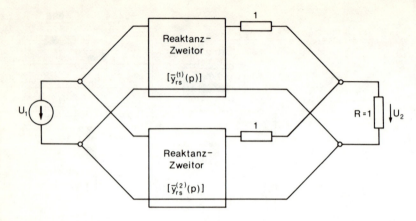

Bild 5.12a: Zweitor zur Realisierung der vorgeschriebenen Spannungsübertragungsfunktion

Lösung zu Aufgabe 5.12

Die Lösung erfolgt nach SENI, Abschnitt 7.5.

a) Das Zählerpolynom der gegebenen Übertragungsfunktion

$$P_1(p) = -2p^2 + p$$

und das Nennerpolynom

$$P_2(p) = 2p^2 + p + 1$$

werden in ihre geraden und ungeraden Teile zerlegt:

$$P_{1g}(p) = -2p^2, \quad P_{1u}(p) = p, \quad P_{2g}(p) = 2p^2 + 1, \quad P_{2u}(p) = p.$$

Hieraus erhält man mit $G = 1/R = 1$ jeweils zwei Elemente zweier Reaktanzzweitor-Admittanzmatrizen $[\bar{y}_{rs}^{(1)}(p)]$ und $[\bar{y}_{rs}^{(2)}(p)]$, nämlich

$$\bar{y}_{22}^{(1)}(p) = \frac{P_{2g}(p)}{P_{2u}(p)} = 2p + \frac{1}{p}, \tag{1a}$$

$$-\bar{y}_{12}^{(1)}(p) = \frac{(G+1)P_{1g}(p)}{P_{2u}(p)} = -4p \tag{1b}$$

bzw.

$$\bar{y}_{22}^{(2)}(p) = \frac{P_{2u}(p)}{P_{2g}(p)} = \frac{p}{2p^2+1} = \frac{\frac{1}{4}}{p+\frac{j}{\sqrt{2}}} + \frac{\frac{1}{4}}{p-\frac{j}{\sqrt{2}}}, \qquad (2a)$$

$$-\bar{y}_{12}^{(2)}(p) = \frac{(G+1)P_{1u}(p)}{P_{2g}(p)} = \frac{2p}{2p^2+1} = \frac{\frac{1}{2}}{p+\frac{j}{\sqrt{2}}} + \frac{\frac{1}{2}}{p-\frac{j}{\sqrt{2}}}. \qquad (2b)$$

Die Admittanzmatrix-Elemente $\bar{y}_{11}^{(\mu)}(p)$ ($\mu = 1,2$) werden durch die Forderung festgelegt, daß ihre Polstellen mit den Polstellen des entsprechenden Admittanzmatrix-Elements $\bar{y}_{12}^{(\mu)}(p)$ übereinstimmen und daß diese Stellen kompakte Pole der Matrizen $[\bar{y}_{rs}^{(\mu)}(p)]$ sind.
Damit folgt aus den Gln.(1a,b)

$$\bar{y}_{11}^{(1)}(p) = 8p \qquad (1c)$$

und aus den Gln.(2a,b)

$$\bar{y}_{11}^{(2)}(p) = \frac{1}{p+\frac{j}{\sqrt{2}}} + \frac{1}{p-\frac{j}{\sqrt{2}}} = \frac{4p}{2p^2+1}. \qquad (2c)$$

Das durch die Admittanzmatrix $[\bar{y}_{rs}^{(1)}(p)]$ bestimmte Reaktanzzweitor wird auf der Primärseite mit dem Ohmwiderstand $R_1 = 1$ abgeschlossen. Dadurch erhält man mit den Gln.(1a-c) auf der Sekundärseite die Eingangsadmittanz

$$Y_2^{(1)}(p) = \bar{y}_{22}^{(1)}(p) - \frac{\left[\bar{y}_{12}^{(1)}(p)\right]^2}{1+\bar{y}_{11}^{(1)}(p)}$$

$$= \frac{2p^2+1}{p} - \frac{16p^2}{8p+1} = \frac{2p^2+8p+1}{8p^2+p} = \frac{1}{p} + \frac{1}{\frac{1}{2p}+4}. \qquad (3)$$

Entsprechend wird das durch die Admittanzmatrix $[\bar{y}_{rs}^{(2)}(p)]$ bestimmte Reaktanzzweitor auf der Primärseite mit dem Ohmwiderstand Eins abgeschlossen, und man erhält als sekundäre Eingangsadmittanz mit Hilfe der Gln.(2a-c)

$$Y_2^{(2)}(p) = \frac{p}{2p^2+1} - \frac{4p^2}{(2p^2+1)^2} \cdot \frac{1}{1+\dfrac{4p}{2p^2+1}} = \frac{1}{\dfrac{1}{p}+4+2p} \quad . \tag{4}$$

Aufgrund der Gln.(3) und (4) ergeben sich nun zwei Zweipole (Bild 5.12b und Bild 5.12c). Beide sind als Reaktanzzweitore ausgeführt, die auf der Primärseite mit dem Ohmwiderstand Eins abgeschlossen sind. Eine einfache Analyse des ersten Reaktanzzweitors liefert das Admittanzmatrix-Element

$$-\bar{\bar{y}}_{12}^{(1)}(p) = -\left.\frac{I_1}{U_2}\right|_{U_1=0} = 4p \quad .$$

Eine Analyse des zweiten Reaktanzzweitors ergibt entsprechend

$$-\bar{\bar{y}}_{12}^{(2)}(p) = \frac{2p}{2p^2+1} \quad .$$

Ein Vergleich der Analyseergebnisse mit den Gln.(1b) und (2b) lehrt, daß das im Bild 5.12b dargestellte Reaktanzzweitor nach Umpolung des Übertragers die Matrix $[\bar{y}_{rs}^{(1)}(p)]$ als Admittanzmatrix realisiert und daß das im Bild 5.12c dargestellte Reaktanzzweitor ohne Veränderung die Matrix $[\bar{y}_{rs}^{(2)}(p)]$ als Admittanzmatrix verwirklicht. Im Netzwerk von Bild 5.12b empfiehlt es sich noch, die Kapazität auf die Primärseite des idealen Übertragers zu transformieren und danach die Induktivität mit diesem Übertrager zu einem festgekoppelten Übertrager zu verschmelzen.

Die auf diese Weise entstandenen Reaktanzzweitore, welche die Admittanzmatrizen $[\bar{y}_{rs}^{(\mu)}(p)]$ ($\mu = 1,2$) realisieren, werden auf ihren Sekundärseiten jeweils durch den Ohmwiderstand Eins ergänzt, dann parallel geschaltet, und schließlich wird die Par-

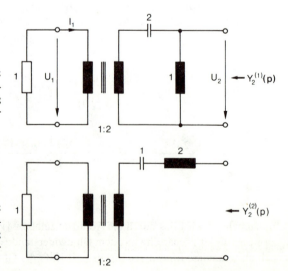

Bild 5.12b:
Verwirklichung der Admittanz $Y_2^{(1)}(p)$ als sekundärseitige Eingangsadmittanz eines primärseitig mit dem Ohmwiderstand Eins abgeschlossenen Reaktanzzweitors

Bild 5.12c:
Verwirklichung der Admittanz $Y_2^{(2)}(p)$ als sekundärseitige Eingangsadmittanz eines primärseitig mit dem Ohmwiderstand Eins abgeschlossenen Reaktanzzweitors

allelschaltung am Ausgang mit dem Ohmwiderstand Eins abgeschlossen. So erhält man das im Bild 5.12d dargestellte Netzwerk, durch das die gegebene Übertragungsfunktion als Spannungsverhältnis U_2/U_1 verwirklicht wird.

b) Da der ideale Übertrager im zweiten Teilzweitor das Übersetzungsverhältnis 1:2 hat, muß man $\kappa = 1/2$ wählen. Die Einführung dieser Konstante bewirkt nur eine Veränderung der Admittanzmatrix-Elemente $\bar{y}_{12}^{(\mu)}(p)$ ($\mu = 1,2$), und zwar um den Faktor $\kappa = 1/2$. Dieser wird einfach dadurch verwirklicht, daß auf der Primärseite jedes der beiden in Teilaufgabe a entstandenen Teilzweitore ein idealer Übertrager mit dem Übersetzungsverhältnis 2:1 zusätzlich eingeführt wird. Die Kapazität im ersten Teilzweitor wird auf die linke Seite des idealen Übertragers transformiert, so daß dieser zum festgekoppelten Übertrager geschlagen werden kann. Der neu entstandene ideale Übertrager im zweiten Teilzweitor kompensiert den bereits vorhandenen. Das in dieser Weise schließlich entstehende Netzwerk ist im Bild 5.12e dargestellt. Es realisiert die Übertragungsfunktion $H(p)/2$ als Spannungsverhältnis U_2/U_1.

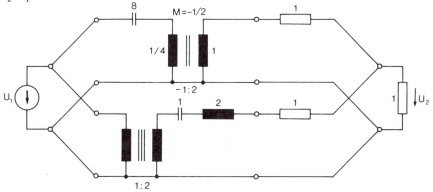

Bild 5.12d: Zweitor mit zwei Übertragern, das die gegebene Übertragungsfunktion $H(p)$ als Spannungsverhältnis U_2/U_1 verwirklicht

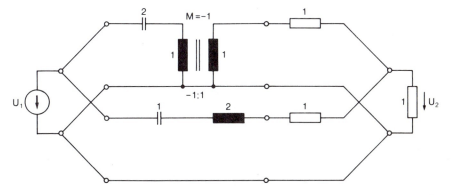

Bild 5.12e: Zweitor mit nur einem Übertrager, das die Übertragungsfunktion $H(p)/2$ als Spannungsverhältnis U_2/U_1 realisiert

Aufgabe 5.13

Gegeben ist die rationale, reelle und in der abgeschlossenen rechten Halbebene einschließlich $p = \infty$ polfreie Funktion

$$H(p) = \frac{3p^3 - 6p^2 + p}{6p^3 + 9p^2 + 6p + 3} \; .$$

Man realisiere $H(p)$ durch ein Netzwerk nach Bild 5.12a als Spannungsverhältnis U_2/U_1.

Lösung zu Aufgabe 5.13

Die Lösung erfolgt nach SEN I, Abschnitt 7.5. Das Zählerpolynom der gegebenen Übertragungsfunktion

$$P_1(p) = 3p^3 - 6p^2 + p$$

und das Nennerpolynom

$$P_2(p) = 6p^3 + 9p^2 + 6p + 3$$

werden in ihre geraden und ungeraden Teile zerlegt:

$$P_{1g}(p) = -6p^2, \; P_{1u}(p) = 3p^3 + p, \; P_{2g}(p) = 9p^2 + 3, \; P_{2u}(p) = 6p^3 + 6p \; .$$

Hieraus erhält man mit $G = 1/R = 1$ jeweils zwei Elemente zweier Reaktanzzweitor-Admittanzmatrizen $[\bar{y}_{rs}^{(1)}(p)]$ und $[\bar{y}_{rs}^{(2)}(p)]$, nämlich

$$\bar{y}_{22}^{(1)}(p) = \frac{P_{2g}(p)}{P_{2u}(p)} = \frac{1}{2p} + \frac{p}{p^2 + 1} \; , \tag{1a}$$

$$-\bar{y}_{12}^{(1)}(p) = \frac{(G+1)P_{1g}(p)}{P_{2u}(p)} = \frac{-2p}{p^2 + 1} \tag{1b}$$

bzw.

$$\bar{y}_{22}^{(2)}(p) = \frac{P_{2u}(p)}{P_{2g}(p)} = \frac{2}{3}p + \frac{\frac{4}{3}p}{3p^2 + 1} \; , \tag{2a}$$

$$-\bar{y}_{12}^{(2)}(p) = \frac{(G+1)P_{1u}(p)}{P_{2g}(p)} = \frac{2}{3}p \ . \tag{2b}$$

Die Admittanzmatrix-Elemente $\bar{y}_{11}^{(\mu)}(p)$ ($\mu = 1,2$) werden durch die Forderung festgelegt, daß ihre Polstellen mit den Polstellen des entsprechenden Admittanzmatrix-Elements $\bar{y}_{12}^{(\mu)}(p)$ übereinstimmen und daß diese Stellen kompakte Pole der Matrizen $[\bar{y}_{rs}^{(\mu)}(p)]$ sind.
Damit folgt aus den Gln.(1a,b)

$$\bar{y}_{11}^{(1)}(p) = \frac{4p}{p^2+1} \tag{1c}$$

und aus den Gln.(2a,b)

$$\bar{y}_{11}^{(2)}(p) = \frac{2}{3}p \ . \tag{2c}$$

Das durch die Admittanzmatrix $[\bar{y}_{rs}^{(1)}(p)]$ bestimmte Reaktanzzweitor wird auf der Primärseite mit dem Ohmwiderstand Eins abgeschlossen. Dadurch erhält man mit den Gln.(1a-c) als Admittanz auf der Sekundärseite des betreffenden Zweitors

$$Y_2^{(1)}(p) = \bar{y}_{22}^{(1)}(p) - \frac{\left[\bar{y}_{12}^{(1)}(p)\right]^2}{1 + \bar{y}_{11}^{(1)}(p)}$$

$$= \frac{1}{2p} + \frac{p}{p^2+1} - \frac{4p^2}{(p^2+1)(p^2+4p+1)} = \frac{1}{2p} + \frac{1}{p+4+\frac{1}{p}} \ . \tag{3a}$$

Entsprechend wird das durch die Admittanzmatrix $[\bar{y}_{rs}^{(2)}(p)]$ bestimmte Reaktanzzweitor auf der Primärseite mit dem Ohmwiderstand Eins abgeschlossen, und man erhält als Admittanz auf der Sekundärseite des betreffenden Zweitors mit Hilfe der Gln.(2a-c)

$$Y_2^{(2)}(p) = \frac{2}{3}p + \frac{\frac{4}{3}p}{3p^2+1} - \frac{\frac{4}{9}p^2}{1+\frac{2}{3}p} = \frac{\frac{4}{3}p}{3p^2+1} + \frac{1}{\frac{3}{2p}+1} \ . \tag{4a}$$

Die Impedanzen, welche den durch die Gln.(3a) und (4a) gegebenen Admittanzen entsprechen, lassen sich in der folgenden Form ausdrücken:

$$\frac{1}{Y_2^{(1)}(p)} = \frac{2}{3}p + \frac{1}{\dfrac{3}{4p} + \dfrac{1}{\dfrac{16}{9} + \dfrac{4}{9p}}} \ , \tag{3b}$$

$$\frac{1}{Y_2^{(2)}(p)} = \frac{1}{2p} + \frac{6p^2 + 6p + \dfrac{2}{3}}{6p^2 + \dfrac{8}{3}p + 6} \ . \tag{4b}$$

Aufgrund der Gl.(3a) erhält man nun ein Zweitor, das die Matrix $[\bar{y}_{rs}^{(1)}(p)]$ als Admittanzmatrix realisiert. Es ist im Bild 5.13a dargestellt. Dieses Zweitor wird ohne Veränderung seiner Admittanzmatrix derart modifiziert, daß die Längsinduktivität und die Kapazität auf die Primärseite des idealen Übertragers gelangen und sodann der ideale Übertrager mit der Querinduktivität zu einem festgekoppelten Übertrager verschmolzen werden kann. Auf diese Weise entsteht das Zweitor von Bild 5.13b. Ein äquivalentes Zweitor erhält man mit Hilfe der Gl.(3b). Es ist im Bild 5.13c in seiner anfänglichen Form, im Bild 5.13d in einer transformierten Version dargestellt.

Aufgrund der Gl.(4a) erhält man das im Bild 5.13e dargestellte Zweitor mit der Admittanzmatrix $[\bar{y}_{rs}^{(2)}(p)]$. Ein hierzu äquivalentes Zweitor zeigt Bild 5.13f. Es ergibt sich aufgrund der Gl.(4b), ist jedoch nicht kopplungsfrei.

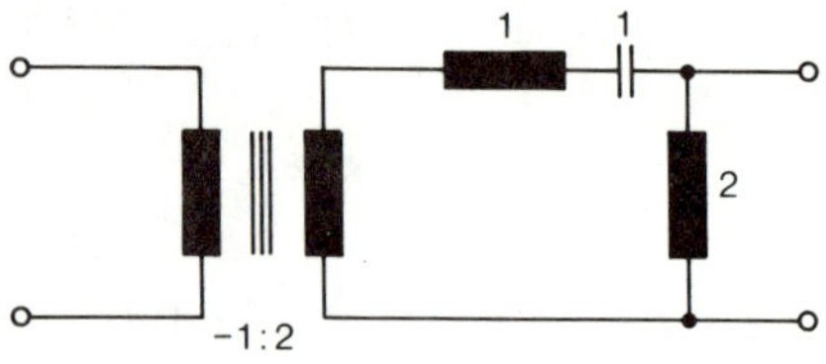

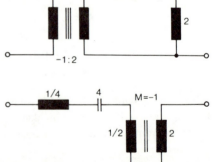

Bild 5.13a:
Realisierung der Admittanzmatrix $\bar{Y}^{(1)}(p)$ ausgehend von der sekundärseitigen Eingangsbetriebsadmittanz nach Gl.(3a)

Bild 5.13b:
Zum Netzwerk aus Bild 5.13a äquivalentes Zweitor

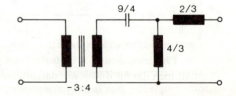

Bild 5.13c:
Realisierung der Admittanzmatrix $\bar{Y}^{(1)}(p)$ ausgehend von der sekundärseitigen Eingangsbetriebsimpedanz nach Gl.(3b)

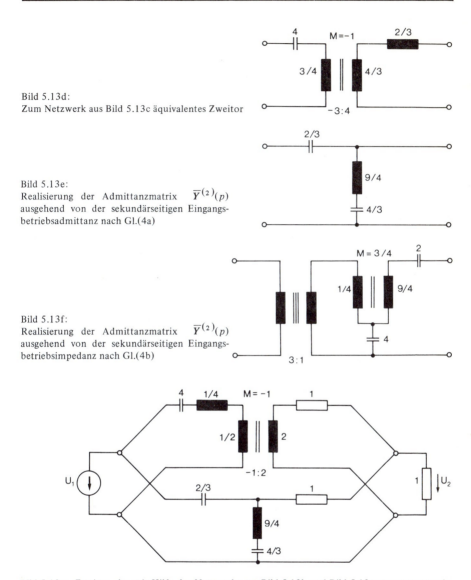

Bild 5.13d:
Zum Netzwerk aus Bild 5.13c äquivalentes Zweitor

Bild 5.13e:
Realisierung der Admittanzmatrix $\overline{Y}^{(2)}(p)$ ausgehend von der sekundärseitigen Eingangsbetriebsadmittanz nach Gl.(4a)

Bild 5.13f:
Realisierung der Admittanzmatrix $\overline{Y}^{(2)}(p)$ ausgehend von der sekundärseitigen Eingangsbetriebsimpedanz nach Gl.(4b)

Bild 5.13g: Zweitor, das mit Hilfe der Netzwerke aus Bild 5.13b und Bild 5.13e gewonnen wurde und das die vorgeschriebene Übertragungsfunktion $H(p)$ als Spannungsverhältnis U_2/U_1 verwirklicht

Die Zweitore aus den Bildern 5.13b und 5.13e werden auf ihren Sekundärseiten jeweils mit dem Ohmwiderstand Eins ergänzt, dann parallel geschaltet, und schließlich wird die Parallelschaltung am Ausgang mit dem Ohmwiderstand Eins abgeschlossen. So erhält man das im Bild 5.13g dargestellte Netzwerk, durch das die gegebene Übertragungsfunktion als Spannungsverhältnis U_2/U_1 verwirklicht wird.

6. Synthese aktiver RC-Netzwerke

Dieser Abschnitt enthält Aufgaben über die Synthese von aktiven RC-Netzwerken mit Hilfe von Verfahren, die zu einem großen Teil in SEN II beschrieben sind. Zunächst wird untersucht, welchen Einfluß Abweichungen von der Idealisierung bei aktiven Netzwerkelementen zur Folge haben können (Aufgaben 1 - 3). Danach wird das Linvill-Verfahren (Aufgaben 4 und 5) und ein hierzu analoges Syntheseverfahren (Aufgabe 6) angewendet. Einige Aufgaben (7, 8, 13) sind der Zweipolsynthese gewidmet. Neben der Realisierung von Übertragungsfunktionen durch RC-Gyrator-Netzwerke (Aufgaben 9 und 10) findet man die Anwendung des Piercey-Verfahrens (Aufgaben 11 und 12) und die Bruton-Synthese [121], [122]. In den weiteren Aufgaben (16 - 18) werden zwei interessante Netzwerke [124], [132] vorgestellt, die sich mit Vorteil zur Realisierung von Übertragungsfunktionen verwenden lassen.

Unter Verwendung der im Vorwort festgelegten Kategorien werden die Aufgaben dieses Abschnittes folgendermaßen gekennzeichnet:

a	b	c	d
1 - 2	4	3 [133]	8
4 - 7	6	13 [131]	15
9 - 12	12	14	
		16 - 18	

Aufgabe 6.1

Ein strominvertierender NIC kann durch das im Bild 6.1a dargestellte Netzwerk verwirklicht werden. Ein solches Netzwerk besitzt in der Praxis zwar einen sehr großen, jedoch endlichen und frequenzabhängigen Verstärkungsfaktor μ, der durch die Beziehung

$$\mu = \frac{\mu_0}{1 + \frac{p}{\sigma_1}} \quad (\sigma_1 > 0) \tag{1}$$

beschrieben werde. Die Nichtidealität des Netzwerks äußert sich in der Praxis auch durch einen endlichen Innenwiderstand Z_A (punktiert gezeichnet) der gesteuerten Stromquelle.

Man ermittle die Übertragungsfunktion U_2/U_1 der Netzwerkanordnung nach Bild 6.1b, die einen nicht-idealen NIC gemäß Bild 6.1a mit dem reellen Innenwiderstand $Z_A = R_A$ enthält.

Für welche Werte von R_1/R_2 ist diese Übertragungsfunktion in der Halbebene

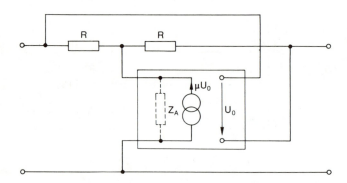

Bild 6.1a: Ersatznetzwerk für einen nichtidealen INIC. Der Verstärkungsfaktor μ ist gemäß Gl.(1) frequenzabhängig

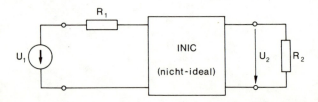

Bild 6.1b: INIC mit ohmschen Abschlußwiderständen am Eingang und am Ausgang

Re $p \geq 0$ polfrei, das Netzwerk also stabil? Dabei sei der Verstärkungsfaktor μ_0 sehr groß.
Welche Seite des (nicht-idealen) INIC kann man daher als kurzschlußstabil, welche als leerlaufstabil bezeichnen?

Lösung zu Aufgabe 6.1

Das zu untersuchende Netzwerk von Bild 6.1b ist explizit im Bild 6.1c dargestellt. Es wurden die Maschenströme I_1, I_2 und $I_3 = \mu U_0$ eingeführt. Aufgrund der Maschenregel, welche auf die Maschen der Ströme I_1 und I_2 angewendet wird, und der Beziehung $I_3 = \mu U_0 = \mu R (I_1 - I_2)$ erhält man das folgende System linearer Gleichungen für die Maschenströme:

I_1	I_2	I_3	
$R_1 + R + R_A$	R_A	R_A	U_1
R_A	$R_2 + R + R_A$	R_A	0
μR	$-\mu R$	-1	0 .

Durch Elimination reduziert sich das Gleichungssystem auf das neue System von Gleichungen:

I_1	I_2	
$R_1 + R + R_A (1 + \mu R)$	$R_A (1 - \mu R)$	U_1
$R_A (1 + \mu R)$	$R_2 + R + R_A (1 - \mu R)$	0 .

Hieraus ergibt sich für den Strom I_2 die Darstellung

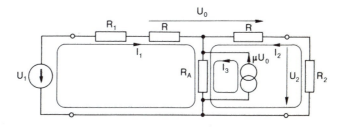

Bild 6.1c: Ausführliche Darstellung des Netzwerks von Bild 6.1b

Synthese aktiver RC-Netzwerke

$$I_2 = \frac{U_1 (1 + \mu R)}{\dfrac{(R_1+R)(R_2+R)}{R_A} + R_1 + R_2 + 2R + \mu R (R_2 - R_1)}$$

Wegen $U_2 = -R_2 I_2$ lautet somit die gewünschte Übertragungsfunktion

$$\frac{U_2}{U_1} = - \frac{1 + \mu R}{\dfrac{(R_1+R)(R_2+R) + R_A(R_1+R_2+2R)}{R_A R_2} + \mu \dfrac{R(R_2-R_1)}{R_2}}$$

oder mit μ Gl.(1)

$$\frac{U_2}{U_1} = - \frac{1 + \mu_0 R + \dfrac{p}{\sigma_1}}{\mu_0 \dfrac{R(R_2 - R_1)}{R_2} + a + \dfrac{a}{\sigma_1} p} \qquad (2)$$

Hierbei wurde die Abkürzung

$$a = \frac{(R_1+R)(R_2+R) + R_A(R_1+R_2+2R)}{R_A R_2}$$

verwendet.

Aus Gl.(2) ist zu erkennen, daß im Falle $\mu_0 \to \infty$ die Übertragungsfunktion für $R_2 \geq R_1$ in $\mathrm{Re}\, p \geq 0$ polfrei und für $R_2 < R_1$ dort nicht polfrei ist. Im Falle $\mu_0 \to \infty$ ist also das Netzwerk für $R_2 \geq R_1$ stabil, für $R_2 < R_1$ instabil. Die Sekundärseite des INIC kann man somit als leerlaufstabil, die Primärseite als kurzschlußstabil bezeichnen.

■
Aufgabe 6.2

Das im Bild 6.2a dargestellte aktive Zweitor wurde nach dem Verfahren von SEN II, Abschnitt 5.2 realisiert. Die gesteuerte Spannungsquelle sei durch einen rückgekoppelten Operationsverstärker verwirklicht, wobei für den Operationsverstärker ohne Rückkopplung eine frequenzabhängige Spannungsverstärkung gemäß der Beziehung

$$\tilde{\mu}(\omega) = \frac{\tilde{\mu}_0}{1 + j\omega/\tilde{\omega}_g}$$

angenommen wird. Die Eingangsimpedanzen des Operationsverstärkers seien unendlich groß, die Ausgangsimpedanz näherungsweise gleich Null.

a) Man gebe ein einfaches Widerstandsnetzwerk zur Rückkopplung des Operationsverstärkers an, wobei der Spannungsverstärkungsfaktor $\mu(\omega)$ für $\omega = 0$ den Wert $\mu_0 = 1$ erreichen soll. Die Frequenzabhängigkeit dieses Verstärkungsfaktors ist zu bestimmen.

b) Die Übertragungsfunktion $H(p) = U_2/U_1$ des Zweitors von Bild 6.2a ist mit $\mu_0 = 1$ für den Fall $\tilde{\omega}_g \to \infty$ und für endliche Werte von $\tilde{\omega}_g$ zu ermitteln.

c) Wie groß muß $\tilde{\omega}_g$ für $\tilde{\mu}_0 = 10^5$ mindestens gewählt werden, damit $|H(j\omega)|$ für $\omega = 1$ einen maximalen Fehler von 1% aufweist?

Lösung zu Aufgabe 6.2

a) Der Operationsverstärker wird in der im Bild 6.2b gezeigten Weise durch ein Widerstandsnetzwerk rückgekoppelt. Für diesen rückgekoppelten Verstärker gilt

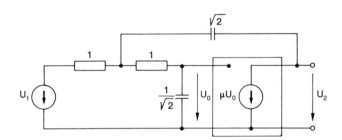

Bild 6.2a: Aktives RC-Zweitor, das nach dem in SEN II, Abschnitt 5.2 beschriebenen Verfahren gewonnen wurde

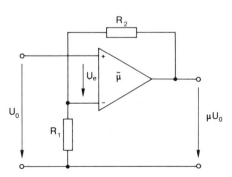

Bild 6.2b:
Rückgekoppelter Operationsverstärker mit dem Verstärkungsfaktor μ

$$\frac{\mu(\omega)\,U_0}{U_e} = \tilde{\mu}(\omega) = \frac{\tilde{\mu}_0}{1 + j\omega/\tilde{\omega}_g}\,. \tag{1}$$

Andererseits kann man infolge der Idealisierung von Ein- und Ausgangsimpedanz des Verstärkers den Zusammenhang

$$U_0 - U_e = \frac{R_1}{R_1 + R_2}\,\mu\,U_0$$

oder

$$U_e = U_0\,\frac{(R_1 + R_2) - \mu R_1}{R_1 + R_2}$$

angeben. Führt man diese Beziehung in Gl.(1) ein, so ergibt sich

$$\mu(R_1 + R_2)(1 + j\omega/\tilde{\omega}_g) = -\tilde{\mu}_0\,\mu R_1 + \tilde{\mu}_0(R_1 + R_2)$$

und hieraus

$$\mu(\omega) = \frac{\dfrac{R_1 + R_2}{R_1}}{1 + \dfrac{R_1 + R_2}{\tilde{\mu}_0\,R_1} + j\,\dfrac{\omega}{\tilde{\omega}_g\,\dfrac{\tilde{\mu}_0\,R_1}{R_1 + R_2}}}\,. \tag{2a}$$

Setzt man noch $(R_1 + R_2)/R_1 = \mu_0$ und berücksichtigt die Relation $1 \gg \mu_0/\tilde{\mu}_0$, so läßt sich Gl.(2a) näherungsweise in der Form

$$\mu(\omega) = \frac{\mu_0}{1 + j\omega/\omega_g} \tag{2b}$$

mit

$$\omega_g = \tilde{\omega}_g\,\tilde{\mu}_0/\mu_0$$

darstellen.

Im vorliegenden Beispiel muß $R_1 \gg R_2$ gewählt werden, damit der Verstärkungsfaktor $\mu_0 = 1$ hinreichend genau verwirklicht wird.

b) Zur Berechnung der Übertragungsfunktion des Zweitors im Bild 6.2a verwendet man am einfachsten die Gl.(507) aus SEN. Es müssen lediglich die Admittanzmatrix-Elemente $y_{12}(p)$ und $y_{22}(p)$ des aus den beiden Ohmwiderständen 1 und der Kapazität $\sqrt{2}$ bestehenden RC-Zweitors bestimmt werden. Man erhält auf einfache Weise

$$y_{22}(p) = \frac{1}{1 + \dfrac{1}{\sqrt{2}\, p + 1}} = \frac{p + 1/\sqrt{2}}{p + \sqrt{2}}$$

und

$$-y_{12}(p) = \frac{1/\sqrt{2}}{p + \sqrt{2}}\ .$$

Setzt man diese Admittanzmatrix-Elemente sowie μ Gl.(2b) mit $p = j\omega$ und die Admittanz $Y_0(p) = p/\sqrt{2}$ in die Gl.(507) von SEN ein, so folgt

$$\frac{U_2}{U_1} = \frac{\dfrac{1}{1 + p/\omega_g} \cdot \dfrac{1/\sqrt{2}}{p + \sqrt{2}}}{\dfrac{1}{\sqrt{2}} p + \dfrac{p/\omega_g}{1 + p/\omega_g} \cdot \dfrac{p + 1/\sqrt{2}}{p + \sqrt{2}} + \dfrac{1}{1 + p/\omega_g} \cdot \dfrac{1/\sqrt{2}}{p + \sqrt{2}}}\ .$$

Für $\widetilde{\omega}_g \to \infty$, d.h. $\omega_g \to \infty$ erhält man sofort

$$\frac{U_2}{U_1} = \frac{1/\sqrt{2}}{\dfrac{1}{\sqrt{2}} p(p + \sqrt{2}) + \dfrac{1}{\sqrt{2}}} = \frac{1}{p^2 + \sqrt{2}\, p + 1}\ .$$

Andererseits ergibt sich für endliche Werte von ω_g nach kurzer Rechnung

$$H(p) \equiv \frac{U_2}{U_1} = \frac{1}{p^2 + \sqrt{2}\, p + 1 + \dfrac{p}{\omega_g}[p^2 + 2\sqrt{2}\, p + 1]}\ .$$

c) Zur Berechnung der unteren Grenze von $\widetilde{\omega}_g$ bestimmt man noch

$$\left. H(j\omega) \right|_{\omega=1} = \frac{1}{j\sqrt{2} - \frac{1}{\omega_g} 2\sqrt{2}}$$

und

$$\left. |H(j\omega)| \right|_{\omega=1} = \frac{1}{\sqrt{2}\sqrt{1 + \frac{4}{\omega_g^2}}} \approx \frac{1}{\sqrt{2}\left(1 + \frac{2}{\omega_g^2}\right)}.$$

Die Forderung lautet somit

$$\frac{2}{\omega_g^2} = 0{,}01 ,$$

also

$$\omega_g = \sqrt{200} \approx 14 .$$

Bei einem Operationsverstärker mit $\tilde{\mu}_0 = 10^5$ muß daher

$$\tilde{\omega}_g \approx \frac{14}{10^5} = 1{,}4 \cdot 10^{-4}$$

gelten (normierter Frequenzwert).

∎

Aufgabe 6.3

Mit dem im Bild 6.3a dargestellten Netzwerk kann eine einseitig an Masse liegende Induktivität nachgebildet werden. Es handelt sich bei diesem Netzwerk um einen Sonderfall des allgemeinen Impedanzkonverters (man vergleiche hierzu die Aufgabe 6.15). Falls die vorkommenden Operationsverstärker nicht ideal sind, zeigt die nachgebildete Induktivität kein ideales Verhalten. Im folgenden soll das Verhalten der Eingangsimpedanz $Z(j\omega)$ des Netzwerks für zwei vereinfachte Sonderfälle untersucht werden.

a) Man berechne die Impedanz $Z(j\omega)$ des im Bild 6.3a dargestellten Netzwerks für den Fall, daß beide Operationsverstärker eine endliche, jedoch frequenzunabhängige Verstärkung V, eine unendliche Eingangsimpedanz und eine verschwindende Ausgangsimpedanz besitzen. Die Impedanz und die Kreisfrequenz sollen mit dem

Widerstand R bzw. der Kreisfrequenz $\omega_1 = 1/(RC)$ normiert werden. Zur Darstellung der normierten Impedanz $Z_n(j\omega_n) = Z(j\omega)/R$ mit $\omega_n = \omega/\omega_1$ verwende man auch die Abkürzung

$$\epsilon = \frac{2V+2}{V^2 + 2V + 2} \tag{1}$$

Welche Ortskurve durchläuft $Z_n(j\omega_n)$ in Abhängigkeit von der normierten Kreisfrequenz ω_n?

b) Man zeige, daß sich für die normierte Impedanz $Z_n(j\omega_n)$ ein Ersatznetzwerk nach Bild 6.3b angeben läßt. Die Werte des ohmschen Widerstandes R_e, des ohmschen Leitwertes G_e und der Induktivität L_e sind in Abhängigkeit von ϵ zu berechnen. Welche Werte ergeben sich, falls man $V \gg 1$ voraussetzt?

c) Aus dem Ergebnis von Teilaufgabe a ermittle man die maximale Güte Q_m der nachgebildeten Induktivität. Kann die maximale Güte Q_m durch geeignete Wahl der Netzwerkelemente bei jeder von Null verschiedenen, endlichen Kreisfrequenz erreicht werden? Für welchen Frequenzbereich ist die Güte der nachgebildeten Induktivitäte stets größer als $Q_m/2$?

d) Nun wird vorausgesetzt, daß die Verstärkungsfaktoren der Operationsverstärker frequenzabhängig sind, und zwar beide in der gleichen Weise, nämlich in der Form

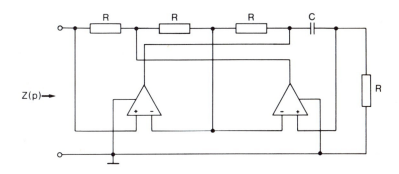

Bild 6.3a: Netzwerkstruktur zur Nachbildung einer Induktivität

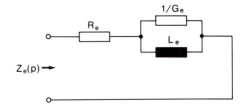

Bild 6.3b:
Ersatznetzwerk für die Impedanz
$Z_n(p) = Z_e(p)$

$$V = \frac{V_0}{1 + j\dfrac{\omega}{\omega_0}} \ . \tag{2}$$

Praktisch vorkommende Werte sind $V_0 \approx 10^5$ und $\omega_0 \approx 10^2 \text{ s}^{-1}$. Wie lautet jetzt die normierte Impedanz $\overline{Z}_n(j\omega) = Z(j\omega)/R$ des zu untersuchenden Zweipols?

e) Die normierte Impedanz gemäß Teilaufgabe *d* kann in der Form

$$\overline{Z}_n(j\omega) = \frac{P(j\omega)}{N(j\omega)} = \frac{\operatorname{Re}\{T(j\omega)\} + j\operatorname{Im}\{T(j\omega)\}}{|N(j\omega)|^2}$$

dargestellt werden. Man führe unter der Voraussetzung $\omega \ll V_0 \omega_0$ und $V_0 \ggg 1$ für die Funktionen $\operatorname{Re}\{T(j\omega)\}$ und $\operatorname{Im}\{T(j\omega)\}$ Näherungen ein, die eine näherungsweise Gütebestimmung der nachgebildeten Induktivität als Funktion der Kreisfrequenz bis zur genannten Frequenzgrenze erlauben.

f) Gegeben sind die Größen $V_0 \ggg 1$, ω_0 und die Frequenz $\omega \ll V_0 \omega_0$. Das Netzwerk nach Bild 6.3a ist nun so zu dimensionieren, daß die Güte der nachgebildeten Induktivität bei der Frequenz ω möglichst groß wird. Welcher Maximalwert der Güte Q ist für $V_0 = 10^5$, $\omega_0 = 10^2 \text{ s}^{-1}$, $\omega = 10^6 \text{ s}^{-1}$ oder $\omega = 10^3 \text{ s}^{-1}$ erreichbar?

Lösung zu Aufgabe 6.3

a) Zur Berechnung der gewünschten Impedanz kann man unter den gegebenen Voraussetzungen das im Bild 6.3c dargestellte Ersatznetzwerk heranziehen. Zur Ermittlung des Eingangsstromes I_0 werden die folgenden drei Maschengleichungen aufgestellt:

$$I_0 R + V U_B = U_0 \ , \tag{3}$$

$$-V U_B + 2 R I_1 + V U_A = 0 \ , \tag{4}$$

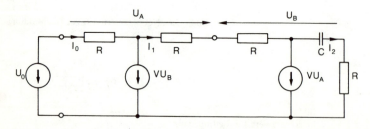

Bild 6.3c: Ersatznetzwerk für die Netzwerkstruktur aus Bild 6.3a

$$-VU_A + I_2\left(R + \frac{1}{j\omega C}\right) = 0.\tag{5}$$

Für die gesteuerten Quellen ergeben sich die zusätzlichen Gleichungen

$$U_A = I_0 R + I_1 R,\tag{6}$$

$$U_B = -I_1 R - I_2 \frac{1}{j\omega C}.\tag{7}$$

Die Gln.(6) und (7) können unmittelbar in die Gln.(3), (4) und (5) eingesetzt werden. Es ergibt sich dann nach kurzer Rechnung mit der Abkürzung $RC = 1/\omega_1$ für die normierte Impedanz $Z_n(j\omega/\omega_1) = Z(j\omega)/R$ der Ausdruck

$$Z_n\left(j\frac{\omega}{\omega_1}\right) = \frac{j\frac{\omega}{\omega_1} + \frac{2}{V}\left(1 + \frac{1}{V}\right)\left(1 + j\frac{\omega}{\omega_1}\right)}{1 + \frac{2}{V}\left(1 + \frac{1}{V}\right)\left(1 + j\frac{\omega}{\omega_1}\right)}.\tag{8}$$

Verwendet man $\omega_n = \omega/\omega_1$ und ϵ Gl.(1), so erhält man

$$Z_n(j\omega_n) = \frac{j\omega_n + \epsilon}{j\omega_n \epsilon + 1}.\tag{9}$$

Die Ortskurve der normierten Impedanz $Z_n(j\omega_n)$ in Abhängigkeit von der normierten Kreisfrequenz $\omega_n = \omega/\omega_1$ ist bei frequenzunabhängiger Verstärkung V offenbar ein (Halb-) Kreis. Er schneidet die positiv reelle Achse der komplexen Impedanzebene in den Punkten ϵ für $\omega_n = 0$ und $1/\epsilon$ für $\omega_n \to \infty$ (Bild 6.3d). Setzt man $V \gg 1$ voraus, so gilt $\epsilon \approx 2/V$.

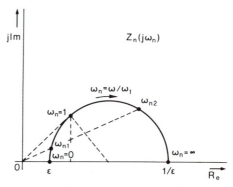

Bild 6.3d: Ortskurve der Impedanz $Z_n(j\omega_n)$

b) Das Ersatznetzwerk nach Bild 6.3b besitzt die Impedanz

$$Z_e(j\omega) = R_e + \cfrac{1}{G_e + \cfrac{1}{j\omega L_e}} .$$

Identifiziert man diese Impedanz mit der normierten Impedanz $Z_n(j\omega_n)$ Gl.(9), so erhält man die normierten Bauelementewerte

$$R_e = \epsilon ,$$

$$L_e = 1 - \epsilon^2 ,$$

$$G_e = \frac{\epsilon}{1 - \epsilon^2} .$$

Alle Bauelementewerte des Ersatznetzwerks sind positiv, solange ϵ positiv und kleiner als Eins ist. Dies ist nach Gl.(1) jedenfalls für jedes positive V der Fall. Setzt man $V \gg 1$ voraus, so ergibt sich als Näherung $\epsilon = 2/V$ und somit

$$R_e = \frac{2}{V} ,$$

$$L_e = 1 - \frac{4}{V^2} \approx 1 ,$$

$$G_e = \frac{2V}{V^2 - 4} \approx \frac{2}{V} .$$

c) Die frequenzabhängige Güte $Q(\omega_n)$ der nachgebildeten Induktivität ergibt sich als Verhältnis

$$Q(\omega_n) = \frac{\mathrm{Im}\{Z_n(j\omega_n)\}}{\mathrm{Re}\{Z_n(j\omega_n)\}} .$$

Unter Verwendung von $Z_n(j\omega_n)$ Gl.(9) erhält man

$$Q(\omega_n) = \frac{\omega_n}{1 + \omega_n^2} \left(\frac{1}{\epsilon} - \epsilon \right) .$$

Für die Berechnung der maximalen Güte ist der Differentialquotient $dQ(\omega_n)/d\omega_n$ zu bilden und gleich Null zu setzen. Die maximale Güte Q_m erhält man für $\omega_n = 1$, sie hat den Wert

$$Q_m = \frac{1}{2}\left(\frac{1}{\epsilon} - \epsilon\right).$$

Durch geeignete Wahl der Normierungsfrequenz $\omega_1 = 1/(RC)$ kann die maximale Güte für jede Kreisfrequenz erreicht werden. Die halbe maximale Güte wird erreicht für die normierten Frequenzen $\omega_{n1} = 2 - \sqrt{3}$ und $\omega_{n2} = 2 + \sqrt{3}$. Die Punkte der Ortskurve für $\omega_n = 1$, ω_{n1} und ω_{n2} sind im Bild 6.3d gekennzeichnet.

d) In Gl.(8) ist nun der frequenzabhängige Verstärkungsfaktor gemäß Gl.(2) einzuführen. Auf diese Weise erhält die Impedanz die Form

$$\overline{Z}_n(j\omega) = \frac{j\dfrac{\omega}{\omega_1}\cdot\dfrac{V_0}{2} + \left(1 + j\dfrac{\omega}{\omega_0}\right)\left(1 + \dfrac{1}{V_0} + j\dfrac{\omega}{\omega_0 V_0}\right)\left(1 + j\dfrac{\omega}{\omega_1}\right)}{\dfrac{V_0}{2} + \left(1 + j\dfrac{\omega}{\omega_0}\right)\left(1 + \dfrac{1}{V_0} + j\dfrac{\omega}{\omega_0 V_0}\right)\left(1 + j\dfrac{\omega}{\omega_1}\right)}. \quad (10)$$

e) Bezeichnet man den Zähler auf der rechten Seite von Gl.(10) mit $P(j\omega)$, den Nenner mit $N(j\omega)$, so ergibt sich unmittelbar

$$\mathrm{Re}\{P(j\omega)\} = 1 + \frac{1}{V_0} - \frac{\omega^2}{\omega_0\omega_1} - 2\frac{\omega^2}{V_0\omega_0\omega_1} - \frac{\omega^2}{V_0\omega_0^2};$$

$$\mathrm{Im}\{P(j\omega)\} = \frac{\omega}{\omega_1}\cdot\frac{V_0}{2} + 2\frac{\omega}{V_0\omega_0} - \frac{\omega^3}{V_0\omega_0^2\omega_1} + \frac{\omega}{\omega_0} + \frac{\omega}{\omega_1} + \frac{\omega}{V_0\omega_1};$$

$$\mathrm{Re}\{N(j\omega)\} = \mathrm{Re}\{P(j\omega)\} + \frac{V_0}{2};$$

$$\mathrm{Im}\{N(j\omega)\} = \mathrm{Im}\{P(j\omega)\} - \frac{\omega}{\omega_1}\cdot\frac{V_0}{2}.$$

Sodann erhält man nach einer Multiplikation des Zählers und des Nenners von $\overline{Z}_n(j\omega)$ mit dem konjugiert komplexen Nenner $N(-j\omega)$ einen neuen Zähler von $\overline{Z}_n(j\omega)$, der mit $T(j\omega)$ bezeichnet wird. Die frequenzabhängige Güte der nachgebildeten Induktivität ergibt sich dann als Verhältnis $Q(\omega) = \mathrm{Im}\{T(j\omega)\}/\mathrm{Re}\{T(j\omega)\}$. Es gilt

$$\mathrm{Re}\{T(j\omega)\} = \mathrm{Re}\{P(j\omega)\}\cdot\mathrm{Re}\{N(j\omega)\} + \mathrm{Im}\{P(j\omega)\}\cdot\mathrm{Im}\{N(j\omega)\}$$

$$= \frac{V_0}{2} + \frac{3}{2} + \frac{2}{V_0} + \frac{1}{V_0^2} + \frac{\omega^2}{\omega_0^2}\left(\frac{1}{2} + \frac{2}{V_0} + \frac{2}{V_0^2}\right) +$$

$$+\frac{\omega^2}{\omega_1^2}\left(\frac{V_0}{2}+\frac{3}{2}+\frac{2}{V_0}+\frac{1}{V_0^2}\right)+\frac{\omega^4}{\omega_0^4}\cdot\frac{1}{V_0^2}$$

$$+\frac{\omega^4}{\omega_0^2\omega_1^2}\left(\frac{1}{2}+\frac{2}{V_0}+\frac{2}{V_0^2}\right)+\frac{\omega^6}{\omega_0^4\omega_1^2}\cdot\frac{1}{V_0^2},$$

$$\mathrm{Im}\{T(j\omega)\}=\mathrm{Im}\{P(j\omega)\}\cdot\mathrm{Re}\{N(j\omega)\}-\mathrm{Re}\{P(j\omega)\}\cdot\mathrm{Im}\{N(j\omega)\}$$

$$=\frac{V_0}{2}\left[\frac{\omega}{\omega_1}\left(\frac{V_0}{2}+2+\frac{2}{V_0}\right)+\frac{\omega}{\omega_0}\left(1+\frac{2}{V_0}\right)\right.$$

$$\left.-\frac{\omega^3}{\omega_0^2\omega_1}\cdot\frac{2}{V_0}-\frac{\omega^3}{\omega_0\omega_1^2}\left(1+\frac{2}{V_0}\right)\right].$$

Diese Ergebnisse lassen sich unter den in der Aufgabenstellung getroffenen Annahmen $\omega \ll V_0\omega_0$ und $V_0 \ggg 1$ vereinfachen und auf die Näherungsform

$$\mathrm{Re}\{T(j\omega)\}=\frac{1}{2}\left(V_0+\frac{\omega^2}{\omega_0^2}\right)\left(1+\frac{\omega^2}{\omega_1^2}\right),$$

$$\mathrm{Im}\{T(j\omega)\}=\frac{V_0}{2}\left[\frac{V_0}{2}\frac{\omega}{\omega_1}+\frac{\omega}{\omega_0}\left(1-\frac{\omega^2}{\omega_1^2}\right)\right]$$

bringen.

f) Nach Teilaufgabe *e* gilt näherungsweise für die Güte

$$Q=\frac{V_0\left[\frac{V_0}{2}\frac{\omega}{\omega_1}+\frac{\omega}{\omega_0}\left(1-\frac{\omega^2}{\omega_1^2}\right)\right]}{\left(V_0+\frac{\omega^2}{\omega_0^2}\right)\left(1+\frac{\omega^2}{\omega_1^2}\right)}.$$

Da die Größen V_0, ω_0, ω fest vorgegeben sind, bleibt für die Beeinflussung der maximalen Güte als Parameter nur die Normierungsfrequenz ω_1 übrig. Setzt man $\omega_n = \omega/\omega_1$, so ergibt sich

$$Q(\omega_n) = V_0 \cdot \frac{\dfrac{V_0}{2}\omega_n + \dfrac{\omega}{\omega_0}\left(1 - \omega_n^2\right)}{\left(V_0 + \dfrac{\omega^2}{\omega_0^2}\right)\left(1 + \omega_n^2\right)} \ . \tag{11}$$

Bildet man den Differentialquotienten $dQ(\omega_n)/d\omega_n$ und setzt ihn gleich Null, dann erhält man zur Bestimmung der normierten Frequenz, bei der für ein festes ω die maximale Güte auftritt, die Gleichung

$$\omega_n^2 + \frac{8\omega}{V_0\omega_0}\omega_n - 1 = 0$$

und hieraus

$$\omega_n = \sqrt{1 + \left(\frac{4\omega}{V_0\omega_0}\right)^2} - \frac{4\omega}{V_0\omega_0} \ .$$

Gilt $(4\omega/V_0\omega_0)^2 \ll 1$, so läßt sich als weitere Näherung

$$\omega_n = 1 + 8\left(\frac{\omega}{V_0\omega_0}\right)^2 - 4\frac{\omega}{V_0\omega_0}$$

und schließlich

$$\omega_n = 1 - 4\frac{\omega}{V_0\omega_0} \tag{12}$$

angeben. Wegen $\omega_n = \omega/\omega_1$ und $\omega_1 = 1/(RC)$ ist somit das Produkt

$$RC = \frac{1}{\omega} - \frac{4}{V_0\omega_0}$$

bekannt, für das die nachgebildete Induktivität bei der gegebenen Frequenz ω eine maximal erreichbare Güte besitzt. Die Größe des ohmschen Widerstandes R ist schließlich aus dem Wert $\overline{Z}_n(j\omega) = Z(j\omega)/R$ und dem vorgeschriebenen Wert der nachzubildenden Induktivität bestimmbar. Für die Werte $V_0 = 10^5$, $\omega_0 = 10^2$ s^{-1}, $\omega = 10^6$ s^{-1} erhält man nach den gewonnenen Näherungsformeln (11) und (12) $\omega_n = 0{,}6$ und $Q(\omega_n) = 26{,}74$. Ersetzt man den Wert $\omega = 10^6$ s^{-1} durch $\omega = 10^3$ s^{-1}, so ergibt sich $\omega_n = 0{,}9996$ und $Q(\omega_n) = 24975$. Die exakten Güten der nachgebildeten Induktivitäten bei den angegebenen Frequenzen lauten 25,35 bzw. 24975,3.

Aufgabe 6.4

Die Übertragungsfunktion U_2/I_1 eines auf der Sekundärseite leerlaufenden Zweitors sei durch

$$H(p) \equiv \frac{P_1(p)}{P_2(p)} = \frac{K(p+a)}{b_2 p^2 + b_1 p + b_0} \tag{1}$$

mit $a = 6$, $b_0 = 25$, $b_1 = 6$ und $b_2 = 1$ bis auf den positiven, konstanten Faktor K vorgeschrieben.

a) Nach dem Linvillschen Verfahren ist eine Kettenanordnung aus zwei RC-Zweitoren und einem strominvertierenden NIC gemäß Bild 6.4a so zu entwerfen, daß das Gesamtzweitor die bis auf einen positiven, konstanten Faktor K vorgeschriebene Übertragungsfunktion $H(p)$ Gl.(1) annimmt. Dabei soll das erforderliche Hilfspolynom $Q(p)$ so gewählt werden, daß die Koeffizientenempfindlichkeiten des Polynoms $P_2(p)$ bezüglich Änderungen des Konvertierungsfaktors k_I minimal werden.

b) Man berechne und optimiere den Betrag der Polempfindlichkeit in entsprechender Weise.

c) Die Analyse der Netzwerkanordnung im Bild 6.4a liefert bei beliebiger Wahl des Hilfspolynoms $Q(p)$ und bei einer infinitesimalen Änderung dk_I des Konvertierungsfaktors k_I das Nennerpolynom der Übertragungsfunktion in der Form

$$\overline{P}_2(p) = A(p) - (k_I + dk_I) B(p). \tag{2}$$

Infolge der infinitesimalen Änderung dk_I des Konvertierungsfaktors k_I ändern sich sowohl die Koeffizienten b_ν ($\nu = 0, 1, 2$) des Polynoms $P_2(p)$ als auch dessen Nullstellen p_1 und $p_2 = p_1^*$, d.h. die Pole von $H(p)$, und es besteht der Zusammenhang

$$-db_2 P_2(p) + dp_1 \frac{P_2(p)}{p - p_1} + dp_2 \frac{P_2(p)}{p - p_2} = dk_I B(p). \tag{3}$$

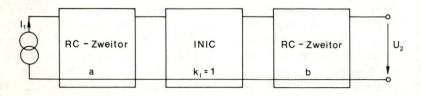

Bild 6.4a: Netzwerk, welches dem Linvillschen Realisierungsverfahren zugrundeliegt

Man entwickle daraus eine Beziehung für die Polempfindlichkeit $S_{k_I}^{p_1}$, in der nur die Koeffizientenempfindlichkeiten $S_{k_I}^{b_\nu}$ ($\nu = 0, 1, 2$) und die Parameter des vorgeschriebenen Polynoms $P_2(p)$ vorkommen.

d) Erscheint eine Minimierung der Beträge der obengenannten Koeffizientenempfindlichkeiten auf den ersten Blick notwendig dafür, daß auch die Beträge der Polempfindlichkeiten von $H(p)$ minimal werden?

e) Man berechne die Koeffizientenempfindlichkeiten von $P_2(p)$ für das in Teilaufgabe *a* bestimmte Zweitor und daraus gemäß Teilaufgabe *b* die Beträge der Polempfindlichkeiten der zugehörigen Übertragungsfunktion.

Lösung zu Aufgabe 6.4

a) Mit dem Hilfspolynom

$$Q(p) = (p + \sigma_1)(p + \sigma_2) \qquad (0 \leq \sigma_1 < \sigma_2 < \infty) \tag{4}$$

wird gemäß SEN II, Abschnitt 3.1.1 die zu realisierende Übertragungsfunktion $H(p)$ Gl.(1) auf die Form

$$H(p) = \frac{\dfrac{K(p+a)}{(p+\sigma_1)(p+\sigma_2)}}{\dfrac{b_2 p^2 + b_1 p + b_0}{(p+\sigma_1)(p+\sigma_2)}}$$

gebracht. Eine Partialbruchzerlegung des Nennerausdrucks dieser Funktion liefert die Beziehung

$$\frac{P_2(p)}{Q(p)} = \frac{b_2 p^2 + b_1 p + b_0}{(p+\sigma_1)(p+\sigma_2)} = b_2 + \frac{B_1}{p+\sigma_1} - \frac{B_2}{p+\sigma_2}$$

mit den Entwicklungskoeffizienten

$$B_1 = \frac{b_2 \sigma_1^2 - b_1 \sigma_1 + b_0}{-\sigma_1 + \sigma_2} \quad \text{und} \quad B_2 = \frac{b_2 \sigma_2^2 - b_1 \sigma_2 + b_0}{\sigma_2 - \sigma_1}. \tag{5a,b}$$

Dabei gilt $B_1 > 0$ und $B_2 > 0$ für die gegebenen Werte von b_0, b_1, b_2. Anhand dieser Zerlegung wird der Quotient $P_2(p)/Q(p)$ als Differenz zweier RC-Impedanzen $z_{11}^{(b)}(p)$ und $k_I z_{22}^{(a)}(p)$ ausgedrückt. Es wird

$$z_{11}^{(b)}(p) = b_2 + \frac{B_1}{p+\sigma_1} \equiv \frac{P_2^{(b)}(p)}{Q^{(b)}(p)}$$

und

$$k_I z_{22}^{(a)}(p) = \frac{B_2}{p+\sigma_2} \equiv \frac{P_2^{(a)}(p)}{Q^{(a)}(p)}$$

gewählt. Da das Produkt der beiden Nennerpolynome $Q^{(a)}(p)$ und $Q^{(b)}(p)$ mit dem Polynom $Q(p)$ identisch ist, muß das in SEN II, Abschnitt 3.1.1 eingeführte Polynom $R(p)$ für alle Werte von p gleich Eins sein.
Nun muß das Zählerpolynom

$$P_1(p) = K(p+a)$$

der Übertragungsfunktion $H(p)$ Gl.(1) gemäß SEN, Gl.(427) faktorisiert werden. Es wird

$$R(p)\,P_1(p) = P_1^{(a)}(p)\,P_1^{(b)}(p)$$

mit

$$P_1^{(a)}(p) = K_a \quad \text{und} \quad P_1^{(b)}(p) = K_b(p+a)$$

gewählt, wobei das Produkt der Konstanten K_a und K_b gleich K ist. Damit werden die Forderungen erfüllt, daß der Grad des Polynoms $P_1^{(a)}(p)$ denjenigen des Polynoms $P_2^{(a)}(p)$ nicht übersteigt und ebenso der Grad des Polynoms $P_1^{(b)}(p)$ nicht größer ist als derjenige des Polynoms $P_2^{(b)}(p)$. Nach SEN, Gln.(428b), (429b) erhält man somit die Impedanzmatrix-Elemente

$$z_{12}^{(a)}(p) = \frac{P_1^{(a)}(p)}{Q^{(a)}(p)} = \frac{K_a}{p+\sigma_2}$$

und

$$z_{12}^{(b)}(p) = \frac{P_1^{(b)}(p)}{Q^{(b)}(p)} = \frac{K_b(p+a)}{p+\sigma_1} \ .$$

Ändert sich der Konvertierungsfaktor k_I infinitesimal um dk_I, dann wird statt des

Nennerpolynoms $P_2(p)$ der Übertragungsfunktion das veränderte Nennerpolynom

$$\overline{P}_2(p) = (b_2 + db_2)p^2 + (b_1 + db_1)p + (b_0 + db_0) \qquad (6)$$

verwirklicht. Dabei gilt $db_\nu = 0$ für $dk_I = 0$. Aufgrund einer Analyse des Netzwerks ergibt sich gemäß SEN als Nennerausdruck der Übertragungsfunktion

$$\frac{\overline{P}_2(p)}{Q(p)} = z_{11}^{(b)}(p) - (k_I + dk_I) z_{22}^{(a)}(p)$$

$$= b_2 + \frac{B_1}{p + \sigma_1} - (k_I + dk_I) \frac{B_2/k_I}{p + \sigma_2},$$

wobei sich wieder der Konvertierungsfaktor k_I um dk_I ändert. Hieraus erhält man mit $Q(p)$ Gl.(4) für $\overline{P}_2(p)$ die Darstellung

$$\overline{P}_2(p) = b_2 p^2 + p\left[b_2(\sigma_1 + \sigma_2) + B_1 - (k_I + dk_I)\frac{B_2}{k_I}\right]$$

$$+ b_2 \sigma_1 \sigma_2 + B_1 \sigma_2 - (k_I + dk_I)\frac{B_2 \sigma_1}{k_I} \qquad (7)$$

mit den Parametern B_1 und B_2 nach den Gln.(5a,b). Ein Vergleich der Gln.(6) und (7) liefert jetzt die Beziehungen

$$db_0 = -\frac{B_2 \sigma_1}{k_I} dk_I, \quad db_1 = -\frac{B_2}{k_I} dk_I, \quad db_2 = 0.$$

Hieraus ergeben sich die folgenden Ausdrücke für die Koeffizientenempfindlichkeiten

$$S_{k_I}^{b_0} = \frac{\frac{\partial b_0}{b_0}}{\frac{\partial k_I}{k_I}} = -\frac{B_2 \sigma_1}{b_0} = -\frac{(b_2 \sigma_2^2 - b_1 \sigma_2 + b_0)\sigma_1}{(\sigma_2 - \sigma_1)b_0},$$

$$S_{k_I}^{b_1} = \frac{\frac{\partial b_1}{b_1}}{\frac{\partial k_I}{k_I}} = -\frac{B_2}{b_1} = -\frac{b_2 \sigma_2^2 - b_1 \sigma_2 + b_0}{(\sigma_2 - \sigma_1)b_1},$$

$$S^{b_2}_{k_I} = 0.$$

Wählt man den Parameter $\sigma_2 > \sigma_1$ fest, so werden, wie man aus diesen Gleichungen sieht, die Beträge der Empfindlichkeiten von b_0 und b_1 für fallende Werte von σ_1 kleiner. Das Optimum für die Koeffizientenempfindlichkeiten liegt also bezüglich σ_1 für jeden festen σ_2-Wert an der unteren zulässigen Grenze von σ_1, d.h. bei

$$\sigma_1 = 0.$$

Hier gilt insbesondere

$$S^{b_0}_{k_I} = 0.$$

Für diesen Fall kann nun das Minimum von $|S^{b_1}_{k_I}|$ gesucht werden. Aus der Forderung

$$\left.\frac{\partial S^{b_1}_{k_I}}{\partial \sigma_2}\right|_{\sigma_1 = 0} = -\frac{1}{b_1}(b_2 - \frac{b_0}{\sigma_2^2}) = 0$$

folgt mit $b_2 = 1$ der Wert

$$\sigma_2 = \sqrt{b_0}.$$

Bei Wahl von $\sigma_1 = 0$ und $\sigma_2 = \sqrt{b_0}$ werden also minimale Koeffizientenempfindlichkeiten erreicht. Im vorliegenden Fall führt dies auf folgende Zahlenwerte:

$$\sigma_1 = 0, \quad \sigma_2 = \sqrt{25} = 5, \quad B_1 = 5, \quad B_2 = 4.$$

Mit $k_I = 1$ ergeben sich die Impedanzmatrix-Elemente

$$z^{(b)}_{11}(p) = 1 + \frac{5}{p} = \frac{p+5}{p},$$

$$z^{(a)}_{22}(p) = \frac{4}{p+5},$$

$$z^{(a)}_{12}(p) = \frac{K_a}{p+5},$$

$$z^{(b)}_{12}(p) = \frac{K_b(p+6)}{p} .$$

Um eine Realisierung dieser Impedanzmatrix-Elemente durch RC-Zweitore mit durchgehender Kurzschlußverbindung zu ermöglichen, müssen angesichts der Fialkow-Gerst-Bedingungen die Forderungen

$$K_a \leqslant 4, \quad K_b \leqslant \frac{5}{6}$$

gestellt werden. Für $K_a = 4$ und $K_b = 5/6$ lassen sich obige Impedanzmatrix-Elemente durch die im Bild 6.4b angegebenen RC-Zweitore verwirklichen. Im Bild 6.4c ist das gesamte Zweitor dargestellt, das die Übertragungsfunktion Gl.(1) für $K = K_a K_b = 10/3$ verwirklicht.

b) Nach Teilaufgabe a besteht die folgende Darstellung des Nennerpolynoms der Übertragungsfunktion, wenn der Konvertierungsfaktor k_I infinitesimal um dk_I geändert wird:

$$\overline{P}_2(p) = b_2(p+\sigma_1)(p+\sigma_2) + B_1(p+\sigma_2) - (k_I + dk_I) \frac{B_2(p+\sigma_1)}{k_I}$$

$$= A(p) - (k_I + dk_I) B(p) .$$

Hieraus ergibt sich das Polynom

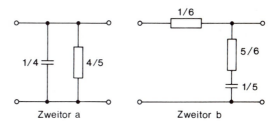

Bild 6.4b:
Realisierungen der RC-Zweitore a und b aus Bild 6.4a

Zweitor a   Zweitor b

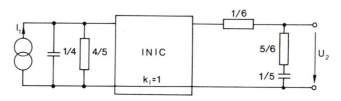

Bild 6.4c: Vollständiges Netzwerk, welches die gegebene Übertragungsfunktion realisiert

$$B(p) = \frac{B_2(p+\sigma_1)}{k_I} = \frac{(b_2\sigma_2^2 - b_1\sigma_2 + b_0)(p+\sigma_1)}{(\sigma_2-\sigma_1)k_I}.$$

Nach SEN, Gl.(432) folgt somit für die Polempfindlichkeit der Übertragungsfunktion $H(p)$ mit den komplexen Polen p_1 und $p_2 = p_1^*$ bezüglich k_I

$$S_{k_I}^{p_1} = \frac{dp_1/p_1}{dk_I/k_I} = \frac{k_I B(p_1)}{p_1 P_2'(p_1)}$$

$$= \frac{(b_2\sigma_2^2 - b_1\sigma_2 + b_0)(p_1+\sigma_1)}{(\sigma_2-\sigma_1)p_1(2p_1 b_2 + b_1)}$$

$(0 \leq \sigma_1 < \sigma_2)$.

Im weiteren wird $b_2 = 1$ gesetzt. Damit erhält man als Betragsquadrat der obigen Empfindlichkeit

$$\left| S_{k_I}^{p_1} \right|^2 = \left(\frac{\sigma_2^2 - b_1\sigma_2 + b_0}{\sigma_2 - \sigma_1} \right)^2 \frac{(p_1+\sigma_1)(p_1^*+\sigma_1)}{p_1 p_1^* (2p_1+b_1)(2p_1^*+b_1)}$$

$$= \frac{(\sigma_2^2 - b_1\sigma_2 + b_0)^2}{(\sigma_2-\sigma_1)^2} \cdot \frac{b_0 - b_1\sigma_1 + \sigma_1^2}{b_0(4b_0 - b_1^2)}. \qquad (8)$$

Existiert ein Minimum von $|S_{k_I}^{p_1}|^2$ im Innern des (σ_1, σ_2)-Gebietes, das durch $0 \leq \sigma_1 < \sigma_2$ begrenzt ist, so müssen dort notwendigerweise die partiellen Ableitungen nach σ_1 und σ_2 verschwinden. Die Forderung

$$\frac{\partial}{\partial \sigma_1} \left| S_{k_I}^{p_1} \right|^2 = 0$$

führt zu der Bedingung

$$\sigma_1 = \frac{b_1\sigma_2 - 2b_0}{2\sigma_2 - b_1}; \qquad (9a)$$

die Forderung

$$\frac{\partial}{\partial \sigma_2} \left| S_{k_I}^{p_1} \right|^2 = 0$$

ergibt die Bedingung

$$\sigma_1 = \frac{\sigma_2^2 - b_0}{2\sigma_2 - b_1}. \qquad (9b)$$

Identifiziert man Gl.(9a) mit Gl.(9b), so gelangt man zu der Beziehung

$$\sigma_2^2 - b_1 \sigma_2 + b_0 = 0,$$

die keine reelle Lösung für σ_2 besitzt, da $b_1^2 < 4b_0$ gilt. Das Betragsminimum der Empfindlichkeit von p_1 in Abhängigkeit von σ_1 und σ_2 kann daher nicht im Innern, sondern nur auf dem Rand des erlaubten (σ_1, σ_2)-Gebietes auftreten. Der Rand $\sigma_1 = \sigma_2$ kommt nicht in Frage, sondern nur der Rand $\sigma_1 = 0$. Hierauf gilt

$$\left| S_{k_I}^{p_1}(\sigma_2) \right|^2 = \frac{(\sigma_2^2 - b_1 \sigma_2 + b_0)^2}{\sigma_2^2} \cdot \frac{1}{4b_0 - b_1^2} = \left(\sigma_2 - b_1 + \frac{b_0}{\sigma_2} \right)^2 \frac{1}{4b_0 - b_1^2}.$$

Das absolute Minimum innerhalb des erlaubten Gebietes liegt demnach im Punkt

$$\sigma_1 = 0, \quad \sigma_2 = \sqrt{b_0} < \frac{2b_0}{b_1}$$

und hat den Wert

$$\left| S_{k_I}^{p_1}(\sqrt{b_0}) \right|^2 = \frac{\dfrac{2\sqrt{b_0}}{b_1} - 1}{\dfrac{2\sqrt{b_0}}{b_1} + 1}.$$

Ein Vergleich mit den Ergebnissen von Teilaufgabe *a* lehrt: Minimale Koeffizientenempfindlichkeit und minimale Polempfindlichkeit werden für dieselbe Wahl von σ_1 und σ_2 erreicht.

c) Aufgrund der Summendarstellung

$$\overline{P}_2(p) = \sum_{\lambda=0}^{2} (b_\lambda + db_\lambda) p^\lambda,$$

in der $db_\lambda = 0$ ($\lambda = 0, 1, 2$) für $dk_I = 0$ gilt, und Gl.(2) erhält man die Beziehung

$$db_2 p^2 + db_1 p + db_0 = - dk_I B(p) . \tag{10}$$

Durch Vergleich der linken Seiten der Gln.(3) und (10) ergibt sich weiterhin der Zusammenhang

$$db_2 P_2(p) + dp_1 \frac{P_2(p)}{p-p_1} + dp_2 \frac{P_2(p)}{p-p_2} = - db_2 p^2 - db_1 p - db_0 .$$

Setzt man hier $p = p_\mu$ ($\mu = 1$ oder 2), so entsteht mit $P_2'(p) = dP_2(p)/dp$ die Gleichung

$$dp_\mu P_2' (p_\mu) = - \sum_{\lambda=0}^{2} db_\lambda p_\mu^\lambda$$

oder

$$\frac{\frac{dp_\mu}{p_\mu}}{\frac{dk_I}{k_I}} p_\mu P_2' (p_\mu) = - \sum_{\lambda=0}^{2} \frac{\frac{db_\lambda}{b_\lambda}}{\frac{dk_I}{k_I}} b_\lambda p_\mu^\lambda ,$$

d.h.

$$S_{k_I}^{p_\mu} = - \frac{\sum_{\lambda=0}^{2} S_{k_I}^{b_\lambda} b_\lambda p_\mu^\lambda}{p_\mu P_2'(p_\mu)} . \tag{11}$$

d) Die Frage ist zu verneinen angesichts der Gl.(11) und der Tatsache, daß der Betrag einer Summe von komplexen Zahlen nicht minimal zu werden braucht, wenn die Beträge der Summanden minimal sind.

e) Die numerischen Werte der Koeffizientenempfindlichkeiten für das vorliegende Zahlenbeispiel lauten folgendermaßen:

$$S_{k_I}^{b_1} = - \frac{B_2}{b_1} = - \frac{2}{3} ,$$

$$S_{k_I}^{b_0} = - \frac{B_2 \sigma_1}{b_0} = 0 .$$

Damit erhält man nach Gl.(11) für die Polstellenempfindlichkeit ($\mu = 1$) den Zahlenwert

$$S^{p_1}_{k_I} = -\frac{S^{b_1}_{k_I} b_1 p_1}{p_1 P'_2(p_1)} = \frac{\frac{2}{3} \cdot 6}{2p_1 + 6} \bigg|_{p_1 = -3 + 4j} = -\frac{j}{2}.$$

■ Aufgabe 6.5

Gegeben ist die rationale, reelle und in der abgeschlossenen rechten p-Halbebene einschließlich $p = \infty$ polfreie Funktion

$$H(p) = \frac{K(p^2 + 1)}{p^2 + p + 1}$$

mit der noch unbestimmten positiven Konstante K. Diese Funktion soll durch das im Bild 6.5a dargestellte Netzwerk als Verhältnis U_2/I_1 für $I_2 = 0$, d.h. bei sekundärem Leerlauf realisiert werden.
Die im Netzwerk auftretenden RC-Zweitore sollen nach dem Linvillschen Verfahren aufgrund der vorgeschriebenen Übertragungsfunktion $H(p)$ bestimmt werden. Dabei ist der Wert der Konstante K geeignet festzulegen. Als Hilfspolynom, das zur Anwendung des Linvillschen Verfahrens erforderlich ist, soll $Q(p) = p(p + 1)$ gewählt werden.

Lösung zu Aufgabe 6.5

Die Lösung der Aufgabe erfolgt nach SEN II, Abschnitt 3.1.1. Dabei wird der Konvertierungsfaktor k_I des NIC gleich Eins gewählt.
Der Nenner der gegebenen Übertragungsfunktion

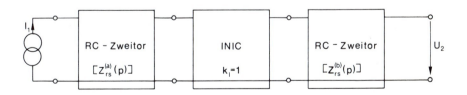

Bild 6.5a: Linvill-Netzwerk, durch welches die gegebene Übertragungsfunktion realisiert werden soll

$$P_2(p) = p^2 + p + 1$$

wird durch das vorgeschriebene Hilfspolynom

$$Q(p) = p\,(p + 1)$$

dividiert, und danach erfolgt eine Partialbruchentwicklung des Quotienten

$$\frac{P_2(p)}{Q(p)} = 1 + \frac{1}{p} - \frac{1}{p+1}.$$

Diese Darstellung entspricht der Gl.(425) aus SEN. Dabei gilt $\sigma_1 = 0$ und $\sigma_2 = 1$. Gemäß SEN, Gl.(426) wird nun obige Funktion $P_2(p)/Q(p)$ in die Differenz zweier RC-Impedanzen zerlegt, nämlich in

$$\frac{P_2(p)}{Q(p)} = \frac{P_2^{(b)}(p)}{Q^{(b)}(p)} - \frac{P_2^{(a)}(p)}{Q^{(a)}(p)}$$

mit

$$\frac{P_2^{(b)}(p)}{Q^{(b)}(p)} = 1 + \frac{1}{p} + Z_x(p) \tag{1a}$$

und

$$\frac{P_2^{(a)}(p)}{Q^{(a)}(p)} = \frac{1}{p+1} + Z_x(p). \tag{1b}$$

Dabei bedeutet $Z_x(p)$ eine noch festzulegende RC-Impedanz. Damit ergibt sich nach SEN, Gln.(428a), (429a) für die Leerlaufimpedanzen der zu ermittelnden RC-Zweitore

$$z_{11}^{(b)}(p) = 1 + \frac{1}{p} + Z_x(p)$$

und

$$z_{22}^{(a)}(p) = \frac{1}{p+1} + Z_x(p).$$

Als erster Versuch zur Festlegung von $Z_x(p)$ wird

$$Z_x(p) \equiv 0$$

gewählt. In diesem Fall gilt, wie aus den Gln.(1a,b) hervorgeht,

$$Q^{(a)}(p) = p + 1, \quad Q^{(b)}(p) = p$$

und somit

$$R(p)\,Q(p) = Q^{(a)}(p)\,Q^{(b)}(p) \equiv p\,(p + 1)$$

mit $R(p) \equiv 1$. Nun muß das Polynom $R(p)\,P_1(p) = K(p^2 + 1)$ nach SEN, Gl.(427) so in ein Produkt zweier Polynome $P_1^{(a)}(p)$ und $P_1^{(b)}(p)$ zerlegt werden, daß gemäß SEN, Gln.(428a,b) die Funktionen

$$z_{22}^{(a)}(p) = \frac{1}{p+1}, \quad z_{12}^{(a)}(p) = \frac{P_1^{(a)}(p)}{p+1}$$

und gemäß SEN, Gln.(429a,b) die Funktionen

$$z_{11}^{(b)}(p) = \frac{p+1}{p}, \quad z_{12}^{(b)}(p) = \frac{P_1^{(b)}(p)}{p}$$

jeweils als Impedanzmatrix-Elemente von induktivitätsfreien Zweitoren aufgefaßt werden können. Dies ist aber nicht möglich, weil eines der Polynome $P_1^{(a)}(p)$ und $P_1^{(b)}(p)$ den Polynomfaktor $(p^2 + 1)$ enthalten muß und damit den Grad des zugehörigen Nennerpolynoms $(p + 1)$ bzw. p übersteigt.
Wählt man $Z_x(p) = A_\infty \equiv$ const, so erhält man die RC-Impedanzen

$$z_{11}^{(b)}(p) = \frac{(1 + A_\infty)p + 1}{p} \equiv \frac{P_2^{(b)}(p)}{Q^{(b)}(p)}$$

und

$$z_{22}^{(a)}(p) = \frac{A_\infty p + A_\infty + 1}{p + 1} \equiv \frac{P_2^{(a)}(p)}{Q^{(a)}(p)}.$$

Auch hier zeigt sich, daß durch Faktorisierung des Polynoms $R(p)\,P_1(p) = K(p^2 + 1)$ in das Produkt zweier Polynome $P_1^{(a)}(p)$ und $P_1^{(b)}(p)$ keine zulässigen Impedanzmatrix-Elemente von induktivitätsfreien Zweitoren gemäß SEN, Gln.(428a,b),

(429a,b) gewonnen werden können.
Schließlich wird die RC-Impedanz

$$Z_x(p) = A_\infty + \frac{A_1}{p+x} \qquad (2)$$

gewählt. Um den Grad der Matrixelemente nicht unnötig zu erhöhen, soll insbesondere $x = \sigma_1 = 0$ gesetzt werden. Damit erhält man die RC-Impedanzen

$$z_{11}^{(b)}(p) = \frac{(1+A_\infty)p + A_1 + 1}{p} \equiv \frac{P_2^{(b)}(p)}{Q^{(b)}(p)}$$

und

$$z_{22}^{(a)}(p) = \frac{A_\infty p^2 + (1+A_\infty+A_1)p + A_1}{p(p+1)} \equiv \frac{P_2^{(a)}(p)}{Q^{(a)}(p)}.$$

Aus der Beziehung $Q^{(a)}(p)\,Q^{(b)}(p) = R(p)\,Q(p)$ folgt das Polynom $R(p) = p$. Nun ist das Polynom

$$R(p)\,P_1(p) = Kp\,(p^2+1)$$

in die Teilpolynome $P_1^{(a)}(p)$ und $P_1^{(b)}(p)$ aufzuspalten. Die Wahl

$$P_1^{(a)}(p) = K^{(a)}(p^2+1) \quad \text{und} \quad P_1^{(b)}(p) = K^{(b)}p$$

liefert gemäß SEN, Gln.(428a,b), (429a,b) zusätzlich zu den bereits bestimmten Impedanzen $z_{11}^{(b)}(p)$ und $z_{22}^{(a)}(p)$ die zulässigen Impedanzmatrix-Elemente

$$z_{12}^{(b)}(p) = \frac{P_1^{(b)}(p)}{Q^{(b)}(p)} = K^{(b)}$$

und

$$z_{12}^{(a)}(p) = \frac{P_1^{(a)}(p)}{Q^{(a)}(p)} = \frac{K^{(a)}(p^2+1)}{p(p+1)}.$$

Die ermittelten Impedanzmatrix-Elemente $z_{11}^{(b)}(p)$, $z_{12}^{(b)}(p)$ und $z_{22}^{(a)}(p)$, $z_{12}^{(a)}(p)$ lassen sich mit Hilfe bekannter Verfahren durch RC-Zweitore verwirklichen. Dabei ergeben sich je nach Wahl der Zahlenwerte für A_1 und A_∞ in $Z_x(p)$ Gl.(2) obere Grenzen für die noch unbekannten Konstanten $K^{(a)}$ und $K^{(b)}$. Durch grundsätzlich andere Wahl der Impedanz $Z_x(p)$ können noch weitere in der Regel aufwendigere Realisierungen angegeben werden.

Mit den speziellen Werten $A_1 = A_\infty = 1$ erhält man die Impedanzmatrix-Elemente

$$z_{11}^{(b)}(p) = 2 + \frac{2}{p}$$

und

$$z_{12}^{(b)}(p) = K^{(b)} \leq 2 \;.$$

Bild 6.5b zeigt ein RC-Zweitor, das diese Impedanzmatrix-Elemente für $K^{(b)} = 2$ verwirklicht.

Weiterhin ergeben sich für $A_1 = A_\infty = 1$ die Impedanzmatrix-Elemente

$$z_{22}^{(a)}(p) = 1 + \frac{1}{p} + \frac{1}{p+1}$$

und

$$z_{12}^{(a)}(p) = K^{(a)} \left[1 + \frac{1}{p} - \frac{2}{p+1} \right] \;.$$

Es wird der maximal mögliche Wert $K^{(a)} = 1$ und als drittes Impedanzmatrix-Element

$$z_{11}^{(a)}(p) = 1 + \frac{1}{p} + \frac{4}{p+1}$$

gewählt. Die Realisierung der Impedanzmatrix-Elemente $z_{11}^{(a)}(p), z_{22}^{(a)}(p), z_{12}^{(a)}(p)$ erfolgt nach SEN I, Abschnitt 6.7.4. Danach werden zunächst die entsprechenden Admittanzmatrix-Elemente aufgrund der dort angegebenen Formeln berechnet:

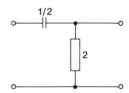

Bild 6.5b: Realisierung von RC-Zweitor b aus Bild 6.5a

$$y_{11}^{(a)}(p) = B_0 + B_\infty p + \frac{A_1 p}{p + x_1},$$

$$y_{22}^{(a)}(p) = B_0 + B_\infty p + \frac{B_1 p}{p + x_1},$$

$$-y_{12}^{(a)}(p) = B_0 + B_\infty p + \frac{C_1 p}{p + x_1}.$$

Die Parameterwerte lauten

$$B_0 = \frac{1}{9}, \quad B_\infty = \frac{1}{9}, \quad x_1 = 1, \quad A_1 = \frac{1}{9}, \quad B_1 = \frac{4}{9}, \quad C_1 = -\frac{2}{9}.$$

Die ermittelten Admittanzmatrix-Elemente werden jetzt durch ein Zweitor gemäß SEN, Bild 121 verwirklicht. Zur Berechnung der Werte der Netzwerkelemente benötigt man die folgenden Parameter:

$$a_1 = A_1 - C_1 = \frac{1}{3}, \quad a_2 = -\frac{2}{9}, \quad a_3 = \frac{2}{3}, \quad \sigma_0 = x_1 = 1, \quad C_0 = B_\infty = \frac{1}{9},$$

$$\omega_0^2 = B_0 x_1 / B_\infty = 1, \quad \xi_0 = (B_0 + x_1 B_\infty + C_1) / 2B_\infty = 0,$$

$$\eta_0^2 = \omega_0^2 - \xi_0^2 = 1,$$

$$\kappa = \sigma_0 (\sigma_0 - 2\xi_0) / [(\sigma_0 - \xi_0)^2 + \eta_0^2] = 1/2.$$

Die Werte der Netzwerkelemente erhält man nun nach SEN, Gln.(320a-d), (322a-c). Das entstandene Gesamtnetzwerk ist im Bild 6.5c dargestellt. Es realisiert die gegebene Übertragungsfunktion $H(p)$ für $K = K^{(a)} K^{(b)} = 2$ als Verhältnis U_2/I_1.

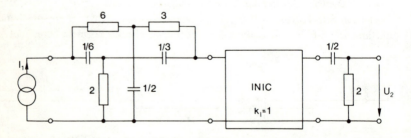

Bild 6.5c: Vollständiges Netzwerk, welches die vorgeschriebene Übertragungsfunktion verwirklicht

Aufgabe 6.6

Eine rationale, reelle und in der abgeschlossenen rechten p-Halbebene einschließlich $p = \infty$ polfreie Funktion $H(p) = P_1(p)/P_2(p)$ soll mit Hilfe des im Bild 6.6a dargestellten Netzwerks als Übertragungsfunktion durch das Verhältnis I_2/U_1 ($U_2 = 0$) verwirklicht werden. Dabei sind $P_1(p)$ und $P_2(p)$ teilerfremde Polynome; $P_2(p)$ hat den Grad m. Das genannte Netzwerk besteht aus der Kettenanordnung des RC-Zweitors a, eines UNIC mit $k_u = 1$ und des RC-Zweitors b.

a) Man leite in Analogie zum Linvill-Verfahren Beziehungen für die Bemessung der Admittanzmatrix-Elemente der RC-Zweitore a und b her.

b) Man bestimme die RC-Zweitore a und b für die Vorschrift

$$H(p) = \frac{K(p+1)}{p^2 + 2p + 2}. \tag{1}$$

Dabei ist K eine zunächst noch nicht festgelegte positive Konstante. Das hierbei erforderliche Hilfspolynom $Q(p)$ soll folgendermaßen gewählt werden:

α) $Q(p) = p + 1$,

β) „optimal" bezüglich der Pol-Empfindlichkeit $|S^{p_1}_{k_u}|$.

Lösung zu Aufgabe 6.6

a) Für das Zweitor b gilt die Beziehung

$$\left.\frac{I_3}{I_2}\right|_{U_2=0} = -\frac{y^{(b)}_{11}(p)}{y^{(b)}_{12}(p)}. \tag{2}$$

Dabei bedeuten die Funktionen $y^{(b)}_{\mu\nu}(p)$ ($\mu, \nu = 1,2$) Admittanzmatrix-Elemente des Zweitors b. Weiterhin erhält man aus der Gleichung

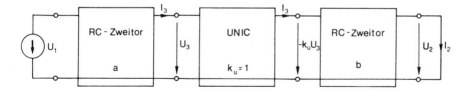

Bild 6.6a: Modifiziertes Linvill-Netzwerk, durch welches die gegebene Übertragungsfunktion $H(p)$ als Verhältnis I_2/U_1 verwirklicht werden soll

$$-I_2\bigg|_{U_2=0} = y_{12}^{(b)}(p)\,(-k_u\,U_3)$$

für die Spannung U_3 die Darstellung

$$U_3 = \frac{I_2}{k_u\,y_{12}^{(b)}(p)} \quad (U_2=0)\,. \tag{3}$$

Durch Analyse des Zweitors a ergibt sich der Zusammenhang

$$-I_3 = y_{12}^{(a)}(p)\,U_1 + y_{22}^{(a)}(p)\,U_3\,.$$

Führt man hier die Gln.(2) und (3) ein, so entsteht die Relation

$$\frac{I_2\,y_{11}^{(b)}(p)}{y_{12}^{(b)}(p)} = y_{12}^{(a)}(p)\,U_1 + y_{22}^{(a)}(p)\,\frac{I_2}{k_u\,y_{12}^{(b)}(p)},$$

d.h.

$$I_2\,\frac{y_{11}^{(b)}(p) - \dfrac{1}{k_u}\,y_{22}^{(a)}(p)}{y_{12}^{(b)}(p)} = y_{12}^{(a)}(p)\,U_1$$

oder die Übertragungsfunktion

$$\frac{I_2}{U_1} = \frac{y_{12}^{(a)}(p)\,y_{12}^{(b)}(p)}{y_{11}^{(b)}(p) - \dfrac{1}{k_u}\,y_{22}^{(a)}(p)}\,. \tag{4}$$

Diese Übertragungsfunktion muß mit der vorgeschriebenen Funktion $H(p) = P_1(p)/P_2(p)$ identifiziert werden, um die Admittanzmatrix-Elemente $y_{\mu\nu}^{(\kappa)}(p)$ ($\mu,\nu = 1,2$; $\kappa = a,b$) zu bestimmen. Dazu wird ein Hilfspolynom $Q(p)$ eingeführt, dessen Nullstellen einfach sind und auf der negativ-reellen Achse liegen müssen. Der Grad von $Q(p)$ muß, wie sich zeigen wird, mindestens gleich $m-1$ sein. Es wird daher der Ansatz

$$Q(p) = \prod_{\nu=1}^{m-1} (p + \sigma_\nu)$$

$(0 < \sigma_1 < \sigma_2 < ... < \sigma_{m-1})$

gemacht.
Nun werden Zähler und Nenner der gegebenen Funktion $H(p)$ durch das Hilfspolynom $Q(p)$ dividiert. Danach wird die neue Nennerfunktion in Partialbruchform einer RC-Admittanz ausgedrückt, nämlich in der Form

$$\frac{P_2(p)}{Q(p)} = k_0 + k_\infty p + \sum_{\nu=1}^{r} \frac{k_\nu p}{p + \sigma_\nu} - \sum_{\nu=r+1}^{m-1} \frac{k_\nu p}{p + \sigma_\nu} \tag{5}$$

$(k_\nu > 0; \ k_0 \geqslant 0; \ k_\infty > 0)$,

die man aus der Partialbruchentwicklung

$$\frac{P_2(p)}{pQ(p)} = \frac{k_0}{p} + k_\infty + \sum_{\nu=1}^{r} \frac{k_\nu}{p + \sigma_\nu} - \sum_{\nu=r+1}^{m-1} \frac{k_\nu}{p + \sigma_\nu}$$

erhält. Beim Vergleich von Gl.(5) mit dem Nenner der rechten Seite von Gl.(4) bieten sich die folgenden Identifikationen an:

$$y_{11}^{(b)}(p) = k_0 + k_\infty p + \sum_{\nu=1}^{r} \frac{k_\nu p}{p + \sigma_\nu} + Y(p) \equiv \frac{P_2^{(b)}(p)}{Q^{(b)}(p)}, \tag{6a}$$

$$\frac{1}{k_u} y_{22}^{(a)}(p) = \sum_{\nu=r+1}^{m-1} \frac{k_\nu p}{p + \sigma_\nu} + Y(p) \equiv \frac{P_2^{(a)}(p)}{Q^{(a)}(p)}. \tag{6b}$$

Dabei gilt

$$Q^{(a)}(p) \, Q^{(b)}(p) = Q(p) \, R(p),$$

und $R(p)$ ist ein Polynom. Die Funktion $Y(p)$ bedeutet eine zunächst willkürliche RC-Admittanz.
Nun wird noch der Zähler der erweiterten Funktion $H(p)$ in zwei reelle Faktoren zerlegt:

$$\frac{P_1(p)R(p)}{Q(p)R(p)} = \frac{P_1^{(a)}(p)}{Q^{(a)}(p)} \cdot \frac{P_1^{(b)}(p)}{Q^{(b)}(p)} .$$ (7)

Der Grad von $P_1^{(a)}(p)$ soll gleich oder kleiner als der Grad von $P_2^{(a)}(p)$ sein; dasselbe wird für die Polynome $P_1^{(b)}(p)$ und $P_2^{(b)}(p)$ verlangt. Diese Forderung läßt sich sicher für $R(p) = Q(p)$, d.h. für $Q^{(a)}(p) = Q^{(b)}(p) = Q(p)$ erfüllen.
Durch Vergleich des Zählers der rechten Seite von Gl.(4) mit der rechten Seite von Gl.(7) identifiziert man

$$-y_{12}^{(a)}(p) = \frac{P_1^{(a)}(p)}{Q^{(a)}(p)} ,$$ (8a)

$$-y_{12}^{(b)}(p) = \frac{P_1^{(b)}(p)}{Q^{(b)}(p)} .$$ (8b)

Es ist noch zu beachten, daß $y_{11}^{(\kappa)}(0)\, y_{22}^{(\kappa)}(0) \geq [y_{12}^{(\kappa)}(0)]^2$ ($\kappa = a,b$) gelten muß. Dies läßt sich gegebenenfalls durch geeignete Wahl der RC-Admittanz $Y(p)$ erreichen.

b) Die Ergebnisse von Teilaufgabe a werden nun auf die Funktion $H(p)$ Gl.(1) angewendet.
Zunächst wird $Q(p) = p + 1$ gewählt. Dann erhält man mit $P_2(p) = p^2 + 2p + 2$ die Partialbruchentwicklung

$$\frac{P_2(p)}{pQ(p)} = \frac{2}{p} + 1 - \frac{1}{p+1}$$

und somit gemäß Gl.(5) die Darstellung

$$\frac{P_2(p)}{Q(p)} = 2 + p - \frac{p}{p+1} .$$

Hieraus gewinnt man für $k_u = 1$ und $Y(p) \equiv 1$ nach den Gln.(6a,b) die Admittanzmatrix-Elemente

$$y_{11}^{(b)}(p) = 2 + p + 1 ,$$

$$y_{22}^{(a)}(p) = \frac{p}{p+1} + 1$$

und durch Faktorisierung des Zählers $P_1(p)/Q(p) = K$ die Admittanzmatrix-Elemente

$$-y_{12}^{(b)}(p) = K_b\ ,$$

$$-y_{12}^{(a)}(p) = K_a\ .$$

Wegen $y_{12}^{(\kappa)}(0) \neq 0$ ($\kappa = a,b$) wurde $Y(p) \equiv 1$ gewählt. Im Hinblick auf eine Realisierung der ermittelten Admittanzmatrix-Elemente durch kopplungsfreie Zweitore mit durchgehender Kurzschlußverbindung müssen aufgrund der Fialkow-Gerst-Bedingungen die Ungleichungen

$$0 < K_a \leqslant 1, \quad 0 < K_b \leqslant 3$$

erfüllt werden. Im Bild 6.6b sind Zweitore a und b dargestellt, welche für $K_a = 1$, $K_b = 3$ obige Admittanzmatrix-Elemente realisieren. Fügt man diese Zweitore im Netzwerk von Bild 6.6a ein, so wird $H(p)$ Gl.(1) für $K = K_a K_b = 3$ als Übertragungsfunktion I_2/U_1 verwirklicht. Wie aus den vorausgegangenen Überlegungen zu erkennen ist, hat man die Maximalwerte der Konstanten K_a und K_b durch Wahl von $Y(p)$ weitgehend in der Hand.
Nach dem Vorbild von Aufgabe 6.4 läßt sich zeigen, daß $Q(p) = p + \sigma_1$ optimal bezüglich der Pol-Empfindlichkeit $|S_{k_u}^{p_1}|$ ist mit

$$\sigma_1 = \sqrt{b_0} = \sqrt{2}\ .$$

Dann ergibt sich als erweiterte Übertragungsfunktion

$$H(p) = \frac{K\ \dfrac{p+1}{p+\sqrt{2}}}{\dfrac{p^2 + 2p + 2}{p+\sqrt{2}}}\ .$$

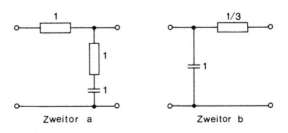

Bild 6.6b: Realisierungen der RC-Zweitore a und b aus Bild 6.6a mit vorgeschriebenem Hilfspolynom

Durch die Partialbruchentwicklung

$$\frac{P_2(p)}{pQ(p)} = \frac{p^2 + 2p + 2}{p(p+\sqrt{2})} = \frac{\sqrt{2}}{p} + 1 - \frac{2(\sqrt{2}-1)}{p+\sqrt{2}}$$

erhält man gemäß Gl.(5) die Darstellung

$$\frac{P_2(p)}{Q(p)} = \sqrt{2} + p - \frac{2(\sqrt{2}-1)p}{p+\sqrt{2}} \;.$$

Daraus ergeben sich aufgrund der Gln.(6a,b) für $k_u = 1$ die Admittanzmatrix-Elemente

$$y_{11}^{(b)}(p) = \sqrt{2} + p + Y(p) \;,$$

$$y_{22}^{(a)}(p) = \frac{2(\sqrt{2}-1)p}{p+\sqrt{2}} + Y(p)$$

und durch Faktorisierung des Zählers $K(p+1)/(p+\sqrt{2})$ gemäß den Gln.(8a,b) die weiteren Admittanzmatrix-Elemente

$$-y_{12}^{(b)}(p) = K_b \;,$$

$$-y_{12}^{(a)}(p) = \frac{K_a p + K_a}{p+\sqrt{2}} = \frac{K_a}{\sqrt{2}} + \frac{K_a \dfrac{\sqrt{2}-1}{\sqrt{2}} p}{p+\sqrt{2}}$$

mit den positiven Konstanten K_a, K_b, deren Produkt mit der Konstante K übereinstimmt. Wie man sieht, ist es notwendig, eine RC-Admittanz $Y(p) \not\equiv 0$ einzuführen. Als einfachste Funktion kommt eine positive Konstante in Frage, wodurch allerdings die ursprüngliche (optimale) Nennerzerlegung gestört wird. Man wird daher eine möglichst kleine Konstante wählen. Mit $Y(p) \equiv 0{,}1$ ergibt sich

$$y_{11}^{(b)}(p) = \sqrt{2} + 0{,}1 + p = 1{,}514 + p \;,$$

$$y_{22}^{(a)}(p) = \frac{2(\sqrt{2}-1)p}{p+\sqrt{2}} + 0{,}1 = \frac{0{,}9284\,p + 0{,}1414}{p + 1{,}414} \;.$$

Aufgrund der zu fordernden Fialkow-Gerst-Bedingungen müssen die Ungleichungen

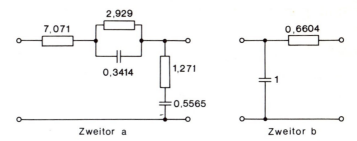

Bild 6.6c: Realisierungen der RC-Zweitore a und b. Mit diesen Zweitoren ergibt sich nahezu die kleinstmögliche Polempfindlichkeit von $H(p)$ bezüglich Änderungen des Konvertierungsfaktors

$$0 < K_a \leqslant 0{,}1414$$

und

$$0 < K_b \leqslant 1{,}514$$

erfüllt werden. Im Bild 6.6c sind RC-Zweitore a und b dargestellt, welche für $K_a = 0{,}1414$ und $K_b = 1{,}514$ die ermittelten Admittanzmatrix-Elemente verwirklichen.

■

Aufgabe 6.7

Die rationale reelle Funktion

$$Y(p) \equiv \frac{P_1(p)}{P_2(p)} = \frac{p-1}{p+2} \tag{1}$$

vom Grad $m = 1$, welche die kennzeichnenden Eigenschaften von Zweipolfunktionen nicht besitzt, soll im folgenden nach dem Verfahren von J.M. Sipress (SEN II, Abschnitt 3.3) als Admittanz durch einen Zweipol realisiert werden, der neben einem NIC mit dem Konvertierungsfaktor $k = 1$ nur Ohmwiderstände und Kapazitäten enthält. Die Struktur des Zweipols ist im Bild 6.7a dargestellt.

a) Man zeige, daß die Funktion

$$Y_0(p) \equiv k_1 \frac{Q_1(p)}{Q_2(p)} = k_1 \frac{p+1}{p+3}$$

Synthese aktiver RC-Netzwerke

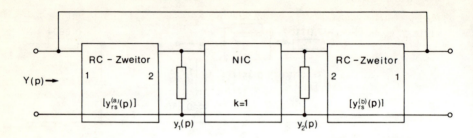

Bild 6.7a: Struktur des aktiven RC-Zweipols, der dem Realisierungsverfahren von J.M. Sipress zugrundeliegt

für positive Werte der Konstante k_1 die kennzeichnenden Eigenschaften einer RC-Admittanz aufweist.

b) Man bilde das Polynom

$$A(p) = k_1 \, Q_1(p) \, P_2(p) - Q_2(p) \, P_1(p)$$

und untersuche, für welche Werte $k_1 > 0$ dieses Polynom mindestens $m = 1$ negativ reelle Nullstellen besitzt.

c) Man wähle im folgenden $k_1 = 1$ und faktorisiere das Polynom $A(p)$ in der Form

$$A(p) = A_1(p) \, A_2(p)$$

mit

$$A_1(p) = p + \sigma_0 \qquad (\sigma_0 > 0) \, .$$

Sodann sind die Polynome

$$R_1(p) = \frac{1}{2} [k_2 \, A_1(p) + A_2(p)]$$

und

$$R_2(p) = \frac{1}{2} [k_2 \, A_1(p) - A_2(p)]$$

mit einer positiven Konstante k_2 zu bilden. Welche Werte darf $k_2 > 0$ annehmen, damit $R_1(p)$ und $R_2(p)$ nur negativ reelle Nullstellen besitzen? Man gebe diese Nullstellen für $k_2 = 1$ an. Diese Wahl der Konstante k_2 soll im folgenden beibehalten werden.

d) Man bestimme gemäß SEN I, Abschnitt 6.5 zwei Zweitore a und b mit den Admittanzmatrix-Elementen

$$\bar{y}_{11}^{(a)}(p) = \frac{Q_1(p)}{Q_2(p)}, \quad -\bar{y}_{12}^{(a)}(p) = k_3^{(a)} \frac{R_1(p)}{Q_2(p)}$$

bzw.

$$\bar{y}_{11}^{(b)}(p) = \frac{Q_1(p)}{Q_2(p)}, \quad -\bar{y}_{12}^{(b)}(p) = k_3^{(b)} \frac{R_2(p)}{Q_2(p)}.$$

Die durch diese Realisierung bestimmten Werte für die Konstanten $k_3^{(a)}$ und $k_3^{(b)}$ sollen angegeben werden.

e) Durch die Beziehung

$$k_3 \left(\frac{1}{k_3^{(a)}} + \frac{1}{k_3^{(b)}} \right) = k_1 \qquad (2)$$

ist der Wert der Konstante k_3 festgelegt. Man verändere das Admittanzniveau des RC-Zweitors a durch den Faktor $k_1^{(a)} = k_3/k_3^{(a)}$ und das des RC-Zweitors b durch den Faktor $k_1^{(b)} = k_3/k_3^{(b)}$. Dadurch entstehen die endgültigen RC-Zweitore a und b, die Teile des im Bild 6.7a dargestellten Netzwerks sind. Man berechne die Admittanzmatrix-Elemente $y_{22}^{(a)}(p)$ und $y_{22}^{(b)}(p)$ dieser RC-Zweitore.

f) Aus der Beziehung

$$y_1(p) - y_2(p) = k_2 k_3^2 \frac{P_2(p)}{Q_2(p)} - y_{22}^{(a)}(p) + y_{22}^{(b)}(p) \qquad (3)$$

sollen aufgrund der Partialbruchentwicklung ihrer rechten Seite, die explizit angegeben werden kann, die RC-Admittanzen $y_1(p)$ und $y_2(p)$ berechnet und realisiert werden.

g) Man gebe den Gesamtzweipol an, der $Y(p)$ Gl.(1) als Admittanz realisiert.

Lösung zu Aufgabe 6.7

a) Aus der Darstellung

$$Y_0(p) = \frac{k_1}{3} \left(1 + \frac{2p}{p+3} \right)$$

ist unmittelbar zu erkennen, daß diese Funktion als RC-Admittanz realisierbar ist.

b) Es sei $p = \sigma_1$ eine reelle Nullstelle des Polynoms

$$A(p) = k_1(p + 1)(p + 2) - (p + 3)(p - 1),$$

es gilt also die Gleichung

$$k_1 = \frac{(\sigma_1 + 3)(\sigma_1 - 1)}{(\sigma_1 + 1)(\sigma_1 + 2)}.$$

Der hierdurch gegebene Zusammenhang zwischen σ_1 und k_1 ist im Bild 6.7b graphisch veranschaulicht. Hieraus ist zu ersehen, daß für

$$0 < k_1 \leqslant k_{12} = 8 - 4\sqrt{3} \quad \text{und} \quad 8 + 4\sqrt{3} = k_{11} \leqslant k_1$$

mindestens eine reelle Nullstelle von $A(p)$ vorhanden ist.

c) Für $k_1 = 1$ erhält man

$$A(p) = p + 5,$$

also

$$A_1(p) = p + 5, \quad A_2(p) = 1.$$

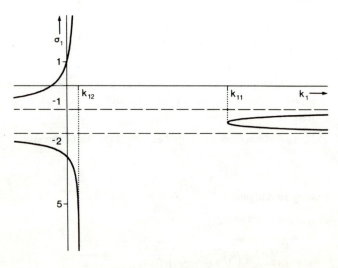

Bild 6.7b: Schaubild zur Bestimmung der Konstante $k_1 > 0$

Hieraus ergeben sich die Polynome

$$R_1(p) = \frac{k_2}{2}p + \frac{5k_2+1}{2} = \frac{k_2}{2}\left[p + 5 + \frac{1}{k_2}\right]$$

und

$$R_2(p) = \frac{k_2}{2}p + \frac{5k_2-1}{2} = \frac{k_2}{2}\left[p + 5 - \frac{1}{k_2}\right] .$$

Damit $R_1(p)$ und $R_2(p)$ bei positivem Wert der Konstante k_2 jeweils eine negativ reelle Nullstelle haben, muß die Bedingung

$$k_2 > \frac{1}{5}$$

eingehalten werden. Mit $k_2 = 1$ erhält man die Nullstellen $p = -6$ bzw. $p = -4$.

d) Zur Realisierung des durch die Admittanzmatrix-Elemente

$$\overline{y}_{11}^{(a)}(p) = \frac{p+1}{p+3}, \quad -\overline{y}_{12}^{(a)}(p) = \frac{k_3^{(a)}}{2} \cdot \frac{p+6}{p+3}$$

gegebenen RC-Zweitors wird auf dessen primärer Seite ein ohmscher Längszweipol mit dem Widerstand

$$\frac{1}{\overline{y}_{11}^{(a)}(-6)} = \frac{3}{5}$$

abgebaut. Das auf diese Weise entstehende Restzweitor erhält die Admittanzmatrix-Elemente

$$\overline{y}_{11}^{(a,1)}(p) = \frac{1}{\dfrac{1}{\overline{y}_{11}^{(a)}(p)} - \dfrac{3}{5}} = \frac{5}{2} \cdot \frac{p+1}{p+6} = \frac{5}{12} + \frac{(25/12)p}{p+6}$$

und

$$-\overline{y}_{12}^{(a,1)}(p) = \overline{y}_{11}^{(a,1)}(p) \cdot \frac{-\overline{y}_{12}^{(a)}(p)}{\overline{y}_{11}^{(a)}(p)} = \frac{5k_3^{(a)}}{4} .$$

Von diesem Zweitor wird auf der Primärseite ein RC-Querzweipol mit der Admittanz

$$\frac{(25/12)p}{p+6}$$

abgespalten. Das verbleibende Restzweitor läßt sich, wie man aus den vorhandenen Gleichungen sieht, durch einen ohmschen Längszweipol mit dem Widerstand $12/5 = 4/(5\,k_3^{(a)})$ verwirklichen. Es gilt dann offensichtlich

$$k_3^{(a)} = \frac{1}{3}\ .$$

Zur Realisierung des durch die Admittanzmatrix-Elemente

$$\overline{y}_{11}^{(b)}(p) = \frac{p+1}{p+3}, \quad -\overline{y}_{12}^{(b)}(p) = \frac{k_3^{(b)}}{2}\cdot\frac{p+4}{p+3}$$

gegebenen RC-Zweitors wird auf dessen Primärseite ein ohmscher Längszweipol mit dem Widerstand

$$\frac{1}{\overline{y}_{11}^{(b)}(-4)} = \frac{1}{3}$$

abgebaut. Das auf diese Weise entstehende Restzweitor erhält die Admittanzmatrix-Elemente

$$\overline{y}_{11}^{(b,1)}(p) = \frac{1}{\dfrac{1}{\overline{y}_{11}^{(b)}(p)} - \dfrac{1}{3}} = \frac{3}{2}\cdot\frac{p+1}{p+4} = \frac{3}{8} + \frac{\frac{9}{8}p}{p+4}$$

und

$$-\overline{y}_{12}^{(b,1)}(p) = \overline{y}_{11}^{(b,1)}\cdot\frac{-\overline{y}_{12}^{(b)}(p)}{\overline{y}_{11}^{(b)}(p)} = \frac{3\,k_3^{(b)}}{4}\ .$$

Von diesem Zweitor wird auf der primären Seite ein RC-Querzweipol mit der Admittanz

$$\frac{(9/8)p}{p+4}$$

abgespalten. Das verbleibende Restzweitor läßt sich, wie man aus den vorhandenen Gleichungen sieht, durch einen ohmschen Längszweipol mit dem Widerstand $8/3 = 4/(3\,k_3^{(b)})$ verwirklichen. Es gilt dann offensichtlich

$$k_3^{(b)} = \frac{1}{2}.$$

Die beiden gewonnenen Zweitore sind im Bild 6.7c dargestellt.

e) Aus Gl.(2) ergibt sich mit $k_1 = 1$, $k_3^{(a)} = 1/3$ und $k_3^{(b)} = 1/2$ die Konstante

$k_3 = 1/5$.

Hieraus folgen die Faktoren

$$k_1^{(a)} = \frac{3}{5} \quad \text{und} \quad k_1^{(b)} = \frac{2}{5},$$

mit denen das Admittanzniveau der im Bild 6.7c dargestellten Zweitore geändert werden muß. Die hierdurch entstehenden Werte der Netzwerkelemente sind im Bild 6.7c in Klammern angegeben. Die Admittanzmatrix-Elemente $y_{22}^{(a)}(p)$ und $y_{22}^{(b)}(p)$ der beiden RC-Zweitore ergeben sich durch elementare Analyse dieser Netzwerke zu

$$y_{22}^{(a)}(p) = \frac{9p + 24}{40\,(p+3)}, \quad y_{22}^{(b)}(p) = \frac{(11/2)p + 16}{40\,(p+3)}.$$

f) Mit Hilfe der in Teilaufgabe e ermittelten Admittanzen $y_{22}^{(a)}(p)$, $y_{22}^{(b)}(p)$ und der Konstanten $k_2 = 1$, $k_3 = 1/5$ erhält man nun die Gl.(3) in der Form

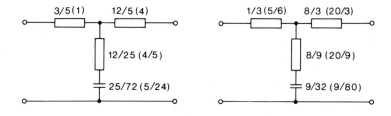

Bild 6.7c: Realisierungen der RC-Zweitore $\overline{a}$ und $\overline{b}$ nach Teilaufgabe d. Die für die RC-Zweitore a und b geltenden Werte der Netzwerkelemente sind in Klammern angegeben

Synthese aktiver RC-Netzwerke

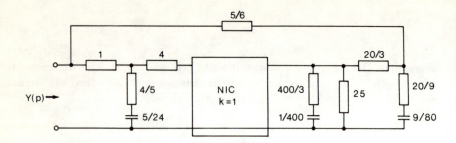

Bild 6.7d: Vollständiger Zweipol zur Verwirklichung der vorgeschriebenen Admittanz $Y(p)$

$$y_1(p) - y_2(p) = \frac{1}{25} \cdot \frac{p+2}{p+3} - \frac{9p+24}{40(p+3)} + \frac{(11/2)p+16}{40(p+3)}$$

oder

$$y_1(p) - y_2(p) = -\frac{1}{25} - \frac{(3/400)p}{p+3}.$$

Es ist also

$$y_1(p) = 0 \quad \text{und} \quad y_2(p) = \frac{1}{25} + \frac{(3/400)p}{p+3} \tag{4a,b}$$

zu wählen. Beide Admittanzen können direkt realisiert werden.

g) Fügt man die RC-Zweitore aus Bild 6.7c und die durch die Gln.(4a,b) gegebenen Zweipole in das Netzwerk von Bild 6.7a ein, so ergibt sich der Gesamtzweipol, der die Funktion $Y(p)$ Gl.(1) als Admittanz realisiert (Bild 6.7d).

■
Aufgabe 6.8

a) Welche Klasse von Funktionen $Z(p)$ läßt sich als Impedanz durch das im Bild 6.8a dargestellte Netzwerk verwirklichen, wenn die beiden verwendeten Zweipole nur aus Ohmwiderständen und Kapazitäten aufgebaut sind? Wie sieht die duale Netzwerkstruktur aus, und welche Einschränkungen gelten dann für die realisierbaren Impedanzen? Der Konvertierungsfaktor des NIC sei Eins.

b) Man zeige, daß durch das im Bild 6.8b angegebene Netzwerk jede rationale reelle Funktion $Y(p)$ als Admittanz verwirklicht werden kann. Auch zu diesem Netz-

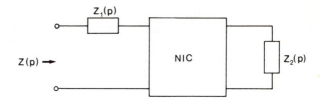

Bild 6.8a: Der Teilaufgabe *a* zugrundeliegende Netzwerkstruktur

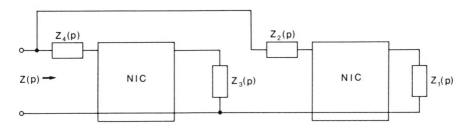

Bild 6.8b: Der Teilaufgabe *b* zugrundeliegende Netzwerkstruktur

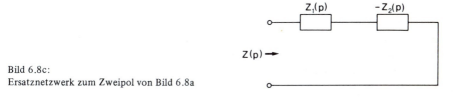

Bild 6.8c:
Ersatznetzwerk zum Zweipol von Bild 6.8a

werk soll die duale Struktur angegeben werden. Welches der beiden Netzwerke ist im Hinblick auf die praktische Ausführung günstiger? Die Konvertierungsfaktoren der NIC seien Eins und die auftretenden Zweipole enthalten nur Ohmwiderstände und Kapazitäten.

c) Man verwende das Ergebnis von Teilaufgabe *b* dazu, die Admittanz $Y(p) = 1/(Lp)$ zu realisieren.

Lösung zu Aufgabe 6.8

a) Das Netzwerk von Bild 6.8a kann durch die im Bild 6.8c angegebene äquivalente Ersatzschaltung ersetzt werden. Da die Zweipolfunktionen $Z_1(p)$ und $Z_2(p)$ die Eigenschaften von RC-Impedanzen haben, muß gemäß SEN, Gl.(34) die Eingangsimpedanz des Netzwerks in der Form

$$Z(p) = \frac{D_0}{p} + D_\infty + \sum_{\nu=1}^{n} \frac{D_\nu}{p + \sigma_\nu} \tag{1}$$

mit $D_\nu \gtreqless 0$ für $\nu = 0,1,..., n, \infty$ und $\sigma_\nu > 0$ für $\nu = 1,2,..., n$ darstellbar sein. Schreibt man die Impedanz $Z(p)$ als Quotient zweier Polynome

$$Z(p) = \frac{P_1(p)}{P_2(p)}, \tag{2}$$

wobei $P_1(p)$ und $P_2(p)$ keine gemeinsamen Nullstellen haben sollen, dann sind die Nullstellen des Nennerpolynoms $P_2(p)$ nach Gl.(1) notwendigerweise einfach und liegen auf der negativ reellen p-Achse einschließlich $p = 0$. Der Grad des Zählerpolynoms $P_1(p)$ darf den des Nennerpolynoms $P_2(p)$ nicht übersteigen.

Ist umgekehrt eine rationale reelle Funktion $Z(p)$ in der Form von Gl.(2) gegeben, so kann die Funktion gemäß Gl.(1) in eine Partialbruchsumme entwickelt werden, sofern das Nennerpolynom nur einfache Nullstellen hat, die ausschließlich auf der negativ reellen Achse einschließlich $p = 0$ liegen, und sofern der Grad des Zählerpolynoms den des Nennerpolynoms nicht übersteigt. Unter diesen Voraussetzungen läßt sich die Funktion als Differenz

$$Z(p) = Z_1(p) - Z_2(p)$$

zweier RC-Impedanzen $Z_1(p)$ und $Z_2(p)$ auffassen und somit als Impedanz gemäß Bild 6.8c bzw. 6.8a realisieren. Als $Z_1(p)$ wählt man jenen Teil der genannten Partialbruchsumme von $Z(p)$, welcher alle Summanden mit positiven Entwicklungskoeffizienten umfaßt, während $-Z_2(p)$ mit dem Teil der Partialbruchsumme von $Z(p)$ identifiziert wird, welcher alle Summanden mit negativen Entwicklungskoeffizienten umfaßt. Der triviale Fall $Z_2(p) \equiv 0$ ist hier ausgeschlossen.

Die duale Netzwerkstruktur ist im Bild 6.8d angegeben. Die auftretenden Funktionen $Y_1(p)$ und $Y_2(p)$ bedeuten RC-Admittanzen. Dann muß gemäß SEN I, Abschnitt 3.3.1 für die Eingangsadmittanz notwendigerweise die Darstellung

$$Y(p) = E_0 + E_\infty p + \sum_{\nu=1}^{n} \frac{E_\nu p}{p + \sigma_\nu}$$

mit $E_\nu \gtreqless 0$ für $\nu = 0,1,..., n, \infty$ und $\sigma_\nu > 0$ für $\nu = 1,2,..., n$ bestehen. Alle Pole von $Y(p)$ müssen damit einfach sein und auf der negativ reellen Achse einschließlich $p = \infty$ liegen. Hierin eingeschlossen ist die Eigenschaft, daß der Grad des Zähler-

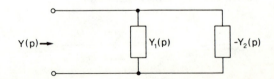

Bild 6.8d:
Zum Zweipol von Bild 6.8c dualer Zweipol

polynoms von $Y(p)$ den des Nennerpolynoms höchstens um Eins übersteigen darf. Man kann wie im Fall der ersten Netzwerkstruktur zeigen, daß die genannte Bedingung für die Pole von $Y(p)$ auch hinreichend dafür ist, daß jede derartige Funktion als Admittanz durch ein Netzwerk nach Bild 6.8d realisiert werden kann. Die Admittanz $-Y_2(p)$ wird durch einen NIC realisiert, der am Ausgang durch einen RC-Zweipol mit der Admittanz $Y_2(p)$ abgeschlossen ist.

b) Der im Bild 6.8b beschriebene Zweipol mit der Admittanz $Y(p)$ kann gemäß Bild 6.8e durch ein äquivalentes Ersatznetzwerk dargestellt werden. Eine Analyse liefert direkt die Admittanz

$$Y(p) = \frac{1}{Z_4(p)-Z_3(p)} - \frac{1}{Z_1(p)-Z_2(p)} = \frac{Z_2(p)+Z_4(p)-[Z_1(p)+Z_3(p)]}{[Z_4(p)-Z_3(p)][Z_2(p)-Z_1(p)]}.$$
(3)

Diese Darstellung läßt keine besondere Einschränkung für die rationale, reelle Funktion $Y(p)$ erkennen, obwohl die auftretenden Funktionen $Z_1(p)$, $Z_2(p)$, $Z_3(p)$ und $Z_4(p)$ RC-Impedanzen bedeuten.

Es sei nun eine beliebige rationale, reelle Funktion

$$Y(p) = \frac{P_1(p)}{P_2(p)}$$

vorgeschrieben. Die Polynome $P_1(p)$ und $P_2(p)$ mögen keine gemeinsamen Nullstellen besitzen. Führt man ein Hilfspolynom $Q(p)$ ein, das nur einfache Nullstellen auf der negativ reellen Achse hat und dessen Grad gleich oder größer dem von $Y(p)$ ist, so ergibt sich die modifizierte Form

$$Y(p) = \frac{P_1(p)/Q(p)}{P_2(p)/Q(p)} = \frac{P_1^{(a)}(p)/Q^{(a)}(p) - P_1^{(b)}(p)/Q^{(b)}(p)}{P_2(p)/Q(p)}.$$

Dabei wurde der Zähler $P_1(p)/Q(p)$ in die Differenz der beiden RC-Impedanzen $P_1^{(a)}(p)/Q^{(a)}(p)$ und $P_1^{(b)}(p)/Q^{(b)}(p)$ mit $Q^{(a)}(p) Q^{(b)}(p) = Q(p)$ auf die bei der Lösung von Teilaufgabe *a* beschriebene Weise zerlegt. Bei der Wahl von $Q(p)$ ist noch dafür zu sorgen, daß die Polynome $P_1^{(a)}(p)$ und $Q^{(b)}(p)$ ebenso wie die Poly-

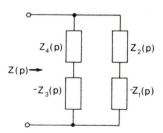

Bild 6.8e: Ersatznetzwerk zum Zweipol von Bild 6.8b

nome $P_1^{(b)}(p)$ und $Q^{(a)}(p)$ keine gemeinsamen Nullstellen besitzen und daß weder $P_1^{(a)}(p)$ noch $P_1^{(b)}(p)$ identisch gleich Null werden. Dies vermeidet man gegebenenfalls dadurch, daß man auf der rechten Seite der zuletzt angegebenen Gleichung für $Y(p)$ die beiden im Zähler auftretenden RC-Impedanzen additiv mit derselben positiven Konstante erweitert. Damit werden in jedem Fall auch die im weiteren geforderten Gradbeziehungen zwischen den Polynomen $P_2(p)$, $R(p)$ und $S(p)$ erfüllt, und man erhält für die Admittanz die weitere Darstellung

$$Y(p) = \frac{P_1^{(a)}(p)\, Q^{(b)}(p)}{P_2(p)} - \frac{P_1^{(b)}(p)\, Q^{(a)}(p)}{P_2(p)}\,.$$

Durch Vergleich mit Gl.(3) gewinnt man die Zuordnungen

$$Z_4(p) - Z_3(p) = \frac{P_2(p)}{P_1^{(a)}(p)\, Q^{(b)}(p)} = \frac{P_2(p)}{R(p)} = \frac{P_2^{(a)}(p)}{R^{(a)}(p)} - \frac{P_2^{(b)}(p)}{R^{(b)}(p)} \qquad (4)$$

und

$$Z_1(p) - Z_2(p) = \frac{P_2(p)}{P_1^{(b)}(p)\, Q^{(a)}(p)} = \frac{P_2(p)}{S(p)} = \frac{P_2^{(c)}(p)}{S^{(a)}(p)} - \frac{P_2^{(d)}(p)}{S^{(b)}(p)}\,. \qquad (5)$$

Dabei bedeuten $P_2^{(a)}(p)/R^{(a)}(p)$ und $P_2^{(b)}(p)/R^{(b)}(p)$ RC-Impedanzen, die aus der Funktion $P_2(p)/R(p)$ gemäß Gl.(4) auf die bei der Besprechung von Teilaufgabe a beschriebene Weise entstehen. Ebenso bedeuten $P_2^{(c)}(p)/S^{(a)}(p)$ und $P_2^{(d)}(p)/S^{(b)}(p)$ RC-Impedanzen, die aus der Funktion $P_2(p)/S(p)$ gemäß Gl.(5) in derselben Weise entstehen. Dabei ist noch wichtig, daß aufgrund der Wahl von $Q(p)$ die Polynome $R(p) = P_1^{(a)}(p)\, Q^{(b)}(p)$ und $S(p) = P_1^{(b)}(p)\, Q^{(a)}(p)$ nur einfache Nullstellen haben, die auf der negativ reellen Achse liegen, und daß der Grad von $P_2(p)$ wegen des für $Q(p)$ gewählten Grades nicht größer ist als der Grad von $R(p)$ und $S(p)$.

Nun erhält man nach den Gln.(4) und (5) die RC-Impedanzen

$$Z_1(p) = \frac{P_2^{(c)}(p)}{S^{(a)}(p)}, \qquad Z_2(p) = \frac{P_2^{(d)}(p)}{S^{(b)}(p)},$$

$$Z_3(p) = \frac{P_2^{(b)}(p)}{R^{(b)}(p)}, \qquad Z_4(p) = \frac{P_2^{(a)}(p)}{R^{(a)}(p)},$$

welche in bekannter Weise realisiert werden. Damit ist gezeigt, daß jede rationale reelle Funktion $Y(p)$ als Admittanz durch ein Netzwerk gemäß Bild 6.8b verwirklicht werden kann.

Im Bild 6.8f ist die duale Anordnung dargestellt. Sie erlaubt die Realisierung jeder rationalen reellen Funktion $Z(p)$ als Impedanz.

Die erste Anordnung ist günstiger, da sowohl der realisierte Zweipol als auch die beiden NIC an einer Klemme Nullpotential besitzen.

c) Zur Realisierung der Admittanz $Y(p) = 1/(Lp)$ wird das Hilfspolynom

$$Q(p) = p + \sigma_1$$

gewählt. Damit erhält man die modifizierte Form der Darstellung

$$Y(p) = \frac{\dfrac{1}{p+\sigma_1}}{\dfrac{Lp}{p+\sigma_1}} = \frac{\left(A_0 + \dfrac{1}{p+\sigma_1}\right) - A_0}{\dfrac{Lp}{p+\sigma_1}} \equiv \frac{\dfrac{P_1^{(a)}(p)}{Q^{(a)}(p)} - \dfrac{P_1^{(b)}(p)}{Q^{(b)}(p)}}{\dfrac{Lp}{p+\sigma_1}}.$$

Dabei ist A_0 eine beliebige positive Konstante. Hieraus folgt

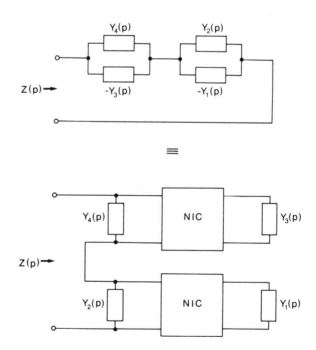

Bild 6.8f: Zum Zweipol von Bild 6.8e dualer Zweipol und die entsprechende Realisierung mit zwei NIC

$$\frac{P_1^{(a)}(p)}{Q^{(a)}(p)} = \frac{A_0 p + A_0 \sigma_1 + 1}{p + \sigma_1},$$

$$\frac{P_1^{(b)}(p)}{Q^{(b)}(p)} = A_0,$$

also

$$P_1^{(a)}(p)\, Q^{(b)}(p) = A_0 p + A_0 \sigma_1 + 1,$$

$$P_1^{(b)}(p)\, Q^{(a)}(p) = A_0\, (p + \sigma_1).$$

Nach den Gln.(4) und (5) ergeben sich die Beziehungen

$$Z_4(p) - Z_3(p) = \frac{Lp}{A_0 p + A_0 \sigma_1 + 1} = \frac{L}{A_0} - \frac{1}{\dfrac{A_0}{L(\sigma_1 + \dfrac{1}{A_0})p} + \dfrac{A_0}{L}}$$

und

$$Z_1(p) - Z_2(p) = \frac{Lp}{A_0(p + \sigma_1)} = \frac{L}{A_0} - \frac{L\sigma_1/A_0}{p + \sigma_1},$$

und somit erhält man die RC-Impedanzen

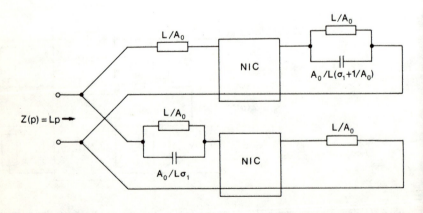

Bild 6.8g: Vollständiges Netzwerk zur Verwirklichung der Impedanz $Z(p) = Lp$

$$Z_1(p) = \frac{L}{A_0}, \qquad Z_2(p) = \frac{L\sigma_1/A_0}{p + \sigma_1},$$

$$Z_3(p) = \frac{1}{\dfrac{A_0}{L(\sigma_1 + \dfrac{1}{A_0})}p + \dfrac{A_0}{L}}, \qquad Z_4(p) = \frac{L}{A_0}.$$

Aus diesen Impedanzen resultiert nun gemäß Bild 6.8b das im Bild 6.8g dargestellte Netzwerk mit der Eingangsimpedanz Lp; es simuliert also eine Induktivität L.

■
Aufgabe 6.9

Die Funktion

$$H(p) = K\frac{a_2 p^2 + a_1 p + a_0}{p^2 + b_1 p + b_0} = K\frac{p^2 + 4}{p^2 + p + 1}$$

soll als Übertragungsfunktion U_2/I_1 durch das im Bild 6.9a dargestellte Netzwerk mit den beiden RC-Zweitoren a, b und einem Gyrator realisiert werden.

a) Man bestimme die beiden RC-Zweitore nach SEN II, Abschnitt 4.1.2.b, wobei der Gyrationswiderstand des idealen Gyrators $r = 1$, das Hilfspolynom $Q(p) = p(p+2)$ und die Konstanten $\gamma = 0{,}1$; $\epsilon = 0{,}2$ gewählt werden sollen.

b) Statt des idealen Gyrators werde ein verlustbehafteter Gyrator mit der Impedanzmatrix

$$Z = \begin{bmatrix} \delta & -r \\ r & \delta \end{bmatrix}$$

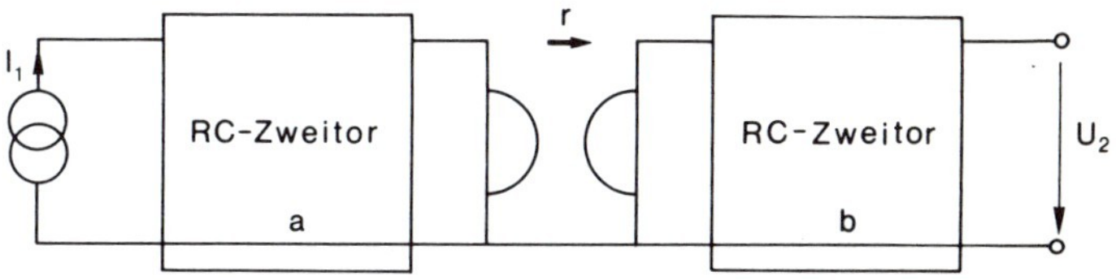

Bild 6.9a: Struktur des Netzwerks zur Realisierung der vorgeschriebenen Übertragungsfunktion

verwendet. Man bestimme die untere Grenze für den Quotienten r/δ, falls die bei der Realisierung freien Parameter gemäß Teilaufgabe a gewählt werden.

Lösung zu Aufgabe 6.9

a) Gemäß SEN II, Abschnitt 4.1.2 muß ein Hilfspolynom $Q(p)$ eingeführt werden, durch welches Zähler- und Nennerpolynom der gegebenen Übertragungsfunktion dividiert werden.

Die Wahl des Hilfspolynoms in Teilaufgabe a erfolgte gemäß SEN II, Abschnitt 4.1.1. Dies führt zu einer minimalen Koeffizientenempfindlichkeit des Nennerpolynoms von $H(p)$ gegenüber Änderungen des Gyrationswiderstandes r, sofern die Zerlegung des Nenners $P_2(p)/Q(p)$ nach SEN, Gln.(465) und (466) durchgeführt wird. Im vorliegenden Beispiel müssen die Summanden dieser Zerlegung noch additiv ergänzt werden. Man kommt der erwähnten minimalen Koeffizientenempfindlichkeit jedoch trotzdem sehr nahe, wenn man die additive Ergänzung der Zerlegung möglichst klein wählt. Es ist noch zu bemerken, daß mit der Koeffizientenempfindlichkeit auch die Nullstellenempfindlichkeit des Nennerpolynoms von $H(p)$ betragsmäßig minimal wird.

Die vorausgegangenen Überlegungen wurden bei der Wahl der freien Parameter berücksichtigt, wie im folgenden gezeigt wird.

Die Zerlegung von $P_2(p)/Q(p)$ in die Summe einer RC-Admittanz und einer RC-Impedanz mit minimaler Empfindlichkeit $|S_{r,2}^{p_1}|$, wobei p_1, p_1^* die Polstellen von $H(p)$ bedeuten, lautet gemäß SEN II, Abschnitt 4.1.1

$$\frac{P_2(p)}{Q(p)} = 1 + \frac{\beta}{\sigma_2} + \frac{a}{p} + \frac{-\frac{\beta}{\sigma_2}p}{p+\sigma_2} \tag{1}$$

mit

$$\sigma_2 = \frac{2b_0}{b_1}.$$

Um bei komplexen Übertragungsnullstellen zulässige Impedanzmatrix-Elemente für die RC-Zweitore zu erhalten, muß die Zerlegung nach Gl.(1) noch ergänzt werden, und zwar in der Form

$$\frac{P_2(p)}{Q(p)} = 1 + \frac{\beta}{\sigma_2} + \frac{a}{p} - \frac{\frac{\gamma}{\sigma_2}p}{p+\sigma_2} + \frac{-\frac{\beta}{\sigma_2}p}{p+\sigma_2} + \frac{\frac{\gamma}{\sigma_2}p}{p+\sigma_2} \qquad (\gamma > 0)$$

oder

$$\frac{P_2(p)}{Q(p)} = 1 + \frac{\beta}{\sigma_2} - \frac{\gamma}{\sigma_2} + \frac{a}{p} + \frac{\gamma}{p + \sigma_2} + \frac{\frac{\gamma - \beta}{\sigma_2} p}{p + \sigma_2} \qquad (2)$$

$$= z_{22}^{(a)}(p) + \frac{r^2}{z_{11}^{(b)}(p)}.$$

Dabei ist

$$z_{22}^{(a)}(p) = \epsilon + \frac{a}{p} + \frac{\gamma}{p + \sigma_2} \qquad (3a)$$

mit

$$\epsilon = 1 + \frac{\beta}{\sigma_2} - \frac{\gamma}{\sigma_2} > 0 \qquad (4)$$

und

$$\frac{r^2}{z_{11}^{(b)}(p)} = \frac{\frac{\gamma - \beta}{\sigma_2} p}{p + \sigma_2} \quad \text{oder} \quad z_{11}^{(b)}(p) = \frac{r^2 (p + \sigma_2) \sigma_2}{(\gamma - \beta) p} \qquad (5a)$$

zu setzen. Mit den Indizes a und b wird zwischen den beiden RC-Zweitoren unterschieden. Im Hinblick auf eine möglichst geringe Polempfindlichkeit sollte γ/σ_2 möglichst klein gewählt werden. Entsprechend den Gln.(483), (484) aus SEN erhält man schließlich für die restlichen Impedanzmatrix-Elemente

$$z_{12}^{(a)}(p) = K^{(a)} \frac{a_2 p^2 + a_1 p + a_0}{r p (p + \sigma_2)} \qquad (3b)$$

und

$$z_{12}^{(b)}(p) = K^{(b)} z_{11}^{(b)}(p) = \frac{K^{(b)} r^2 (p + \sigma_2) \sigma_2}{(\gamma - \beta) p}. \qquad (5b)$$

Dabei wurde berücksichtigt, daß die Matrixelemente $z_{12}^{(a)}(p)$ und $z_{12}^{(b)}(p)$ nur bis auf positive Konstanten $K^{(a)}$ und $K^{(b)}$ realisiert werden können. Es besteht dann der Zusammenhang $K = K^{(a)} K^{(b)}$.

In der Aufgabenstellung wird in Übereinstimmung mit den dargelegten Gesichtspunkten zur Synthese

$$\sigma_1 = 0; \quad \sigma_2 = \frac{2b_0}{b_1} = 2; \quad \gamma = 0,1; \quad \epsilon = 0,2$$

vorgeschrieben. Daraus ergeben sich folgende Resultate $(r = 1)$:

$$\frac{P_2(p)}{Q(p)} = \frac{p^2 + p + 1}{p(p+2)} = 1 + \frac{1}{2p} + \frac{-\frac{3}{2}}{p+2},$$

also

$$\alpha = \frac{1}{2}; \quad \beta = -\frac{3}{2}.$$

Damit wird nach Gl.(4) die Wahl

$$\epsilon = 1 - \frac{3}{4} - \frac{1}{2 \cdot 10} = \frac{1}{5}$$

bestätigt. Gemäß den Gln.(3a,b) und (5a,b) erhält man nun explizit für die Impedanzmatrix-Elemente der RC-Zweitore a und b

$$z_{22}^{(a)}(p) = \frac{1}{5} + \frac{1}{2p} + \frac{\frac{1}{10}}{p+2}, \tag{6a}$$

$$z_{12}^{(a)}(p) = K^{(a)} \frac{p^2 + 4}{p(p+2)} \tag{6b}$$

und

$$z_{11}^{(b)}(p) = \frac{2(p+2)}{\frac{8}{5}p} = \frac{5}{4} + \frac{1}{\frac{2}{5}p}, \tag{7a}$$

$$z_{12}^{(b)}(p) = K^{(b)} z_{11}^{(b)}(p). \tag{7b}$$

Die Synthese von Zweitor a aufgrund der durch die Gln.(6a,b) gegebenen Impedanzmatrix-Elemente kann nach SEN I, Abschnitt 6.7.4 erfolgen. Die Synthese von Zweitor b aufgrund der durch die Gln.(7a,b) gegebenen Impedanzmatrix-Elemente ist naheliegend. Das vollständige Netzwerk ist im Bild 6.9b dargestellt. Die Konstante $K^{(b)}$ wurde maximal, d.h. gleich Eins gewählt, für das Zweitor a ergab sich $K^{(a)} = 1/5$.

b) Es werde nun ein verlustbehafteter Gyrator verwendet. Zur Bestimmung der unteren Grenze r/δ müssen die maximalen Längswiderstände berechnet werden, die an den dem Gyrator zugewandten Toren der RC-Zweitore a und b bei deren Realisierung herausgezogen werden können. Bezeichnet man diese Längswiderstände mit $R_l^{(a)}$ bzw. $R_l^{(b)}$, so müssen offenbar folgende Ungleichungen erfüllt werden, damit die Elemente der Restmatrix zulässig sind:

$$R_l^{(a)} < z_{22}^{(a)}(\infty) = \epsilon = \frac{1}{5},$$

$$R_l^{(b)} < z_{11}^{(b)}(\infty) = \frac{5}{4}.$$

Da andererseits

$$\delta \leq \text{Min}\,[R_l^{(a)}, R_l^{(b)}] < \text{Min}\left[\frac{1}{5}, \frac{5}{4}\right]$$

gelten muß, lautet die untere Schranke für das Verhältnis r/δ mit $r = 1$

$$\frac{r}{\delta} > \frac{1}{1/5} = 5.$$

Dieser Wert kommt der für dieses Verfahren absolut gültigen Schranke (SEN II, Abschnitt 4.1.2,b)

$$\text{Min}\left[\frac{r}{\delta}\right] = \frac{r}{\epsilon_{max}} = \frac{r 4 b_0}{(b_1 - \gamma)^2} = 4{,}94 \qquad (r = 1)$$

sehr nahe.

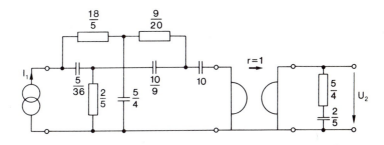

Bild 6.9b: RC-Zweitore mit Gyrator, welche die gegebene Übertragungsfunktion verwirklichen

Synthese aktiver RC-Netzwerke

■
Aufgabe 6.10

Durch Analyse des im Bild 6.10a dargestellten Netzwerks ergibt sich als Verhältnis von Ausgangs- zur Eingangsspannung

$$\frac{U_2}{U_1} \equiv H(p) = \frac{-r y_{12}^{(a)}(p) \, z_{12}^{(b)}(p)}{r^2 y_{22}^{(a)}(p) + z_{11}^{(b)}(p)} \, . \tag{1}$$

Dabei bedeuten $y_{22}^{(a)}(p), y_{12}^{(a)}(p)$ Admittanzmatrix-Elemente des RC-Zweitors a und $z_{11}^{(b)}(p), z_{12}^{(b)}(p)$ Impedanzmatrix-Elemente des RC-Zweitors b.

a) Die Übertragungsfunktion

$$H(p) = \frac{Kp\,(p+1)}{p^2 + 2p + 4} \tag{2}$$

ist mit Hilfe des Netzwerks nach Bild 6.10a als Spannungsverhältnis U_2/U_1 zu verwirklichen. Man bestimme die beiden RC-Zweitore, wobei $r^2 = 1$ zu setzen und das für die Realisierung erforderliche Hilfspolynom $Q(p)$ so zu wählen ist, daß die Empfindlichkeiten der Koeffizienten des Nennerpolynoms von U_2/U_1 gegenüber Änderungen der Größe r^2 minimal sind.

b) Nun ist das gemäß Teilaufgabe *a* bestimmte Netzwerk so umzuformen, daß ein verlustbehafteter Gyrator mit der Impedanzmatrix

$$Z_G = \begin{bmatrix} \delta & -r \\ r & \delta \end{bmatrix}$$

verwendet werden kann. Wie lautet die untere Schranke Q_m für das Verhältnis r/δ (das ist näherungsweise die „Güte" des Gyrators), so daß für $r/\delta > Q_m$ die

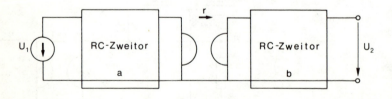

Bild 6.10a: Netzwerk, durch welches die gegebene Übertragungsfunktion $H(p)$ als Spannungsverhältnis U_2/U_1 realisiert werden soll

Verlustwiderstände des Gyrators durch die anliegenden RC-Zweitore kompensiert werden können? Man gebe die modifizierte Realisierung für $r/\delta = 5$ an. Ändert sich dabei auch der maximal für die Konstante K mögliche Wert?

Lösung zu Aufgabe 6.10

a) Für die Übertragungsfunktion U_2/U_1 Gl.(1) besteht die durch Gl.(2) gegebene Vorschrift $H(p)$ mit dem Zählerpolynom

$$P_1(p) = Kp(p+1)$$

und dem Nennerpolynom

$$P_2(p) = p^2 + 2p + 4 \ .$$

Entsprechend dieser Vorschrift sind die RC-Zweitore a und b des Netzwerks im Bild 6.10a zu dimensionieren, wobei K eine zunächst unbestimmte positive Konstante ist. Dazu dividiert man gemäß SEN II, Abschnitt 4.1.1 die Polynome $P_1(p)$ und $P_2(p)$ durch ein Hilfspolynom

$$Q(p) = (p + \sigma_1)(p + \sigma_2) \qquad (0 \leq \sigma_1 < \sigma_2) \ .$$

Der auf diese Weise modifizierte Nenner $P_2(p)/Q(p)$ der vorgeschriebenen Übertragungsfunktion wird dann in die Summe einer RC-Admittanz und einer RC-Impedanz zerlegt, um eine Identifikation der Nennersummanden von Gl.(1) und Gl.(2) zu ermöglichen.
Stellt man die Gl.(1) in der Form

$$H(p) = \frac{a_2 p^2 + a_1 p + a_0}{b_2 p^2 + b_1 p + b_0}$$

dar, so hängen die Koeffizienten b_ν offenbar vom Quadrat des Gyrationswiderstandes r ab. Nach SEN II, Abschnitt 4.1.1 ist diese Abhängigkeit am kleinsten, d.h. die Koeffizientenempfindlichkeiten $S_{r^2}^{b_\nu}$ ($\nu = 0,1,2$) am geringsten, falls für das Hilfspolynom $Q(p)$

$$\sigma_1 = 0, \qquad \sigma_2 = \frac{2b_0}{b_1}$$

gewählt wird. Diese Wahl wird im folgenden getroffen. Damit ergibt sich der weitere Verlauf des Synthesevorgangs.

Zunächst erfolgt eine Zerlegung des Nenners der modifizierten Gl.(2) in der Form

$$\frac{P_2(p)}{Q(p)} = 1 + \frac{\beta}{\sigma_2} + \frac{a}{p+\sigma_1} - \frac{\frac{\beta}{\sigma_2}p}{p+\sigma_2} = z_{11}^{(b)}(p) + r^2 y_{22}^{(a)}(p) .$$

Dabei gilt

$$z_{11}^{(b)}(p) = 1 + \frac{\beta}{\sigma_2} + \frac{a}{p+\sigma_1}$$

und

$$y_{22}^{(a)}(p) = -\frac{1}{r^2} \frac{\frac{\beta}{\sigma_2}p}{p+\sigma_2}$$

oder mit $r^2 = 1$, $\sigma_1 = 0$, $\sigma_2 = 2b_0/b_1$, $a = b_1/2$, $\beta = \dfrac{b_1}{2}\left(1 - \dfrac{4b_0}{b_1^2}\right)$

$$z_{11}^{(b)}(p) = \frac{b_1^2}{4b_0} + \frac{\frac{b_1}{2}}{p} , \tag{3a}$$

und

$$y_{22}^{(a)}(p) = \frac{\left(1 - \dfrac{b_1^2}{4b_0}\right)p}{p + \dfrac{2b_0}{b_1}} . \tag{4a}$$

Der Zähler $P_1(p)/Q(p)$ der modifizierten Gl.(2) muß nun so faktorisiert werden, daß eine Identifikation mit dem Zähler der Gl.(1) auf zulässige Matrix-Elemente $y_{12}^{(a)}(p)$ und $z_{12}^{(b)}(p)$ führt. Ein Vergleich der Zähler liefert die Beziehung

$$-rz_{12}^{(b)}(p)\, y_{12}^{(a)}(p) = \frac{P_1(p)}{Q(p)} = \frac{Kp(p+1)}{p(p+\sigma_2)}\ .$$

Unter Berücksichtigung der Gln.(3a) und (4a) ergeben sich mit $r = 1$ als zulässige Faktoren

$$z_{12}^{(b)}(p) = K^{(b)}\, \frac{p+1}{p}\ , \tag{3b}$$

$$-y_{12}^{(a)}(p) = K^{(a)}\, \frac{p}{p+\sigma_2}\ . \tag{4b}$$

Setzt man in die Gln.(3a,b) und (4a,b) die Zahlenwerte ein, so erhält man schließlich für das RC-Zweitor b die Impedanzmatrix-Elemente

$$z_{11}^{(b)}(p) = \frac{1}{4} + \frac{1}{p} = \frac{\frac{1}{4}p + 1}{p}\ , \tag{5a}$$

$$z_{12}^{(b)}(p) = \frac{K^{(b)}p + K^{(b)}}{p} \tag{5b}$$

und für das RC-Zweitor a die Admittanzmatrix-Elemente

$$y_{22}^{(a)}(p) = \frac{\frac{3}{4}p}{p+4} = \frac{1}{\frac{4}{3} + \frac{1}{\frac{3}{16}p}}\ , \tag{6a}$$

$$-y_{12}^{(a)}(p) = \frac{K^{(a)}p}{p+4}\ . \tag{6b}$$

Die Realisierung kann z.B. so erfolgen, daß die Konstante K der zu realisierenden Übertragungsfunktion maximal wird. Aus den Fialkow-Gerst-Bedingungen (SEN I, Abschnitt 4.5.2) folgen die Maximalwerte für die Konstanten $K^{(a)}$ und $K^{(b)}$

$$K_{\max}^{(a)} = \frac{3}{4}\ ,$$

$$K_{max}^{(b)} = \frac{1}{4}.$$

Mit diesen Werten erhält man aus den Gln.(5b) und (6b) die Matrixelemente

$$z_{12}^{(b)}(p) = \frac{\frac{1}{4}p + \frac{1}{4}}{p} = \frac{1}{4} + \frac{1}{4p}, \qquad (5c)$$

$$-y_{12}^{(a)}(p) = \frac{\frac{3}{4}p}{p+4}. \qquad (6c)$$

Im Bild 6.10 b ist das aus den Gln.(5a,c) und (6a,c) resultierende Netzwerk dargestellt. Die hierdurch realisierte Übertragungsfunktion lautet

$$H(p) = \frac{3}{16} \cdot \frac{p(p+1)}{p^2 + 2p + 4}.$$

b) Der Gyrator sei nun nicht mehr verlustlos; er soll die Impedanzmatrix

$$Z_G = \begin{bmatrix} \delta & -r \\ r & \delta \end{bmatrix}$$

besitzen. Das hieraus folgende Ersatznetzwerk ist im Bild 6.10c dargestellt.

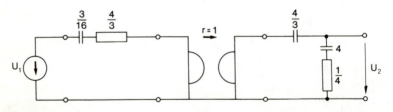

Bild 6.10b: Erste Realisierung der vorgeschriebenen Übertragungsfunktion mit einem idealen Gyrator

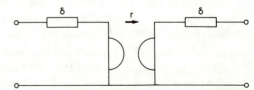

Bild 6.10c:
Einfaches Ersatznetzwerk für einen verlustbehafteten Gyrator

Aufgabe 6.10

Es ist leicht einzusehen, daß die Größe δ gleich oder kleiner sein muß als der kleinere der Längswiderstände von Zweitor a und Zweitor b, die an den Gyrator direkt anschließen. Nur dann ist eine vollständige Kompensation möglich. Die Ungleichungen

$$\delta \leq \frac{4}{3}$$

und

$$\delta < z_{11}^{(b)}(\infty) = \frac{1}{4}$$

drücken diese Forderung aus. Dabei ist die erste dieser Ungleichungen sicher erfüllt, wenn die zweite eingehalten wird. Die endgültige Forderung lautet somit

$$\delta < \frac{1}{4}$$

oder mit $r = 1$

$$\frac{r}{\delta} = \frac{1}{\delta} > 4 \, .$$

Für die gesuchte Größe Q_m ergibt sich demnach der Wert

$$Q_m = 4 \, .$$

Die modifizierte Realisierung für den Wert $r/\delta = 5$, d.h. $\delta = 0{,}2$ bei $r = 1$ läßt sich folgendermaßen durchführen: Nach Abbau des ohmschen Längswiderstandes $\delta = 1/5$ auf der Primärseite von Zweitor b erhält man für das Restzweitor die Impedanzmatrix-Elemente

$$\bar{z}_{11}^{(b)}(p) = z_{11}^{(b)}(p) - \delta = \frac{1}{20} + \frac{1}{p} \, ,$$

$$\bar{z}_{12}^{(b)}(p) = \bar{K}^{(b)} + \frac{\bar{K}^{(b)}}{p} = \frac{1}{20} + \frac{1}{20p} \, ,$$

falls die Konstante $\bar{K}^{(b)}$ maximal gewählt wird. Offensichtlich ist der Maximalwert von $\bar{K}^{(b)}$ von δ abhängig, d.h. Max $\bar{K}^{(b)}$ wird um so kleiner, je näher δ an den oben genannten Grenzwert 1/4 heranrückt. Die Impedanzmatrix-Elemente $\bar{z}_{11}^{(b)}(p)$,

$\bar{z}_{12}^{(b)}(p)$ lassen sich direkt durch ein RC-Zweitor realisieren. Das gesamte Netzwerk, welches die Übertragungsfunktion

$$H(p) = \frac{3}{80} \cdot \frac{p(p+1)}{p^2 + 2p + 4}$$

als Spannungsverhältnis U_2/U_1 realisiert, ist im Bild 6.10d dargestellt.

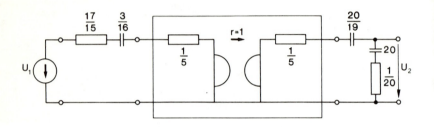

Bild 6.10d: Eine weitere Realisierung der vorgeschriebenen Übertragungsfunktion bei Verwendung eines verlustbehafteten Gyrators

■
Aufgabe 6.11

Die rationale, reelle Funktion zweiten Grades

$$H(p) = \frac{K(p^2 + 1)}{p^2 + 2p + 2} \equiv \frac{P_1(p)}{P_2(p)}$$

soll als Spannungsverhältnis U_2/U_1 durch die Netzwerkstruktur von Bild 6.11a

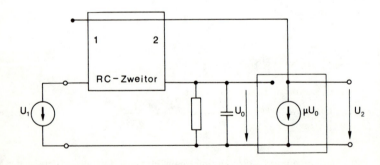

Bild 6.11a: Netzwerkstruktur nach Piercey zur Realisierung der vorgeschriebenen Übertragungsfunktion $H(p)$ als Spannungsverhältnis U_2/U_1

(Piercey-Struktur) realisiert werden. Falls es möglich ist, möge der Verstärkungsfaktor $\mu = 1$ gewählt werden. Man gebe das Netzwerk explizit an.

Lösung zu Aufgabe 6.11

Die Lösung erfolgt nach SEN II, Abschnitt 5.2, insbesondere Teilabschnitt 5.2.2. Danach erhält man für $a_0 = 1$, $a_1 = 0$, $a_2 = 1$, $b_0 = 2$, $b_1 = 2$, $b_2 = 1$ als zulässigen Maximalwert der Konstante K

$$K_{max} = \text{Min}\left[\frac{b_0}{a_0}, \frac{1}{a_2}\right] = 1.$$

Der zulässige Minimalwert K_{min} ergibt sich als kleinere der Lösungen der Gleichung

$$(4 a_0 a_2 - a_1^2) K^2 + 2(a_1 b_1 - 2 a_2 b_0 - 2 a_0) K + (4 b_0 - b_1^2) = 0$$

oder

$$4 K^2 - 12 K + 4 = 0$$

zu

$$K_{min} = \frac{3 - \sqrt{5}}{2} = 0{,}38197.$$

Die für die Wahl $\mu = 1$ zu stellende Bedingung

$$\frac{b_1}{a_1} \geqslant K_{min}$$

ist hier erfüllt. Daher wird im weiteren $\mu = 1$ und außerdem noch

$$K = K_{max} = 1$$

gewählt. Dann erhält man den Wert des Parameters σ_0 als Lösung der Gleichung

$$P_2(-\sigma_0) - P_1(-\sigma_0) = 0$$

oder

$$-2\sigma_0 + 1 = 0$$

zu

$$\sigma_0 = \frac{1}{2}.$$

Gemäß SEN, Gln.(510a,b), (511) gewinnt man nun zwei Admittanzmatrix-Elemente des auftretenden RC-Zweitors und die Admittanz des am Verstärkereingang liegenden Zweipols:

$$-y_{12}(p) = \frac{Ka_0}{\sigma_0} + Ka_2 p - \frac{P_1(-\sigma_0)}{\sigma_0} \cdot \frac{p}{p+\sigma_0}$$

$$= 2 + p - \frac{\frac{5}{2}p}{p+\frac{1}{2}},$$

$$y_{22}(p) = 2 + p + \frac{kp}{p+\frac{1}{2}},$$

$$Y_0(p) = \frac{1}{\sigma_0}\left(b_0 - \frac{Ka_0}{\mu}\right) + \left(1 - \frac{Ka_2}{\mu}\right)p$$

$$= 2.$$

Dabei kann die Konstante k beliebig positiv gewählt werden. Daß $Y_0(p)$ nur einen Summanden aufweist, ist auf die Wahl $K = K_{max}$ zurückzuführen. Zur Realisierung der beiden Admittanzmatrix-Elemente $y_{12}(p)$ und $y_{22}(p)$ nach dem Dasher-Verfahren empfiehlt es sich, gemäß SEN I, Abschnitt 6.7.4 diese Elemente durch das Admittanzmatrix-Element

$$y_{11}(p) = 2 + p + \frac{(5/2)^2/k}{p+\frac{1}{2}}p$$

zu ergänzen. Im weiteren wird $k = 1$ gewählt. Dann gilt mit den Bezeichnungen von SEN I, Abschnitt 6.7.4

$$A_1 = \frac{25}{4},\ B_1 = 1,\ C_1 = -\frac{5}{2},\ B_0 = 2,\ B_\infty = 1,\ x_1 = \frac{1}{2},$$

$$a_1 = A_1 - C_1 = \frac{35}{4}, \quad a_2 = C_1 = -\frac{5}{2}, \quad a_3 = B_1 - C_1 = \frac{7}{2},$$

$$\sigma_0 = x_1 = \frac{1}{2}, \quad C_0 = B_\infty = 1, \quad \omega_0^2 = \frac{B_0 x_1}{B_\infty} = 1,$$

$$\xi_0 = \frac{B_0 + x_1 B_\infty + C_1}{2 B_\infty} = 0 \text{ (zur Kontrolle)},$$

$$\eta_0^2 = \omega_0^2 - \xi_0^2 = 1 .$$

Mit diesen Größen können die oben bestimmten Admittanzmatrix-Elemente nach SEN, Bild 121 verwirklicht werden. Nach SEN, Gln.(317a), (320a-d) und (322a-c) erhält man

$$\kappa = \frac{1}{5},$$

$$R_1 = \frac{20}{49}, \quad C_{11} = \frac{7}{2}, \quad C_{13} = \frac{7}{5}, \quad C_{12} = \infty,$$

$$R_{21} = \frac{1}{7}, \quad R_{23} = \frac{5}{14}, \quad C_2 = \frac{98}{5}.$$

Im Bild 6.11b ist das gesamte Netzwerk dargestellt, welches die gegebene Funktion $H(p)$ für $K = 1$ als Spannungsverhältnis U_2/U_1 verwirklicht.

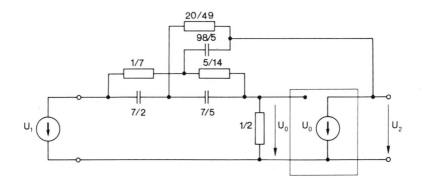

Bild 6.11b: Netzwerk, welches die gegebene Spannungsübertragungsfunktion $H(p)$ verwirklicht

Aufgabe 6.12

Eine rationale, reelle Funktion zweiten Grades

$$H(p) = K \frac{(p + \sigma_1)(p + \sigma_2)}{p^2 + b_1 p + b_0} = \frac{K(a_2 p^2 + a_1 p + a_0)}{p^2 + b_1 p + b_0} \qquad (1)$$

mit komplexen Polen in der offenen linken p-Halbebene und negativ reellen Nullstellen soll als Spannungsverhältnis U_2/U_1 durch die Netzwerkstruktur von Bild 6.12a (Piercey-Struktur) realisiert werden.

a) Man zeige, daß bei einer Wahl der Admittanzmatrix-Elemente des im Netzwerk von Bild 6.12a auftretenden RC-Zweitors gemäß SEN, Gln.(510a,b) eine Realisierung mit $\mu = 1$ nur dann möglich ist, wenn

$$\frac{b_1}{a_1} > \mathrm{Min}\left(\frac{b_0}{a_0}, \frac{1}{a_2}\right) \qquad (2)$$

gilt.

b) Man gebe eine einfache Möglichkeit für die Wahl der Admittanzmatrix-Elemente des RC-Zweitors an, falls $\mu > 1$ zugelassen ist. Wie sieht das resultierende Gesamtnetzwerk aus? Die Werte der Netzwerkelemente brauchen nicht berechnet zu werden.

c) Die Funktion

$$\frac{U_2}{U_1} = H(p) = K \frac{p^2 + 2p + 1}{p^2 + 4p + 5} \qquad (3)$$

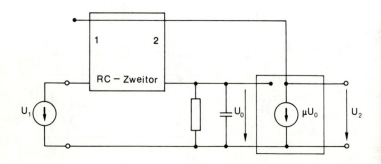

Bild 6.12a: Netzwerkstruktur nach Piercey

ist mit Hilfe der Netzwerkstruktur von Bild 6.12a für $\mu = 1$ zu realisieren. Man prüfe zunächst nach, ob diese Funktion die Bedingungen für die gewünschte Realisierung erfüllt. Die Grenzen für die zulässigen K-Werte sind anzugeben.

d) Man wähle für das Zahlenbeispiel den Wert $K = 5/9$. Dann sind für die Nullstelle $-\sigma_0$ des Hilfspolynoms zwei Werte möglich. Welcher dieser Werte ist für ein festes k in SEN, Gl.(510b) hinsichtlich der Empfindlichkeit der Pole bezüglich μ günstiger? Man berechne für den günstigeren Fall die Admittanzmatrix-Elemente des RC-Zweitors.

Lösung zu Aufgabe 6.12

a) Entsprechend SEN II, Abschnitt 5.2.1 ergeben sich mit $\mu = 1$ die Bedingungen

$$K \leqslant \mathrm{Min}\left(\frac{1}{a_2}, \frac{b_0}{a_0}\right) \tag{4a}$$

und

$$\sigma_0^2 - b_1 \sigma_0 + b_0 = K(a_2 \sigma_0^2 - a_1 \sigma_0 + a_0).$$

Da σ_0 reell und positiv sein muß, folgt

$$K < \frac{b_1}{a_1} \tag{4b}$$

und

$$f(K) = 4(1 - Ka_2)(b_0 - Ka_0) - (b_1 - Ka_1)^2 \leqslant 0. \tag{5}$$

Es ist nun zu prüfen, ob positive K-Werte existieren, die die Bedingungen (4a,b) und (5) erfüllen.
Im Fall $b_1/a_1 \leqslant \mathrm{Min}(1/a_2, b_0/a_0)$ existieren solche K-Werte nicht, wie aus der Skizze von Bild 6.12b zu ersehen ist, da $f(K)$ für $0 \leqslant K < b_1/a_1$ stets positiv ist. Dabei ist zu beachten, daß im vorliegenden Beispiel jedenfalls

$$a_\nu > 0 \qquad (\nu = 0, 1, 2)$$
$$b_\nu > 0 \qquad (\nu = 0, 1)$$

und

$$f(0) = 4b_0 - b_1^2 > 0$$

gilt.

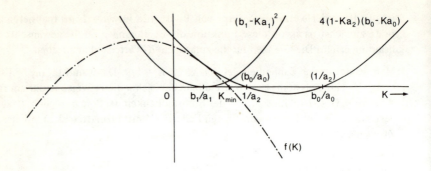

Bild 6.12b: Verlauf der Funktion $f(K)$ und der beiden Summanden, aus denen die Funktion gebildet wird

Im Fall $b_1/a_1 > \text{Min}(1/a_2, b_0/a_0)$ existieren stets zulässige K-Werte. Denn in diesem Fall ist $f(0) > 0$ und $f(K_1) < 0$ mit $K_1 = \text{Min}(1/a_2, b_0/a_0)$, d.h. $f(K)$ muß zwischen $K = 0$ und $K = K_1$ eine Nullstelle $f(K_{min}) = 0$ besitzen. Dann erfüllen alle K-Werte mit

$$K_{min} \leqslant K \leqslant \text{Min}\left(\frac{1}{a_2}, \frac{b_0}{a_0}\right) < \frac{b_1}{a_1}$$

die gestellten Bedingungen.

b) Läßt man Verstärkungsfaktoren $\mu > 1$ zu, so kann man $\sigma_0 = \sigma_1$ bzw. $\sigma_0 = \sigma_2$ wählen. Damit gilt z.B. für $\sigma_0 = \sigma_1$ gemäß SEN, Gln.(507), (509a,b), (510a,b) und mit obiger Gl.(1)

$$-y_{12}(p) = \frac{K\sigma_2}{\mu} + \frac{K}{\mu}p\,,$$

$$y_{22}(p) = \frac{K\sigma_2}{\mu} + \frac{K}{\mu}p + \frac{kp}{p+\sigma_1}\,,$$

$$Y_0(p) = \left(\frac{b_0}{\sigma_1} - \frac{K\sigma_2}{\mu}\right) + \left(1 - \frac{K}{\mu}\right)p + \frac{p}{p+\sigma_1}\left[(\mu-1)k - \frac{P_2(-\sigma_1)}{\sigma_1}\right].$$

Es empfiehlt sich wieder, die Konstante k so zu wählen, daß der in eckigen Klammern stehende Ausdruck in der Gleichung für $Y_0(p)$ verschwindet:

$$k = \frac{P_2(-\sigma_1)}{(\mu-1)\sigma_1} > 0\,.$$

Dann erhält man als Realisierung ein Netzwerk, dessen Struktur im Bild 6.12c angegeben ist.

c) Die gegebene Funktion $H(p)$ Gl.(3) erfüllt die Bedingung (2); denn es gilt

$$\frac{4}{2} > \text{Min}\,(1, \frac{5}{1})\,.$$

Als obere Grenze K_{max} für die zulässigen K-Werte erhält man nach SEN, Gl.(514)

$$K_{max} = \text{Min}\left(\frac{b_0}{a_0},\ \frac{1}{a_2}\right) = 1.$$

Die untere Grenze K_{min} folgt nach SEN, Gl.(516) aus der Gleichung

$$(4a_0 a_2 - a_1^2)\, K_{min}^2 + 2\,(a_1 b_1 - 2a_2 b_0 - 2a_0)\, K_{min} + (4b_0 - b_1^2) = 0$$

oder

$$(4-4)\, K_{min}^2 + 2\,(8 - 10 - 2)\, K_{min} + (4 \cdot 5 - 16) = 0\,.$$

Man erhält also

$$K_{min} = \frac{1}{2}\,.$$

d) Es wird $K = 5/9$ gewählt. Die für σ_0 benötigten Werte werden nach SEN, Gl.(515) berechnet, d.h. als Lösungen der Gleichung

$$\sigma_0^2\,(1 - Ka_2) - \sigma_0\,(b_1 - Ka_1) + (b_0 - Ka_0) = 0$$

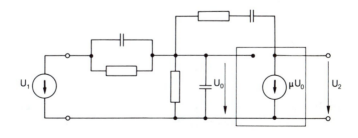

Bild 6.12c: Netzwerkstruktur, durch welche die vorgeschriebene Übertragungsfunktion für $\mu > 1$ verwirklicht werden kann

oder

$$\sigma_0^2 \cdot \frac{4}{9} - \sigma_0 (4 - \frac{10}{9}) + (5 - \frac{5}{9}) = 0 .$$

Hieraus folgt

$$\sigma_{01} = \frac{5}{2}, \quad \sigma_{02} = 4 .$$

Nach SEN, Gl.(520a) ist die Polempfindlichkeit bezüglich μ proportional dem Term $(\mu k + a_0/\sigma_0 - a_1 + a_2 \sigma_0)$. Man erkennt, daß sich bei festem k für $\sigma_0 = 5/2$ eine betragsmäßig geringere Polempfindlichkeit ergibt als für $\sigma_0 = 4$.
Nach SEN, Gln.(510a,b), (511) erhält man bei Wahl von $k = 1/2$

$$-y_{12}(p) = \frac{2}{9} + \frac{5}{9}p + \frac{-\frac{1}{2}p}{p + \frac{5}{2}} ,$$

$$y_{22}(p) = \frac{2}{9} + \frac{5}{9}p + \frac{\frac{1}{2}p}{p + \frac{5}{2}}$$

und

$$Y_0(p) = \frac{16}{9} + \frac{4}{9}p = \frac{1}{R_0} + C_0 p .$$

Weiterhin wählt man

$$y_{11}(p) = \frac{2}{9} + \frac{5}{9}p + \frac{\frac{1}{2}p}{p + \frac{5}{2}} .$$

Die Werte der Netzwerkelemente für das RC-Zweitor gemäß SEN, Bild 122 folgen aus den dortigen Gln.(326a-c), (329a,b). Hierbei benötigt man die Parameterwerte

$$a_1 = \frac{1}{2} + \frac{1}{2} = 1 ; \quad a_2 = -\frac{1}{2} ; \quad a_3 = \frac{1}{2} + \frac{1}{2} = 1 ;$$

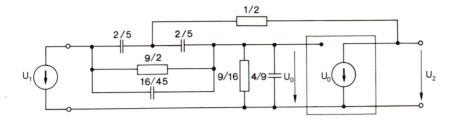

Bild 6.12d: Realisierung der vorgeschriebenen Übertragungsfunktion für den Verstärkungsfaktor $\mu = 1$

$$C_0 = \frac{5}{9}; \quad \omega_0^2 = 1; \quad \xi_0 = 1; \quad \kappa = \frac{9}{25}.$$

Damit erhält man

$$R_2 = \frac{1}{2}; \quad C_{21} = C_{23} = \frac{2}{5};$$

$$C_1 = \frac{16}{45}; \quad R_1 = \frac{9}{2}.$$

Im Bild 6.12d ist das resultierende Gesamtnetzwerk dargestellt, welches die Übertragungsfunktion $H(p)$ Gl.(3) mit $K = 5/9$ als Spannungsverhältnis U_2/U_1 verwirklicht.

■
Aufgabe 6.13

Im Bild 6.13a ist ein Netzwerk dargestellt, das aus einem Operationsverstärker und sieben RC-Zweipolen mit den Impedanzen $Z_0(p)$, $Z_1(p)$, $Z_2(p)$, $Z_3(p)$ bzw. $Z_4(p)$ aufgebaut ist. Im folgenden soll gezeigt werden, daß jede rationale, reelle Funktion, insbesondere jede Zweipolfunktion als Eingangsimpedanz $Z(p)$ des genannten Netzwerks verwirklicht werden kann.

a) Man zeige, daß die Eingangsimpedanz des im Bild 6.13a dargestellten Netzwerks in der Form

$$Z(p) = Z_0(p) + \frac{Z_3(p) - Z_4(p)}{\dfrac{Z_3(p)}{Z_2(p)} - \dfrac{Z_4(p)}{Z_1(p)}} \tag{1}$$

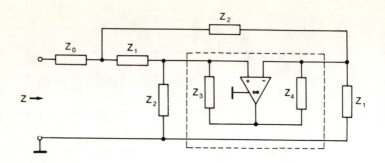

Bild 6.13a: Netzwerkstruktur nach Sandberg zur Realisierung einer beliebigen rationalen, reellen Funktion $Z(p)$ als Impedanz

ausgedrückt werden kann. Dabei möge beachtet werden, daß der gestrichelt umrahmte Teil des Netzwerks ein verallgemeinerter strominvertierender Impedanzkonverter mit der Kettenmatrix

$$A = \begin{bmatrix} 1 & 0 \\ 0 & -\dfrac{Z_4(p)}{Z_3(p)} \end{bmatrix} \qquad (2)$$

ist.

b) Es sei eine rationale reelle Funktion

$$Z(p) = \frac{P_1(p)}{P_2(p)} \qquad (3)$$

vorgeschrieben, die als Impedanz durch ein Netzwerk gemäß Bild 6.13a realisiert werden soll. Dabei sind $P_1(p)$ und $P_2(p)$ Polynome mit reellen Koeffizienten und ohne gemeinsame Nullstellen.

Zunächst sei angenommen, daß auf der negativ reellen Achse der p-Ebene Punkte vorhanden sind, in denen $Z(p)$ positive Funktionswerte besitzt. Dann kann ein Hilfspolynom

$$Q(p) = \prod_{\mu=1}^{m} (p + \sigma_\mu) \qquad (4)$$

gebildet werden, dessen Nullstellen $p = -\sigma_\mu$ ($\mu = 1, 2, ..., m$) die folgenden

Eigenschaften aufweisen: Sie sind einfach, liegen auf der negativ reellen Achse einschließlich $p = 0$ und erfüllen die Bedingung $0 < Z(-\sigma_\mu) < \infty$. Die Nullstellenzahl m ist mindestens gleich dem Grad der Funktion $Z(p)$ Gl.(3) zu wählen. Nach Division von Zähler und Nenner der rechten Seite von Gl.(3) mit dem Polynom $Q(p)$ Gl.(4) und anschließendem Vergleich mit Gl.(1) lassen sich bei der Wahl $Z_0(p) \equiv 0$ RC-Impedanzen $Z_1(p), Z_2(p), Z_3(p)$ und $Z_4(p)$ explizit angeben. Dies soll im einzelnen beschrieben werden.

c) Man zeige, daß der Fall $Z(\sigma) \leq 0$ für $\sigma \leq 0$ durch Wahl einer geeigneten RC-Impedanz $Z_0(p) \not\equiv 0$ in gleicher Weise behandelt werden kann.

d) Man benütze das Syntheseverfahren zur Realisierung der Impedanz $Z(p) = p$. Es ist $Z_0(p) = 1/(Cp)$ mit $C = 1/9$ zu nehmen. Weiterhin sollen die Nullstellen des benötigten Hilfspolynoms ganzzahlig gewählt werden. Der Aufwand an Netzwerkelementen soll unter den gegebenen Voraussetzungen minimal sein, was durch geeignete Wahl der übrigen freien Parameter erreicht werden kann.

Lösung zu Aufgabe 6.13

a) Im Bild 6.13b ist das zugrundegelegte Netzwerk noch einmal dargestellt. Der Impedanzkonverter ist nur als Zweitor mit der Kettenmatrix A Gl.(2) gekennzeichnet. Ausgehend von den Strömen I und I_1 lassen sich alle übrigen vorkommenden Ströme aufgrund elementarer Überlegungen und bei Beachtung von Gl.(2) unmittelbar angeben. Wegen der Gleichheit von Primär- und Sekundärspannung des Impedanzkonverters muß die Beziehung

$$Z_2(p)\left[\frac{Z_2(p)}{Z_1(p)+Z_2(p)}I - I_1\right] = Z_1(p)\left[\frac{Z_1(p)}{Z_1(p)+Z_2(p)}I - \frac{Z_3(p)}{Z_4(p)}I_1\right]$$

bestehen. Löst man diese Gleichung nach dem Strom I_1 auf, so ergibt sich die Darstellung

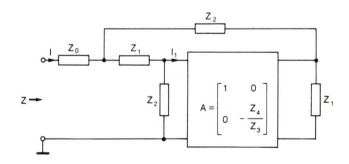

Bild 6.13b: Vereinfachte Darstellung des Zweipols von Bild 6.13a

$$I_1 = \frac{[Z_1(p) - Z_2(p)] Z_4(p)}{Z_1(p) Z_3(p) - Z_2(p) Z_4(p)} I .$$

Hiermit kann der Strom I_1 in der Eingangsspannung

$$U = Z_0(p) I + \frac{Z_1(p) Z_2(p)}{Z_1(p) + Z_2(p)} I + \frac{Z_2^2(p)}{Z_1(p) + Z_2(p)} I - Z_2(p) I_1$$

durch den Strom I ausgedrückt werden. Auf diese Weise erhält man die Impedanz U/I in der Form

$$Z(p) = Z_0(p) + Z_2(p) - \frac{[Z_1(p) - Z_2(p)] Z_2(p) Z_4(p)}{Z_1(p) Z_3(p) - Z_2(p) Z_4(p)} . \tag{5}$$

Aufgrund elementarer Umformungen läßt sich die Gl.(5) unmittelbar in die Gl.(1) überführen.

b) Es wird ein reelles Intervall

$$\sigma_a < \sigma \leq \sigma_b \leq 0$$

auf der reellen Achse der p-Ebene gewählt, in welchem $Z(\sigma) > 0$ gilt. In diesem Intervall werden die Nullstellen des Polynoms $Q(p)$ Gl.(4) gewählt. Danach sind die folgenden Partialbrüche zu bilden:

$$\frac{P_1(p)}{Q(p)} = A_\infty + \frac{A_1}{p + \sigma_1} + \ldots + \frac{A_l}{p + \sigma_l} + \frac{A_{l+1}}{p + \sigma_{l+1}} + \ldots + \frac{A_m}{p + \sigma_m} , \tag{6}$$

$$\frac{P_2(p)}{Q(p)} = B_\infty + \frac{B_1}{p + \sigma_1} + \ldots + \frac{B_q}{p + \sigma_q} + \frac{B_{q+1}}{p + \sigma_{q+1}} + \ldots + \frac{B_m}{p + \sigma_m} . \tag{7}$$

Die Entwicklungskoeffizienten berechnen sich zu

$$A_\mu = \lim_{p \to -\sigma_\mu} \frac{P_1(p)}{Q(p)/(p + \sigma_\mu)} \tag{8a}$$

bzw.

$$B_\mu = \lim_{p \to -\sigma_\mu} \frac{P_2(p)}{Q(p)/(p + \sigma_\mu)} \tag{8b}$$

$(\mu = 1, 2, \ldots, m)$.

Die Koeffizienten A_∞ und B_∞ lassen sich als Grenzwerte von $P_1(p)/Q(p)$ und $P_2(p)/Q(p)$ für $p \to \infty$ bestimmen.
Die Bezeichnungen seien so gewählt, daß

$$A_\mu > 0 \;(\mu = 1, 2, ..., l), \quad A_\mu < 0 \;(\mu = l + 1, ..., m)$$

und

$$B_\mu > 0 \;(\mu = 1, 2, ..., q), \quad B_\mu < 0 \;(\mu = q + 1, ..., m)$$

gilt. Da infolge $Z(-\sigma_\mu) > 0$ die Polynome $P_1(p)$ und $P_2(p)$ in allen Punkten $p = -\sigma_\mu$ ($\mu = 1, 2, ..., m$) gleiches Vorzeichen haben, muß angesichts der Gln.(8a,b) $q = l$ sein. Somit lassen sich die rechten Seiten der Gln.(6) und (7) als Differenzen von RC-Impedanzen in folgender Weise ausdrücken:

$$\frac{P_1(p)}{Q(p)} = \frac{P_{1a}(p)}{Q_a(p)} - \frac{P_{1b}(p)}{Q_b(p)}, \tag{9}$$

$$\frac{P_2(p)}{Q(p)} = \frac{P_{2a}(p)}{Q_a(p)} - \frac{P_{2b}(p)}{Q_b(p)}. \tag{10}$$

Dabei sind

$$\frac{P_{1a}(p)}{Q_a(p)} = A_\infty + \frac{A_1}{p + \sigma_1} + ... + \frac{A_l}{p + \sigma_l},$$

$$\frac{P_{1b}(p)}{Q_b(p)} = -\frac{A_{l+1}}{p + \sigma_{l+1}} - ... - \frac{A_m}{p + \sigma_m},$$

$$\frac{P_{2a}(p)}{Q_a(p)} = B_\infty + \frac{B_1}{p + \sigma_1} + ... + \frac{B_l}{p + \sigma_l},$$

$$\frac{P_{2b}(p)}{Q_b(p)} = -\frac{B_{l+1}}{p + \sigma_{l+1}} - ... - \frac{B_m}{p + \sigma_m}$$

ausnahmslos RC-Impedanzen. Hierbei wurde $A_\infty \geq 0$ und $B_\infty \geq 0$ vorausgesetzt. Gilt $A_\infty < 0$ bzw. $B_\infty < 0$, dann sind diese Terme den RC-Impedanzen $P_{1b}(p)/Q_b(p)$ bzw. $P_{2b}(p)/Q_b(p)$ zuzuordnen.
Die vorgeschriebene Funktion $Z(p)$ Gl.(3) kann nun in der Form

$$Z(p) = \frac{\dfrac{P_{1a}(p)}{Q_a(p)} - \dfrac{P_{1b}(p)}{Q_b(p)}}{\left[\dfrac{P_{2a}(p)}{Q_a(p)} + a\right] - \left[\dfrac{P_{2b}(p)}{Q_b(p)} + a\right]}$$

mit einem konstanten positiven Wert a geschrieben werden. Durch Identifikation mit Gl.(1) erhält man bei der Wahl $Z_0(p) \equiv 0$ die Ausdrücke

$$Z_3(p) = \frac{P_{1a}(p)}{Q_a(p)}, \quad Z_4(p) = \frac{P_{1b}(p)}{Q_b(p)}, \tag{11a,b}$$

sowie

$$\frac{Z_3(p)}{Z_2(p)} \equiv \frac{P_{1a}(p)}{Q_a(p) Z_2(p)} = \frac{P_{2a}(p) + aQ_a(p)}{Q_a(p)},$$

$$\frac{Z_4(p)}{Z_1(p)} \equiv \frac{P_{1b}(p)}{Q_b(p) Z_1(p)} = \frac{P_{2b}(p) + aQ_b(p)}{Q_b(p)}$$

oder

$$Z_2(p) = \frac{P_{1a}(p)}{P_{2a}(p) + aQ_a(p)}, \tag{12a}$$

falls $Z_3(p) \not\equiv 0$ ist, und

$$Z_1(p) = \frac{P_{1b}(p)}{P_{2b}(p) + aQ_b(p)}, \tag{12b}$$

falls $Z_4(p) \not\equiv 0$ gilt.

Die durch die Gln.(11a,b) gegebenen Funktionen $Z_3(p)$ und $Z_4(p)$ sind RC-Impedanzen. Bei Wahl eines hinreichend großen Wertes für a sind auch die Funktionen $Z_1(p)$ und $Z_2(p)$ RC-Impedanzen, wie aus den Gln.(12a,b) unmittelbar zu erkennen ist. Falls $Z_3(p) \equiv 0$ ist, wählt man einfach $Z_2(p) \equiv \text{const} > 0$. Entsprechend wird $Z_1(p)$ gewählt, wenn $Z_4(p) \equiv 0$ ist.

Die gewonnenen Impedanzen $Z_1(p), ..., Z_4(p)$ lassen sich nach bekannten Verfahren durch RC-Zweipole verwirklichen, die in das Netzwerk von Bild 6.13a einzufügen sind.

c) Falls die gegebene Funktion $Z(p)$ auf der negativ reellen Achse der p-Ebene nirgends positiv ist, kann durch Subtraktion einer geeignet zu wählenden RC-Impedanz $Z_0(p)$ von $Z(p)$ stets erreicht werden, daß die Differenzfunktion $\overline{Z}(p) = Z(p) - Z_0(p)$ die zur Realisierung nach dem in Teilaufgabe b behandelten Verfahren erforderlichen Eigenschaften besitzt.

d) Es wird zunächst die Funktion

$$\overline{Z}(p) \equiv Z(p) - Z_0(p) = p - \frac{9}{p}$$

gebildet. Dann läßt sich das in Teilaufgabe b behandelte Syntheseverfahren auf $\overline{Z}(p)$ anwenden. Eine Anwendung dieses Verfahrens auf $Z(p)$ ist nicht möglich, weil $Z(\sigma) \equiv \sigma < 0$ für alle $\sigma < 0$ gilt.
Man kann sich leicht davon überzeugen, daß $\overline{Z}(\sigma)$ im gesamten Intervall

$$-3 < \sigma < 0$$

positive Funktionswerte besitzt. Daher wird das Hilfspolynom

$$Q(p) = (p+1)(p+2)$$

gewählt. Mit $P_1(p) \equiv p^2 - 9$ und $P_2(p) \equiv p$ erhält man nun gemäß den Gln.(6) und (7) die Partialbruchdarstellungen

$$\frac{P_1(p)}{Q(p)} = 1 + \frac{5}{p+2} - \frac{8}{p+1},$$

$$\frac{P_2(p)}{Q(p)} = \frac{2}{p+2} - \frac{1}{p+1}$$

und hieraus die Polynome

$$P_{1a}(p) = p + 7, \quad P_{1b}(p) = 8,$$

$$P_{2a}(p) = 2, \quad P_{2b}(p) = 1,$$

$$Q_a(p) = p + 2, \quad Q_b(p) = p + 1.$$

Aufgrund der Gln.(11a,b) und (12a,b) ergeben sich die Impedanzen

$$Z_3(p) = \frac{p+7}{p+2} = 1 + \frac{1}{\frac{1}{5}p + \frac{2}{5}},$$

$$Z_4(p) = \frac{8}{p+1} = \frac{1}{\frac{1}{8}p + \frac{1}{8}},$$

$$Z_2(p) = \frac{p+7}{2(1+a)+ap} = \frac{1}{a} + \frac{5 - \frac{2}{a}}{ap + 2(1+a)}$$

$$= \frac{1}{a} + \frac{1}{\frac{a^2}{5a-2}p + \frac{2a(1+a)}{5a-2}},$$

$$Z_1(p) = \frac{8}{1+a+ap} = \frac{1}{\frac{a}{8}p + \frac{1+a}{8}}.$$

Wie man sieht, muß

$$a \geqslant \frac{2}{5}$$

gefordert werden, damit auch $Z_2(p)$ eine RC-Impedanz wird. Die Wahl $a = 2/5$ führt auf den kleinsten Realisierungsaufwand. Das resultierende Netzwerk, dessen Eingangsimpedanz $Z(p) = p$ ist, zeigt Bild 6.13c.

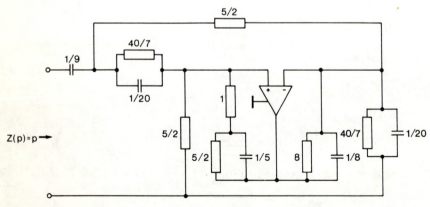

Bild 6.13c: Simulation der Induktivität $L = 1$ durch die gegebene Netzwerkstruktur von Bild 6.13a

Aufgabe 6.14

Bild 6.14a zeigt einen sogenannten Bruton-Konverter, der aus vier Zweipolen mit den Impedanzen $Z_1(p), Z_2(p), Z_3(p), Z_4(p)$ und zwei spannungsgesteuerten Spannungsquellen aufgebaut ist. Die Verstärkungsfaktoren μ_1 und μ_2 streben gegen Unendlich, so daß die beiden gesteuerten Quellen durch Operationsverstärker (SEN II, Abschnitt 2.3) verwirklicht werden können. Im folgenden soll der Bruton-Konverter näher untersucht werden.

a) Man zeige, daß die Kettenmatrix des Bruton-Konverters die Form

$$A(p) = \begin{bmatrix} 1 & 0 \\ 0 & k(p) \end{bmatrix} \tag{1a}$$

mit dem Konvertierungsfaktor

$$k(p) = \frac{Z_2(p) \, Z_4(p)}{Z_1(p) \, Z_3(p)} \tag{1b}$$

besitzt.

b) Von besonderem Interesse sind spezielle Bruton-Konverter, deren Konvertierungsfaktoren proportional zu $1/p$ (p-Impedanz-Konverter), zu p ($1/p$-Impedanz-Konverter), zu $1/p^2$ (p^2-Impedanz-Konverter) bzw. zu p^2 ($1/p^2$-Impedanz-Konverter) sind. Man gebe an, durch welche Wahl der Zweipole im Konverter diese Netzwerke realisiert werden können. Dabei sollen nur Kapazitäten und Ohmwiderstände als Netzwerkelemente verwendet werden.

c) Man ermittle die Impedanz $Z_0(p)$, die am Eingang eines Bruton-Konverters mit dem Konvertierungsfaktor $k(p)$ auftritt, wenn dieser mit einem Zweipol am Ausgang abgeschlossen wird. Die Impedanz dieses Abschlußzweipols sei $Z_5(p)$.
Wie lautet $Z_0(p)$ explizit, wenn
1) ein p-Impedanz-Konverter verwendet und $Z_5(p) = R_5$ (Ohmwiderstand) gewählt wird,

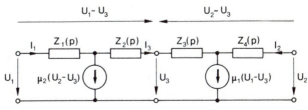

Bild 6.14a: Ersatznetzwerk für einen Impedanzkonverter

2) ein p^2-Impedanz-Konverter verwendet und $Z_5(p) = R_5$ (Ohmwiderstand) gewählt wird,

3) ein $1/p$-Impedanz-Konverter verwendet und $Z_5(p) = 1/(pC_5)$ (Kapazität) gewählt wird oder ein $1/p^2$-Impedanz-Konverter verwendet und $Z_5(p) = R_5$ (Ohmwiderstand) gewählt wird?

Wie lautet weiterhin $Z_0(p)$ explizit, wenn

4) $Z_1(p)Z_3(p)Z_5(p) = R_1 R_3 R_5$,

$$Z_2(p)Z_4(p) = \frac{1}{pC_\mu}\left(R_\nu + \frac{1}{pC_\nu}\right), \qquad (\mu = 2, \nu = 4 \text{ oder } \mu = 4, \nu = 2) \tag{2a}$$

5) $Z_1(p)Z_3(p)Z_5(p) = R_1 R_3 R_5$,

$$Z_2(p)Z_4(p) = \frac{1}{pC_\mu} \cdot \frac{1}{\frac{1}{R_\nu}+pC_\nu}, \qquad (\mu = 2, \nu = 4 \text{ oder } \mu = 4, \nu = 2) \tag{2b}$$

6) $Z_1(p)\,Z_3(p)\,Z_5(p) = R_\mu \cdot \dfrac{1}{pC_\nu} \cdot \left(R_\iota + \dfrac{1}{pC_\iota}\right)$,

$$Z_2(p)Z_4(p) = R_2 R_4, \qquad (\mu, \nu, \iota = 1, 3, 5;\; \mu \neq \nu;\; \nu \neq \iota;\; \iota \neq \mu) \tag{2c}$$

7) $Z_1(p)Z_3(p)Z_5(p) = R_\mu \cdot \dfrac{1}{pC_\nu} \cdot \dfrac{1}{\frac{1}{R_\iota}+pC_\iota}$,

$$Z_2(p)Z_4(p) = R_2 R_4, \qquad (\mu, \nu, \iota = 1, 3, 5;\; \mu \neq \nu;\; \nu \neq \iota;\; \iota \neq \mu) \tag{2d}$$

gewählt wird?

Lösung zu Aufgabe 6.14

a) Da die Verstärkungsfaktoren μ_1 und μ_2 über alle Grenzen streben, müssen die Steuerspannungen U_1-U_3 und U_2-U_3 verschwinden. Es muß also die Beziehung

$$U_1 = U_2 = U_3 \tag{3a}$$

bestehen. Aus den hieraus folgenden Gleichungen

$$U_1 - U_3 \equiv I_1\,Z_1(p) + I_3\,Z_2(p) = 0,$$

$$U_2 - U_3 \equiv I_2\,Z_4(p) - I_3\,Z_3(p) = 0$$

erhält man durch Elimination des Stromes I_3 die weitere Beziehung

$$I_1 = (-I_2) \frac{Z_2(p) Z_4(p)}{Z_1(p) Z_3(p)}. \tag{3b}$$

Aus den Gln.(3a,b) lassen sich unmittelbar die Elemente der Kettenmatrix des Bruton-Konverters gemäß den Gln.(1a,b) bestimmen.

b) Einen p-Impedanz-Konverter kann man realisieren, indem man einen der Zweipole Nr. 2 und 4 als eine Kapazität, alle übrigen Zweipole des Konverters als Ohmwiderstände wählt. - Zur Verwirklichung eines $1/p$-Impedanz-Konverters wählt man einen der Zweipole Nr. 1 und 3 als Kapazität, alle übrigen Zweipole des Konverters als Ohmwiderstände. - Ein p^2-Impedanz-Konverter läßt sich realisieren, indem man die Zweipole Nr. 2 und 4 als Kapazitäten, die beiden anderen Zweipole des Konverters als Ohmwiderstände wählt. - Zur Verwirklichung eines $1/p^2$-Impedanz-Konverters werden die Zweipole Nr. 2 und 4 als Ohmwiderstände, die beiden anderen Zweipole des Konverters als Kapazitäten gewählt.
Im Bild 6.14b sind Symbole für die speziellen Bruton-Konverter eingeführt.

c) Aus Gl.(1a) und der Bedeutung der Kettenmatrix geht hervor, daß für die Eingangsimpedanz

$$Z_0(p) = \frac{Z_5(p)}{k(p)} = \frac{Z_1(p) Z_3(p) Z_5(p)}{Z_2(p) Z_4(p)} \tag{4}$$

gilt.
Bei spezieller Wahl eines p-Impedanz-Konverters und $Z_5(p) = R_5$, d.h. bei der Wahl $Z_1(p)Z_3(p)Z_5(p) = R_1 R_3 R_5$, $Z_2(p) Z_4(p) = R_\mu (1/pC_\nu)$ erhält man nach Gl.(4) die Eingangsimpedanz

$$Z_0(p) = Lp \quad \text{mit} \quad L = \frac{R_1 R_3 R_5 C_\nu}{R_\mu} \quad (\mu, \nu = 2,4; \mu \neq \nu).$$

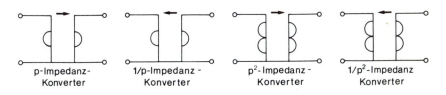

Bild 6.14b: Netzwerksymbole für einige wichtige Impedanzkonverter

224 Synthese aktiver RC-Netzwerke

Auf diese Weise läßt sich also eine Induktivität durch ein aktives RC-Netzwerk simulieren (Bild 6.14c).
Bei spezieller Wahl eines p^2-Impedanz-Konverters und $Z_5(p) = R_5$, d.h. bei der Wahl $Z_1(p)Z_3(p)Z_5(p) = R_1 R_3 R_5$ und $Z_2(p)Z_4(p) = (1/pC_2)(1/pC_4)$ erhält man nach Gl.(4) die Eingangsimpedanz

$$Z_0(p) = L'p^2 \quad \text{mit} \quad L' = R_1 R_3 R_5 C_2 C_4 .$$

Auf diese Weise wird eine sogenannte Super-Induktivität durch ein aktives RC-Netzwerk realisiert. Das Symbol dieses „Netzwerkelements" ist im Bild 6.14d dargestellt.
Bei der speziellen Wahl eines $1/p$-Impedanz-Konverters oder eines $1/p^2$-Impedanz-Konverters und der Impedanz $Z_5(p) = 1/(pC_5)$ bzw. $Z_5(p) = R_5$, d.h. bei der Wahl $Z_1(p)Z_3(p)Z_5(p) = R_\mu (1/pC_\nu)(1/pC_\iota)$ und $Z_2(p)Z_4(p) = R_2 R_4$ erhält man nach Gl.(4) die Eingangsimpedanz

$$Z_0(p) = \frac{1}{C'p^2} \quad \text{mit} \quad C' = \frac{R_2 R_4 C_\nu C_\iota}{R_\mu} \quad (\mu, \nu, \iota = 1,3,5; \mu \neq \nu; \nu \neq \iota; \iota \neq \mu) .$$

Auf diese Weise wird eine sogenannte Super-Kapazität durch ein aktives RC-Netzwerk realisiert. Das Symbol dieses „Netzwerkelements" ist im Bild 6.14d dargestellt. Wird die Wahl nach den Gln.(2a) getroffen, so erhält man aufgrund von Gl.(4) die Eingangsimpedanz

$$Z_0(p) = \frac{1}{\dfrac{1}{L'p^2} + \dfrac{1}{Lp}}$$

mit

$$L' = R_1 R_3 R_5 C_\mu C_\nu , \quad L = \frac{R_1 R_3 R_5 C_\mu}{R_\nu} .$$

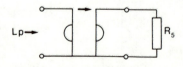

Bild 6.14c:
Simulation einer Induktivität mit Hilfe des
1/p-Impedanzkonverters (Gyrator)

Bild 6.14d:
Netzwerksymbole für die Superinduktivität bzw.
die Superkapazität

Der entsprechende Zweipol ist im Bild 6.14e dargestellt.
Trifft man die Wahl nach den Gln.(2b), so erhält man aufgrund von Gl.(4) die Eingangsimpedanz

$$Z_0(p) = L'p^2 + Lp$$

mit

$$L' = R_1 R_3 R_5 C_\mu C_\nu, \quad L = \frac{R_1 R_3 R_5 C_\mu}{R_\nu}.$$

Der entsprechende Zweipol ist im Bild 6.14f dargestellt.
Trifft man die Wahl nach den Gln.(2c), so erhält man aufgrund von Gl.(4) die Eingangsimpedanz

$$Z_0(p) = \frac{1}{C'p^2} + \frac{1}{Cp}$$

mit

$$C' = \frac{R_2 R_4 C_\nu C_\iota}{R_\mu}, \quad C = \frac{R_2 R_4 C_\nu}{R_\mu R_\iota}.$$

Der entsprechende Zweipol ist im Bild 6.14g dargestellt.
Wird schließlich die Wahl nach den Gln.(2d) getroffen, so erhält man aufgrund von Gl.(4) die Eingangsimpedanz

$$Z_0(p) = \frac{1}{C'p^2 + Cp}$$

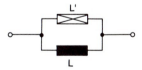

Bild 6.14e:
Ersatznetzwerk für die Eingangsimpedanz $Z_0(p)$ bei der Wahl von $Z_\nu(p)$ ($\nu = 1, ..., 5$) gemäß den Gln.(2a)

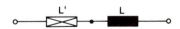

Bild 6.14f:
Ersatznetzwerk für die Eingangsimpedanz $Z_0(p)$ bei der Wahl von $Z_\nu(p)$ ($\nu = 1, ..., 5$) gemäß den Gln.(2b)

Bild 6.14g:
Ersatznetzwerk für die Eingangsimpedanz $Z_0(p)$ bei der Wahl von $Z_\nu(p)$ ($\nu = 1, ..., 5$) gemäß den Gln.(2c)

mit

$$C' = \frac{R_2 R_4 C_\nu C_\iota}{R_\mu}, \quad C = \frac{R_2 R_4 C_\nu}{R_\mu R_\iota}.$$

Der entsprechende Zweipol ist im Bild 6.14h dargestellt.

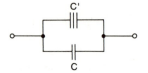

Bild 6.14h:
Ersatznetzwerk für die Eingangsimpedanz $Z_0(p)$ bei der Wahl
von $Z_\nu(p)$ ($\nu = 1, ..., 5$) gemäß den Gln.(2d)

■
Aufgabe 6.15

Gegeben ist ein RLC-Zweitor, das im folgenden unter Berücksichtigung der Ergebnisse von Aufgabe 6.14 umgewandelt werden soll.

a) Man multipliziere die Impedanzen sämtlicher im Zweitor auftretenden Netzwerkelemente mit dem dimensionslosen, von Null verschiedenen Transformationsfaktor $\kappa(p)$. Wie verändern sich dadurch die Impedanz-, die Admittanz- und die Kettenmatrix des Zweitors? Die Existenz dieser Matrizen wird vorausgesetzt.- Wie werden die in SENI, Abschnitt 4.2 eingeführten Übertragungsfunktionen $H_\mu(p)$ ($\mu = 1, ..., 4$) durch die genannte Transformation verändert? Wie läßt sich ein transformiertes Netzwerkelement mit Hilfe eines Bruton-Konverters realisieren? Man wähle als Beispiel eines Netzwerkelementes eine Kapazität und als Transformationsfaktor $\kappa(p) = \kappa_0 p^2$ ($\kappa_0 = $ const).

b) Das RLC-Zweitor bestehe aus einer Kettenanordnung von q Teilzweitoren. Jedes dieser Teilzweitore wird gemäß Teilaufgabe a mit einem individuellen Faktor $\kappa_\mu(p)$ ($\mu = 1, 2, ..., q$) transformiert. Sodann soll das Netzwerk durch den Einbau von Bruton-Konvertern derart ergänzt werden, daß das transformierte und erweiterte Zweitor mit dem ursprünglichen Netzwerk äquivalent ist, d.h. beide Zweitore identische Kettenmatrizen haben. In welcher Weise ist diese Erweiterung durchzuführen? Auf welche zusätzlich eingeführten Bruton-Konverter kann verzichtet werden, wenn man lediglich verlangt, daß die Übertragungsfunktion $H_1''(p) = (U_2/U_1)_{I_2=0}$ des transformierten und erweiterten Zweitors mit der Übertragungsfunktion $H_1(p)$ des ursprünglichen Zweitors identisch ist?

c) Bild 6.15a zeigt einen Bandpaß, der durch Reaktanzweitor-Synthese nach SEN entstanden und aus zwei Teilzweitoren, einem Hochpaß und einem Tiefpaß aufgebaut ist. Dieser Bandpaß soll durch ein bezüglich der Übertragungsfunktion $H_1(p)$ äquivalentes aktives RC-Zweitor ersetzt werden, indem der Hochpaß mit $\kappa_1(p) = \kappa_{01} p$, der Tiefpaß dagegen mit $\kappa_2(p) = \kappa_{02}/p$ transformiert und anschließend eine Ergänzung des Zweitors mittels eines Bruton-Konverters durchgeführt wird.

Wie müßte man die Vorgehensweise modifizieren, wenn noch ein ohmscher Quellenwiderstand R_0 vorhanden wäre und dieser als Ohmwiderstand erhalten bleiben sollte?

Lösung zu Aufgabe 6.15

a) Wird das gegebene Zweitor einer Analyse, etwa einer Maschenstrom-Analyse unterzogen und auf diese Weise die Impedanzmatrix berechnet, so ist zu erkennen, daß die Multiplikation der Impedanzen aller vorkommenden Netzwerkelemente mit dem Faktor $\kappa(p)$ eine Multiplikation aller Impedanzmatrix-Elemente mit demselben Faktor bewirkt. Unterscheidet man alle Größen nach der Transformation von den entsprechenden Größen vor der Transformation mit einem Strich, so lautet die Beziehung zwischen den Impedanzmatrizen

$$Z'(p) = \kappa(p)\, Z(p)\,.$$

Für die Admittanzmatrizen gilt damit die Beziehung

$$Y'(p) = \frac{1}{\kappa(p)}\, Y(p)\,.$$

Zur Ermittlung der entsprechenden Beziehung für die beiden Kettenmatrizen $A(p) = [A_{rs}(p)]$ und $A'(p) = [A'_{rs}(p)]$ empfiehlt es sich, den Zusammenhang

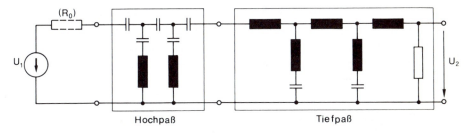

Bild 6.15a: Gegebener LC-Bandpaß, der mit Hilfe von Impedanzkonvertern in ein bezüglich der Spannungsübertragungsfunktion äquivalentes aktives RC-Zweitor umgewandelt werden soll

zwischen den Elementen der Impedanzmatrix und den Elementen der Kettenmatrix zu berücksichtigen [z.B. SEN, Gln.(153a-d)]. So ergibt sich die Beziehung

$$A'(p) = \begin{bmatrix} A_{11}(p) & \kappa(p) A_{12}(p) \\ \dfrac{1}{\kappa(p)} A_{21}(p) & A_{22}(p) \end{bmatrix}$$

oder

$$A'(p) = \begin{bmatrix} 1 & 0 \\ 0 & \dfrac{1}{\kappa(p)} \end{bmatrix} A(p) \begin{bmatrix} 1 & 0 \\ 0 & \kappa(p) \end{bmatrix} . \tag{1}$$

Für die Übertragungsfunktionen erhält man angesichts der Gln.(144), (145), (146), (147) aus SEN die Beziehungen

$$H'_1(p) = H_1(p) ,$$

$$H'_2(p) = H_2(p) ,$$

$$H'_3(p) = \frac{1}{\kappa(p)} H_3(p) ,$$

$$H'_4(p) = \kappa(p) H_4(p) .$$

Nur die beiden ersten Übertragungsfunktionen sind also bezüglich der Transformation invariant.

Ein transformiertes Netzwerkelement läßt sich entsprechend Aufgabe 6.14, Gl.(4) als Eingangsimpedanz eines Bruton-Konverters realisieren, der den Konvertierungsfaktor $k(p) = 1/\kappa(p)$ besitzt und am Ausgang mit dem nicht-transformierten Netzwerkelement abgeschlossen ist.

Ist $Z(p) = 1/(Cp)$ und $\kappa(p) = \kappa_0 p^2$, dann gilt $Z'(p) = (\kappa_0/C)p$, und man kann diese transformierte Kapazität (d.h. eine Induktivität) als Eingangsimpedanz eines mit der Kapazität C abgeschlossenen $1/p^2$-Impedanz-Konverters verwirklichen.

b) Bezeichnet man die Kettenmatrizen der nicht-transformierten Teilzweitore mit $A_\mu(p)$ ($\mu = 1, 2, ..., q$), so kann die Kettenmatrix des nicht-transformierten Gesamtzweitors in der Form

$$A(p) = A_1(p) A_2(p) ... A_q(p)$$

dargestellt werden. Nach Durchführung der Transformation ergibt sich aufgrund von Gl.(1) für das transformierte Zweitor die Kettenmatrix

$$A'(p) = \begin{bmatrix} 1 & 0 \\ 0 & \dfrac{1}{\kappa_1(p)} \end{bmatrix} A_1(p) \begin{bmatrix} 1 & 0 \\ 0 & \kappa_1(p) \end{bmatrix} \begin{bmatrix} 1 & 0 \\ 0 & \dfrac{1}{\kappa_2(p)} \end{bmatrix} A_2(p) \begin{bmatrix} 1 & 0 \\ 0 & \kappa_2(p) \end{bmatrix} \cdots$$

$$\cdots \begin{bmatrix} 1 & 0 \\ 0 & \dfrac{1}{\kappa_q(p)} \end{bmatrix} A_q(p) \begin{bmatrix} 1 & 0 \\ 0 & \kappa_q(p) \end{bmatrix} . \qquad (2)$$

Hieraus ist nun zu ersehen, wie das transformierte Zweitor erweitert werden muß, damit die Kettenmatrix $A''(p) = [A''_{rs}(p)]$ des transformierten und erweiterten Zweitors mit $A(p)$ identisch ist: Zwischen die transformierten Teilzweitore Nr.1 und 2 ist ein Bruton-Konverter mit dem Konvertierungsfaktor $k_{12}(p) = \kappa_2(p)/\kappa_1(p)$ einzufügen, zwischen die transformierten Teilzweitore Nr.2 und 3 ein Bruton-Konverter mit dem Konvertierungsfaktor $k_{23}(p) = \kappa_3(p)/\kappa_2(p)$ usw., vor das transformierte Teilzweitor Nr.1 ist ein Bruton-Konverter mit dem Konvertierungsfaktor $k_1(p) = \kappa_1(p)$, hinter das transformierte Teilzweitor Nr. q ist ein Bruton-Konverter mit dem Konvertierungsfaktor $k_q(p) = 1/\kappa_q(p)$ einzufügen. Formelmäßig drückt sich dies folgendermaßen aus:

$$A''(p) = \begin{bmatrix} 1 & 0 \\ 0 & \kappa_1(p) \end{bmatrix} \begin{bmatrix} 1 & 0 \\ 0 & \dfrac{1}{\kappa_1(p)} \end{bmatrix} A_1(p) \begin{bmatrix} 1 & 0 \\ 0 & \kappa_1(p) \end{bmatrix} \begin{bmatrix} 1 & 0 \\ 0 & \dfrac{\kappa_2(p)}{\kappa_1(p)} \end{bmatrix} \cdot$$

$$\cdot \begin{bmatrix} 1 & 0 \\ 0 & \kappa_2(p) \end{bmatrix} A_2(p) \cdots A_q(p) \begin{bmatrix} 1 & 0 \\ 0 & \kappa_q(p) \end{bmatrix} \begin{bmatrix} 1 & 0 \\ 0 & \dfrac{1}{\kappa_q(p)} \end{bmatrix}$$

$$= A_1(p) A_2(p) \cdots A_q(p) = A(p) .$$

Falls nur $H''_1(p) \equiv H_1(p)$, d.h. $A''_{11}(p) \equiv A_{11}(p)$ verlangt wird, kann auf die Bruton-Konverter mit dem Konvertierungsfaktor $k_1(p)$ und $k_q(p)$ verzichtet werden, wie aus Gl.(2) hervorgeht.

c) Durch die Transformation des Hochpasses mit $\kappa_1(p) = \kappa_{01} p$ werden sämtliche Kapazitäten in Ohmwiderstände und alle Induktivitäten in Super-Induktivitäten übergeführt. Die Transformation des Tiefpasses mit $\kappa_2(p) = \kappa_{02}/p$ bewirkt, daß sämtliche Induktivitäten in Ohmwiderstände, alle Kapazitäten in Super-Kapazitäten und der ohmsche Abschlußwiderstand in eine Kapazität übergehen. Damit durch das

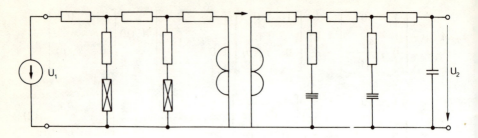

Bild 6.15b: Transformiertes Zweitor, dessen Spannungsübertragungsfunktion mit der des gegebenen LC-Bandpasses übereinstimmt

transformierte Gesamtnetzwerk dieselbe Übertragungsfunktion $H_1(p)$ wie die des ursprünglichen Reaktanzzweitors realisiert wird, muß zwischen die beiden transformierten Teilzweitore noch ein Bruton-Konverter mit dem Konvertierungsfaktor $k_{12}(p) = (\kappa_{02}/\kappa_{01})/p^2$, d.h. ein p^2-Impedanz-Konverter eingefügt werden. Das damit gewonnene Ergebnis ist im Bild 6.15b dargestellt.

Falls noch ein ohmscher Quellenwiderstand R_0 vorhanden ist, wird dieser als ein weiteres Zweitor zwischen Quelle und Hochpaß betrachtet und mit $\kappa_0(p) = \kappa_0$ (= const) transformiert. Dadurch erhält man wieder einen ohmschen Quellenwiderstand. Zwischen diesen und den transformierten Hochpaß muß dann aber noch ein $1/p$-Impedanz-Konverter geschaltet werden. In entsprechender Weise könnte erreicht werden, daß auch der ohmsche Abschlußwiderstand als solcher erhalten bleibt.

■
Aufgabe 6.16

Im Bild 6.16a ist ein Zweitor dargestellt, das aus vier spannungsgesteuerten Spannungsquellen mit dem Verstärkungsfaktor $\mu \to \infty$, zwei Kapazitäten, 10 Ohmwiderständen und einem Schalter S aufgebaut ist. Die gesteuerten Quellen lassen sich mit Hilfe von Operationsverstärkern realisieren. Die angegebenen Werte $R_a, R_b, ..., R_f$, R, R_4, C für die Netzwerkelemente sind nicht normiert. Der Normierungswiderstand wird mit R_0 bezeichnet und darf beliebig positiv gewählt werden. Die Kreisfrequenz ω soll mit $\omega_0 = 1/(CR)$ normiert werden, so daß für reelle Frequenzen $p = j\omega/\omega_0$ gilt.

a) Durch Anwendung der Knotenregel auf die Knoten I, II, III, IV und bei Verwendung der Knotenpotentiale U_A, U_1, U_2, U_4, U_E soll das Spannungsverhältnis U_A/U_E als Funktion von p in den Parametern $R_a/R_0, R_b/R_0, ..., R_f/R_0$ ausgedrückt werden. Dabei soll sich der Schalter S in der Stellung "+" befinden.

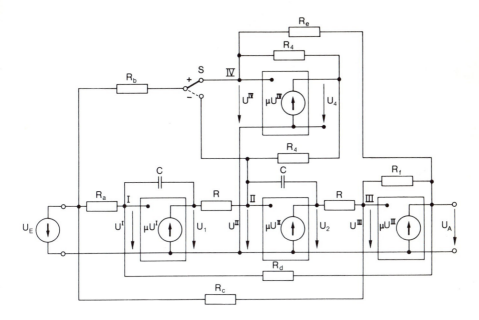

Bild 6.16a: Netzwerk zur Realisierung einer Spannungsübertragungsfunktion vom Grad Zwei. Die Koeffizienten dieser Funktion sind einzeln mit Hilfe von Ohmwiderständen "einstellbar"

b) Wie ändert sich das Ergebnis von Teilaufgabe a, wenn sich der Schalter S in der Stellung "−" befindet?

c) Gegeben sei eine Übertragungsfunktion der Form

$$H(p) = -\frac{a \pm bp + cp^2}{d + ep + fp^2} \qquad (1)$$

mit nicht negativen Koeffizienten $a, b, ..., f$. Wie läßt sich $H(p)$ durch das Netzwerk von Bild 6.16a als Spannungsverhältnis U_A/U_E verwirklichen? Welche besonderen Vorzüge weist die Realisierung auf?

Lösung zu Aufgabe 6.16

a) Durch Anwendung der Knotenregel auf die Knoten I, II, III, IV entsteht das folgende lineare algebraische Gleichungssystem, wenn man berücksichtigt, daß wegen $\mu \to \infty$ die Potentiale $U^I, U^{II}, U^{III}, U^{IV}$ gleich Null sein müssen:

U_A	U_1	U_2	U_4	
$1/R_d$	$j\omega C$	0	0	$-U_E/R_a$
0	$1/R$	$j\omega C$	$1/R_4$	0
$1/R_f$	0	$1/R$	0	$-U_E/R_c$
$1/R_e$	0	0	$1/R_4$	$-U_E/R_b$

(2)

Durch Auflösung nach U_A erhält man

$$U_A = \frac{-\dfrac{U_E}{R_a}\cdot\dfrac{1}{R^2 R_4} - \dfrac{U_E}{R_c}\cdot\dfrac{(j\omega C)^2}{R_4} - \dfrac{U_E}{R_b}\cdot\dfrac{j\omega C}{R R_4}}{\dfrac{1}{R_d}\cdot\dfrac{1}{R^2 R_4} + \dfrac{1}{R_f}\cdot\dfrac{(j\omega C)^2}{R_4} + \dfrac{1}{R_e}\cdot\dfrac{j\omega C}{R R_4}}$$

und hieraus mit $p = j\omega/\omega_0$, $\omega_0 = 1/(CR)$ und bei Erweiterung mit R_0 als Spannungsverhältnis

$$\frac{U_A}{U_E} = \frac{\dfrac{R_0}{R_a} + \dfrac{R_0}{R_b}p + \dfrac{R_0}{R_c}p^2}{\dfrac{R_0}{R_d} + \dfrac{R_0}{R_e}p + \dfrac{R_0}{R_f}p^2}.$$ (3)

b) Bringt man den Schalter S in die Stellung "−", so lautet das Gleichungssystem zur Bestimmung von U_A

U_A	U_1	U_2	U_4	
$1/R_d$	$j\omega C$	0	0	$-U_E/R_a$
0	$1/R$	$j\omega C$	$1/R_4$	$-U_E/R_b$
$1/R_f$	0	$1/R$	0	$-U_E/R_c$
$1/R_e$	0	0	$1/R_4$	0

(4)

Die Gleichungssysteme (2) und (4) unterscheiden sich nur in ihren rechten Seiten. Die Auflösung nach U_A liefert

$$U_A = \dfrac{-\dfrac{U_E}{R_a}\cdot\dfrac{1}{R^2 R_4} + \dfrac{U_E}{R_b}\cdot\dfrac{j\omega C}{RR_4} - \dfrac{U_E}{R_c}\cdot\dfrac{(j\omega C)^2}{R_4}}{\dfrac{1}{R_d}\cdot\dfrac{1}{R^2 R_4} + \dfrac{1}{R_f}\cdot\dfrac{(j\omega C)^2}{R_4} + \dfrac{1}{R_e}\cdot\dfrac{j\omega C}{RR_4}}.$$

Hieraus ergibt sich das Spannungsverhältnis

$$\dfrac{U_A}{U_E} = -\dfrac{\dfrac{R_0}{R_a} - \dfrac{R_0}{R_b}p + \dfrac{R_0}{R_c}p^2}{\dfrac{R_0}{R_d} + \dfrac{R_0}{R_e}p + \dfrac{R_0}{R_f}p^2}. \tag{5}$$

Die rechten Seiten der Gln.(3) und (5) unterscheiden sich also nur durch das Vorzeichen des linearen Terms im Zähler.

c) Ein Vergleich zwischen der Gl.(1) und den Gln.(3), (5) läßt erkennen, daß die Übertragungsfunktion $H(p)$ durch das Zweitor von Bild 6.16a als Spannungsverhältnis U_A/U_E folgendermaßen realisiert werden kann: Das Vorzeichen des linearen Gliedes im Zähler von Gl.(1) wird durch die entsprechende Stellung des Schalters S eingestellt. Sodann werden für die Ohmwiderstände die Werte

$R_a = R_0/a, \qquad R_b = R_0/b, \qquad R_c = R_0/c,$

$R_d = R_0/d, \qquad R_e = R_0/e, \qquad R_f = R_0/f$

und

$R = \dfrac{1}{\omega_0 C}$

gewählt. Dabei sind R_0, ω_0, C als positive Parameter frei wählbar. Auch die beiden Ohmwiderstände R_4 dürfen beliebig positiv gewählt werden, müssen aber gleich groß sein.
Wie man sieht, lassen sich die Koeffizienten $a, b, ..., f$ der zu realisierenden Übertragungsfunktion unabhängig voneinander durch jeweils einen bestimmten Ohmwiderstand $R_a, R_b, ..., R_f$ realisieren („einstellen"). Zusätzlich kann durch Veränderung des Ohmwiderstandes R, der allerdings zweimal im Zweitor vorhanden ist (!), die

Normierungsfrequenz ω_0 variiert werden. Durch geeignete Wahl des Normierungswiderstandes R_0 kann das Widerstandsniveau der einzustellenden Widerstände günstig festgelegt werden.

Durch Kettenschaltung von Zweitoren der Art nach Bild 6.16a kann nun eine beliebige, die Stabilitätsbedingungen erfüllende Übertragungsfunktion realisiert werden.

Aufgabe 6.17

Im Bild 6.17a ist ein Zweitor dargestellt, das aus einem Dreitor mit den Klemmenpaaren E-M, A-M, H-M und aus einem idealen Verstärker mit dem Verstärkungsfaktor Eins aufgebaut ist. Die Erregung erfolgt durch die Spannungsquelle mit der Urspannung U_E; U_A ist die Ausgangsspannung. Das genannte Dreitor besteht aus 8 Zweipolen mit den Admittanzen $Y_{A1}(p)$, $Y_{A2}(p)$, $Y_{E1}(p)$, $Y_{E2}(p)$, $Y_{H1}(p)$, $Y_{H2}(p)$, $Y_{M1}(p)$, $Y_{M2}(p)$, und es lasse sich durch seine Admittanzmatrix gemäß der Beziehung

$$\begin{bmatrix} I_A \\ I_E \\ I_H \end{bmatrix} = \begin{bmatrix} y_{AA}(p) & y_{AE}(p) & y_{AH}(p) \\ y_{AE}(p) & y_{EE}(p) & y_{EH}(p) \\ y_{AH}(p) & y_{EH}(p) & y_{HH}(p) \end{bmatrix} \cdot \begin{bmatrix} U_A \\ U_E \\ U_H \end{bmatrix} \quad (1)$$

beschreiben.

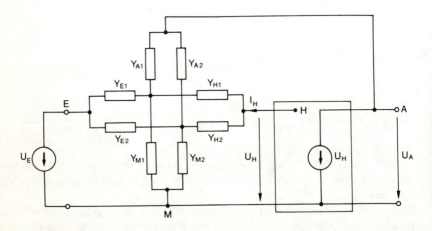

Bild 6.17a: Zweitor zur Realisierung einer vorgeschriebenen rationalen, reellen Funktion zweiten Grades als Spannungsübertragungsfunktion

Im folgenden soll gezeigt werden, daß jede rationale, reelle Funktion

$$H(p) = K \frac{p^2 + a_1 p + a_0}{p^2 + b_1 p + b_0} \qquad (2)$$

$(a_0 \geq 0, \quad a_1 \geq 0, \quad b_0 > 0, \quad b_1 > 0)$

bis auf den konstanten Faktor K als Übertragungsfunktion U_A/U_E durch das im Bild 6.17a dargestellte Netzwerk verwirklicht werden kann, wobei das Dreitor ausschließlich aus Ohmwiderständen und Kapazitäten aufgebaut ist.

a) Man drücke die Übertragungsfunktion U_A/U_E mit Hilfe der in Gl.(1) eingeführten Admittanzmatrix-Elemente aus.

b) Die im Ergebnis von Teilaufgabe a auftretenden Admittanzmatrix-Elemente lassen sich mit Hilfe der Admittanzen $Y_{A1}(p), Y_{A2}(p), ..., Y_{M2}(p)$ darstellen. Auf diese Weise soll die Übertragungsfunktion U_A/U_E mit den genannten Admittanzen als Parametern ausgedrückt werden.

c) Zur Vereinfachung des Ergebnisses von Teilaufgabe b soll die Bindung

$$Y_{A2}(p) + Y_{E2}(p) + Y_{H2}(p) + Y_{M2}(p) = k[Y_{A1}(p) + Y_{E1}(p) + Y_{H1}(p) + Y_{M1}(p)] \qquad (3)$$

eingeführt werden. Dabei bedeutet k eine noch festzulegende Konstante. Man zeige, daß sich damit die Übertragungsfunktion in der Form

$$\frac{U_A}{U_E} = \frac{k\, Y_{E1}(p)\, Y_{H1}(p) + Y_{E2}(p)\, Y_{H2}(p)}{k\, Y_{H1}(p)\, [Y_{E1}(p) + Y_{M1}(p)] + Y_{H2}(p)\, [Y_{E2}(p) + Y_{M2}(p)]} \qquad (4)$$

ausdrücken läßt. Welchen maximalen Grad besitzt U_A/U_E, wenn sämtliche auf der rechten Seite von Gl.(4) auftretenden Admittanzen in Abhängigkeit von p linear sind?

d) Für die Admittanzen der im Netzwerk von Bild 6.17a auftretenden Zweipole soll bei Beachtung der Gl.(3) folgende Wahl getroffen werden:

$Y_{A1}(p) = G_A$, $\qquad Y_{E1}(p) = G_{CE} + pC_E$,

$Y_{H1}(p) = pC_H$, $\qquad Y_{M1}(p) = G_{CM} + pC_M$,

$Y_{A2}(p) = pC_A$, $\qquad Y_{E2}(p) = G_E$,

$Y_{H2}(p) = G_H$, $\qquad Y_{M2}(p) = G_M$.

Man zeige, daß die Übertragungsfunktion des nunmehr im Bild 6.17b dargestellten speziellen Netzwerks die Gestalt

$$\frac{U_A}{U_E} = \frac{C_E}{C_E + C_M} \cdot \frac{p^2 + p\dfrac{G_{CE}}{C_E} + \dfrac{G_E\, G_H}{k\, C_E\, C_H}}{p^2 + p\dfrac{G_{CE} + G_{CM}}{C_E + C_M} + \dfrac{G_H(G_E + G_M)}{k\, C_H(C_E + C_M)}} \tag{5}$$

besitzt. Welche beiden Beziehungen bestehen zwischen den Werten der Netzwerkelemente angesichts der Gl.(3)?

e) Die beiden Funktionen $H(p)$ Gl.(2) und U_A/U_E Gl.(5) sollen bis auf den konstanten Faktor K bzw. $C_E/(C_E + C_M)$ identifiziert werden. Man gebe die durch Koeffizientenvergleich entstehenden vier Gleichungen an. Zusammen mit den in Teilaufgabe d ermittelten beiden Beziehungen liegen damit sechs Gleichungen vor, welche die elf Größen G_{CE}, G_{CM}, G_E, G_H, G_M, C_A, C_E, C_H, C_M, G_A, k miteinander verknüpfen. Man benütze diese sechs Gleichungen dazu, die ersten sechs der aufgeführten elf Größen durch die restlichen fünf Größen auszudrücken.

Damit die Leitwerte G_E, G_H und G_M nur reelle Werte annehmen, muß die Bedingung

$k \geq k_{min}$

erfüllt werden. Man gebe den Minimalwert k_{min} für k als Funktion von C_E, C_H, C_M, G_A an.

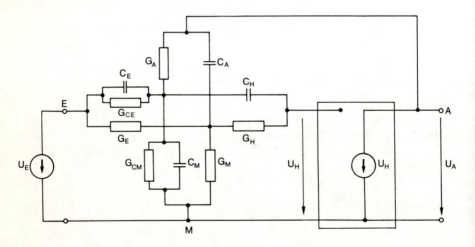

Bild 6.17b: Netzwerk von Bild 6.17a mit spezieller Wahl der dort auftretenden Zweipole gemäß Teilaufgabe d

f) Man zeige an Hand der Ergebnisse von Teilaufgabe *e* folgendes: Für die Größen C_E, C_H, C_M, G_A und k können stets nicht negative Werte gewählt werden, so daß die gegebene Übertragungsfunktion $H(p)$ Gl.(2) bis auf die Konstante K als Spannungsverhältnis U_A/U_E durch das Netzwerk nach Bild 6.17b verwirklicht wird. Welche spezielle Wahl von Werten für die genannten Größen ist, etwa im Hinblick auf die Einsparung von Netzwerkelementen, besonders interessant? Läßt sich erreichen, daß auch die Konstante K realisiert wird?

Lösung zu Aufgabe 6.17

a) Nach Gl.(1) erhält man mit $I_H = 0$ die Beziehung

$$0 = y_{AH}(p)\, U_A + y_{EH}(p)\, U_E + y_{HH}(p)\, U_H ,$$

aus der sich wegen $U_A = U_H$ als Übertragungsfunktion

$$\frac{U_A}{U_E} = \frac{-y_{EH}(p)}{y_{AH}(p) + y_{HH}(p)} \qquad (6)$$

ergibt.

b) Im Bild 6.17c ist das Dreitor dargestellt, welches durch Gl.(1) beschrieben wird. Wie man sieht, lassen sich die auf der rechten Seite von Gl.(6) auftretenden Admittanzmatrix-Elemente folgendermaßen ausdrücken:

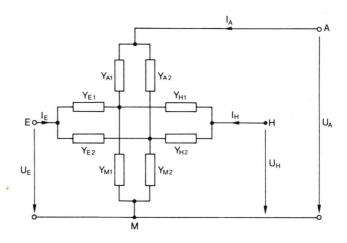

Bild 6.17c: Dreitor, dessen Strom-Spannungs-Beziehungen durch Gl.(1) beschrieben werden

Synthese aktiver RC-Netzwerke

$$y_{AH}(p) = \left.\frac{I_H}{U_A}\right|_{U_E=U_H=0} = \frac{-Y_{A1}(p)\,Y_{H1}(p)}{Y_{A1}(p)+Y_{E1}(p)+Y_{H1}(p)+Y_{M1}(p)}$$
$$+ \frac{-Y_{A2}(p)\,Y_{H2}(p)}{Y_{A2}(p)+Y_{E2}(p)+Y_{H2}(p)+Y_{M2}(p)} ,$$

$$y_{EH}(p) = \left.\frac{I_H}{U_E}\right|_{U_A=U_H=0} = \frac{-Y_{E1}(p)\,Y_{H1}(p)}{Y_{A1}(p)+Y_{E1}(p)+Y_{H1}(p)+Y_{M1}(p)}$$
$$+ \frac{-Y_{E2}(p)\,Y_{H2}(p)}{Y_{A2}(p)+Y_{E2}(p)+Y_{H2}(p)+Y_{M2}(p)} ,$$

$$y_{HH}(p) = \left.\frac{I_H}{U_H}\right|_{U_A=U_E=0} = \frac{Y_{H1}(p)\,[Y_{A1}(p)+Y_{E1}(p)+Y_{M1}(p)]}{Y_{A1}(p)+Y_{E1}(p)+Y_{H1}(p)+Y_{M1}(p)}$$
$$+ \frac{Y_{H2}(p)\,[Y_{A2}(p)+Y_{E2}(p)+Y_{M2}(p)]}{Y_{A2}(p)+Y_{E2}(p)+Y_{H2}(p)+Y_{M2}(p)} .$$

Führt man diese Gleichungen in die Gl.(6) ein, so ergibt sich für die Übertragungsfunktion des vorliegenden Zweitors die Darstellung

$$\frac{U_A}{U_E} = \frac{\dfrac{Y_{E1}(p)\,Y_{H1}(p)}{Y_{A1}(p)+Y_{E1}(p)+Y_{H1}(p)+Y_{M1}(p)} + \dfrac{Y_{E2}(p)\,Y_{H2}(p)}{Y_{A2}(p)+Y_{E2}(p)+Y_{H2}(p)+Y_{M2}(p)}}{\dfrac{Y_{H1}(p)\,[Y_{E1}(p)+Y_{M1}(p)]}{Y_{A1}(p)+Y_{E1}(p)+Y_{H1}(p)+Y_{M1}(p)} + \dfrac{Y_{H2}(p)\,[Y_{E2}(p)+Y_{M2}(p)]}{Y_{A2}(p)+Y_{E2}(p)+Y_{H2}(p)+Y_{M2}(p)}} . \qquad (7)$$

c) Mit Gl.(3) geht die Gl.(7) über in die Gl.(4). Sofern die auf der rechten Seite von Gl.(4) vorkommenden Admittanzen die Form $c \cdot p + d$ (c, d = const) haben, kann die Übertragungsfunktion U_A/U_E den Grad Zwei nicht übersteigen.

d) Führt man die angegebenen speziellen Formen für die Admittanzen in die Gl.(4) ein, so ergibt sich nach einigen Umformungen die Gl.(5). Führt man diese Admittanzen auch in die Gl.(3) ein, dann entsteht in der Veränderlichen p eine Identität, aus der direkt die beiden Beziehungen

$$k\,(G_A + G_{CE} + G_{CM}) = G_E + G_H + G_M , \qquad (8a)$$

$$k\,(C_E + C_H + C_M) = C_A \qquad (8b)$$

entnommen werden können.

e) Eine Identifizierung der Funktionen $H(p)$ Gl.(2) und U_A/U_E Gl.(5) führt auf die Gleichungen

$$a_1 = \frac{G_{CE}}{C_E}, \qquad a_0 = \frac{G_E\, G_H}{k\, C_E\, C_H}, \qquad (9a,b)$$

$$b_1 = \frac{G_{CE} + G_{CM}}{C_E + C_M}, \qquad b_0 = \frac{G_H\,(G_E + G_M)}{k\, C_H\,(C_E + C_M)}. \qquad (9c,d)$$

Dabei wurde die Übereinstimmung in den konstanten Faktoren nicht gefordert. Wie man sieht, muß $C_E = 0$ und $C_H = 0$ ausgeschlossen werden.
Aus den Gln.(8a) und (9c,d) folgt durch Elimination der Größen G_{CE}, G_{CM}, G_E und G_M eine quadratische Gleichung zur Bestimmung von G_H. Mit der Lösung

$$f(C_E, C_H, C_M, G_A, k) = \frac{b_1\, k\,(C_E + C_M) + k\, G_A}{2}$$

$$\pm \frac{1}{2}\sqrt{k^2\,[b_1(C_E + C_M) + G_A]^2 - 4 b_0\, C_H\, k\,(C_E + C_M)} \qquad (10)$$

dieser quadratischen Gleichung lassen sich die Gln.(8a,b) und (9a-d) folgendermaßen auflösen:

$$G_{CE} = a_1\, C_E, \qquad (11a)$$

$$G_{CM} = (b_1 - a_1)\, C_E + b_1\, C_M, \qquad (11b)$$

$$G_E = \frac{a_0\, k\, C_H\, C_E}{f(C_E, C_H, C_M, G_A, k)}, \qquad (11c)$$

$$G_H = f(C_E, C_H, C_M, G_A, k), \qquad (11d)$$

$$G_M = \frac{k\, C_H}{f(C_E, C_H, C_M, G_A, k)}\,[(b_0 - a_0)\, C_E + b_0\, C_M], \qquad (11e)$$

$$C_A = k\,(C_E + C_H + C_M). \qquad (11f)$$

Wie man der Gl.(10) entnimmt, lautet der Minimalwert von k

$$k_{\min} = \frac{4b_0 C_H (C_E + C_M)}{[b_1 (C_E + C_M) + G_A]^2}.$$

Wählt man $k \geq k_{\min}$, so sind G_E, G_H und G_M reellwertig.

f) Wie man den Gln.(11a-f) direkt entnehmen kann, lassen sich stets Werte $C_E > 0$, $C_H > 0$, $C_M \geq 0$, $G_A \geq 0$ und $k \geq k_{\min}$ angeben, so daß aufgrund der Gln.(11a-f) nicht negative Werte G_{CE}, G_{CM}, G_E, G_H, G_M, C_A geliefert und damit die Gln.(8a,b), (9a-d) erfüllt werden. Dadurch wird die gegebene Übertragungsfunktion $H(p)$ Gl.(2) bis auf den konstanten Faktor K als Spannungsverhältnis U_A/U_E realisiert.

Falls $b_1 < a_1$ oder $b_0 < a_0$ gilt, lautet der kleinstmögliche Wert für C_M [vgl.Gln. (11b,e)]

$$C_{M\,\min} = C_E \operatorname{Max}\left[\frac{a_1 - b_1}{b_1}, \frac{a_0 - b_0}{b_0}\right].$$

Wählt man diesen Wert für C_M, so ergibt sich ein maximaler konstanter Faktor $C_E/(C_E + C_M)$.

Gilt $b_1 \geq a_1$ und $b_0 \geq a_0$ und ist $K \leq 1$, dann wird bei der Wahl

$$C_M = \frac{C_E}{K} - C_E$$

auch die Konstante K durch das Netzwerk von Bild 6.17b realisiert. Im Falle $b_1 \geq a_1$ und $b_0 \geq a_0$ darf auch stets $C_M = 0$ gewählt werden.

Im Hinblick auf die praktische Anwendung dieses Netzwerks zur Verwirklichung von Übertragungsfunktionen ist es zweckmäßig, daß die Werte der Kapazitäten nicht allzusehr voneinander abweichen. Daher empfiehlt es sich, $C_E = C_H$ zu wählen, und man wird weiterhin versuchen, im Rahmen der durch die Forderungen $C_M \geq C_{M\,\min}$ und $k \geq k_{\min}$ eingeschränkten Möglichkeiten die Kapazitäten C_M und C_A in der gleichen Größenordnung zu wählen.

■
Aufgabe 6.18

Zur Vervollständigung des in Aufgabe 6.17 diskutierten Realisierungsverfahrens soll im folgenden gezeigt werden, daß auch jede rationale reelle Funktion

$$H(p) = K \frac{a_1 p + a_0}{p^2 + b_1 p + b_0} \tag{1}$$

$(a_0 \geq 0,\ a_1 \geq 0,\ a_0 + a_1 \neq 0,\ b_0 > 0,\ b_1 > 0)$

bis auf den konstanten Faktor K als Übertragungsfunktion U_A/U_E durch das im Bild 6.17a dargestellte Netzwerk verwirklicht werden kann. Im Vergleich zu der in Aufgabe 6.17 vorgeschriebenen Funktion $H(p)$ fehlt hier also der Summand p^2 im Zähler.

a) Man schreibe die Übertragungsfunktion U_A/U_E aus Aufgabe 6.17 in der Weise um, daß $C_E = 0$ gesetzt werden kann, und gebe die resultierende Form der Übertragungsfunktion an.

b) Durch Identifizierung der Funktion $H(p)$ Gl.(1) und der in Teilaufgabe a gewonnenen Übertragungsfunktion U_A/U_E für $C_E = 0$ entstehen vier Gleichungen. Man gebe diese Gleichungen zusammen mit den Gln.(8a,b) aus Aufgabe 6.17 für $C_E = 0$ an, durch welche die zehn Größen G_{CE}, G_{CM}, G_E, G_H, G_M, C_A, C_H, C_M, G_A, k miteinander verknüpft werden. Man benütze die genannten sechs Gleichungen dazu, die ersten sechs der aufgeführten zehn Größen durch die restlichen vier Größen auszudrücken.

Damit die Leitwerte G_E, G_H und G_M nur reelle Werte annehmen, muß die Ungleichung

$k \geq k_{\min}$

berücksichtigt werden. Man gebe den Minimalwert $k_{\min}$ für k als Funktion von C_H, C_M, G_A an.

Damit die Leitwerte G_{CM} und G_M nicht negativ werden, muß die Bedingung

$K \leq K_{\max}$

erfüllt sein. Man gebe den Maximalwert $K_{\max}$ für K an.

Lösung zu Aufgabe 6.18

a) Aus Gl.(5) der Aufgabe 6.17 erhält man für die Übertragungsfunktion zunächst

$$\frac{U_A}{U_E} = \frac{kC_E C_H p^2 + kC_H G_{CE} p + G_E G_H}{kC_H(C_E + C_M)p^2 + kC_H(G_{CE} + G_{CM})p + G_H(G_E + G_M)}.$$

Setzt man nun $C_E = 0$ und dividiert Zähler und Nenner der rechten Seite dieser Darstellung mit $kC_H C_M$, so ergibt sich die folgende Form der Übertragungsfunktion:

$$\frac{U_A}{U_E} = \frac{p\dfrac{G_{CE}}{C_M} + \dfrac{G_E G_H}{kC_H C_M}}{p^2 + p\dfrac{G_{CE} + G_{CM}}{C_M} + \dfrac{G_H(G_E + G_M)}{kC_H C_M}}. \tag{2}$$

b) Durch Identifizierung der rechten Seiten der Gln.(1) und (2) ergeben sich die Gleichungen

$$Ka_1 = \frac{G_{CE}}{C_M}, \qquad Ka_0 = \frac{G_E G_H}{kC_H C_M}, \tag{3a,b}$$

$$b_1 = \frac{G_{CE} + G_{CM}}{C_M}, \qquad b_0 = \frac{G_H(G_E + G_M)}{kC_H C_M}. \tag{3c,d}$$

Wie man sieht, muß $C_H = 0$ und $C_M = 0$ ausgeschlossen werden. Aus den Gln.(8a,b) der Aufgabe 6.17 erhält man die weiteren Beziehungen

$$k(G_A + G_{CE} + G_{CM}) = G_E + G_H + G_M, \tag{4a}$$

$$k(C_H + C_M) = C_A. \tag{4b}$$

Aus den Gln.(3c,d) und (4a) kann man durch Elimination der Größen G_{CE}, G_{CM}, G_E, G_M für G_H eine quadratische Gleichung mit der Lösung

$$f(C_H, C_M, G_A, k) = \frac{k(b_1 C_M + G_A)}{2} \pm \frac{1}{2}\sqrt{k^2(b_1 C_M + G_A)^2 - 4kb_0 C_H C_M} \tag{5}$$

angeben. Damit lassen sich die Gln.(3a-d) und (4a,b) folgendermaßen auflösen:

$$G_{CE} = Ka_1 C_M, \tag{6a}$$

$$G_{CM} = (b_1 - Ka_1)C_M, \tag{6b}$$

$$G_E = \frac{a_0 K k C_H C_M}{f(C_H, C_M, G_A, k)}, \tag{6c}$$

$$G_H = f(C_H, C_M, G_A, k), \tag{6d}$$

$$G_M = \frac{kC_H C_M (b_0 - Ka_0)}{f(C_H, C_M, G_A, k)}, \qquad (6e)$$

$$C_A = k(C_H + C_M). \qquad (6f)$$

Wie man der Gl.(5) entnimmt, lautet der Minimalwert von k

$$k_{min} = \frac{4b_0 C_H C_M}{(b_1 C_M + G_A)^2}.$$

Den Gln.(6b,e) ist der Maximalwert von K zu entnehmen, nämlich

$$K_{max} = \text{Min}\left[\frac{b_1}{a_1}, \frac{b_0}{a_0}\right].$$

Die Gln.(6a-f) lehren, daß die vorgeschriebene Funktion $H(p)$ Gl.(1) stets bis auf die Konstante K als Übertragungsfunktion U_A/U_E durch das Netzwerk von Bild 6.17b mit $C_E = 0$ verwirklicht werden kann.

7. Approximation

Dieser Abschnitt enthält Aufgaben, in denen einige Verfahren zur Ermittlung von Übertragungs- bzw. Zweipolfunktionen behandelt werden. Dabei sind jeweils für reelle Frequenzen bestimmte Funktionen vorgeschrieben, und zwar die Amplitude bzw. die Dämpfung (Aufgaben 1, 7, 8), die Phase (Aufgaben 2 und 3) oder der Realteil (Aufgaben 4 und 5). Die Erzeugung einer Übertragungsfunktion durch Anwendung der Tiefpaß-Bandpaß-Transformation wird ebenfalls gezeigt (Aufgabe 6). Einige der Aufgaben beinhalten auch die Realisierung.
Mit Hilfe der im Vorwort festgelegten Kategorien lassen sich die Aufgaben dieses Abschnitts folgendermaßen kennzeichnen:

a	b	c
2 - 7	1	8 [130]

Aufgabe 7.1

Es soll eine rationale, reelle und in der abgeschlossenen rechten p-Halbebene polfreie Funktion $H(p)$ dritten Grades mit den folgenden Eigenschaften ermittelt werden:

1. Der Zählergrad von $H(p)$ soll kleiner als der Nennergrad sein.
2. Die Pole der Funktion $B(p^2) = H(p) H(-p)$ sollen äquidistant auf dem Einheitskreis der p-Ebene verteilt sein.
3. Das Betragsquadrat $B(-\omega^2) = |H(j\omega)|^2$ soll für $\omega = 0$ den Wert Eins im Sinne der maximalen Ebnung bestmöglich approximieren.

a) Man ermittle die Funktion $H(p)$ und skizziere den Verlauf von $|H(j\omega)|$.

b) Man zeige, daß $H(p)$ bis auf einen konstanten Faktor k als Übertragungsfunktion U_2/U_0 eines zwischen den Ohmwiderständen $R_1 = R_2 = 1$ betriebenen Reaktanzzweitors realisiert werden kann. Man führe die Realisierung für den größtmöglichen Wert von k durch (2 Lösungen!).

c) Wie muß die Normierungskonstante ω_0 für die Kreisfrequenz gewählt werden, damit sich nach der Entnormierung der Betrag des Spannungsverhältnisses U_2/U_0 für die Frequenz $f = 1\text{kHz}$ um den Faktor $\sqrt{2}$ gegenüber dem entsprechenden Wert für die Frequenz $f = 0\text{Hz}$ unterscheidet. Man führe die Entnormierung für diesen Wert von ω_0 und für den Normierungswiderstand $R_0 = 75\,\Omega$ durch.

Lösung zu Aufgabe 7.1

a) Die Ermittlung der gesuchten Funktion $H(p)$ erfolgt nach SEN III, Abschnitt 3.1. Danach approximiert die Funktion $B(p^2)$ für $p = j\omega$ den Wert Eins im Nullpunkt im Sinne der maximalen Ebnung bei der Wahl

$$B(p^2) = H(p) H(-p) = \frac{D_m p^{2m} + \ldots + D_1 p^2 + D_0}{p^{2n} + D_{n-1} p^{2n-2} + \ldots + D_1 p^2 + D_0}.$$

Wegen der Forderung, daß der Zählergrad von $H(p)$ kleiner als der Nennergrad sein muß, ist $m < n$ zu verlangen. Da die Pole von $B(p^2)$ äquidistant auf dem Einheitskreis verteilt liegen sollen, muß

$$D_1 = D_2 = \ldots = D_m = \ldots = D_{n-1} = 0$$

und

$$D_0 = \pm 1$$

gewählt werden. Zur Vermeidung von Polen auf der imaginären Achse darf der Nenner von $B(-\omega^2)$, d.h. das Polynom $(-1)^{-n}[(-1)^n D_0 + \omega^{2n}]$ im Intervall $0 \leq \omega < \infty$ nicht verschwinden. Dies ist, wie man sieht, genau dann der Fall wenn die Beziehung $(-1)^n D_0 > 0$ gilt. Da im vorliegenden Fall $n = 3$ ist, muß $D_0 = -1$ genommen werden. Somit lautet die Funktion $B(p^2)$ explizit

$$B(p^2) = H(p) H(-p) = \frac{1}{1-p^6}.$$

Die Pole dieser Funktion sind

$$p_\nu = e^{j\nu\pi/3} \quad (\nu = 0,1,2,...,5)$$

(Bild 7.1a). Hieraus ergibt sich nun die Übertragungsfunktion

$$H(p) = \frac{1}{(p - e^{j2\pi/3})(p+1)(p - e^{j4\pi/3})}$$

oder

$$H(p) = \frac{1}{p^3 + 2p^2 + 2p + 1}. \qquad (1)$$

Im Bild 7.1b ist der Verlauf der Betragsfunktion

$$|H(j\omega)| = \sqrt{B(-\omega^2)} = \frac{1}{\sqrt{1+\omega^6}}$$

dargestellt.

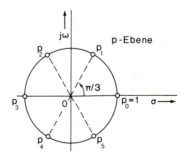

Bild 7.1a: Lage der Polstellen von $B(p^2)$ in der p-Ebene

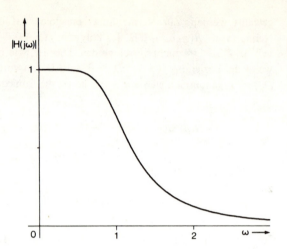

Bild 7.1b:
Verlauf der Funktion $|H(j\omega)|$

b) Nach SEN, Satz 19 (S.138) kann jede rationale, reelle und in der abgeschlossenen rechten p-Halbebene polfreie Funktion $H(p)$ als Übertragungsfunktion U_2/U_0 eines zwischen den Ohmwiderständen $R_1 = R_2 = 1$ betriebenen Reaktanzzweitors verwirklicht werden, wenn der Zähler von $H(p)$ ein gerades oder ungerades Polynom, der Nenner ein Hurwitz-Polynom ist und der Betrag $|H(j\omega)|$ für alle ω-Werte den Wert 1/2 nicht übersteigt. Die in Teilaufgabe a gewonnene Übertragungsfunktion $H(p)$ Gl.(1) weist alle diese Eigenschaften auf, abgesehen von der genannten Bedingung für den Betrag $|H(j\omega)|$. Nach Bild 7.1b ist der Maximalwert von $|H(j\omega)|$ gleich Eins. Daher wird im weiteren die Übertragungsfunktion

$$H_0(p) = \frac{1}{2} H(p)$$

betrachtet. Gemäß SEN, Gl.(193) erhält man die charakteristische Funktion $K(p)$ aus der Beziehung

$$K(p)\,K(-p) = \frac{1}{H_0(p)\,H_0(-p)} - 4,$$

d.h. aus der Bestimmungsgleichung

$$K(p)\,K(-p) = 4\,(1 - p^6) - 4 = -4p^6.$$

Die Lösungen lauten

$$K(p) = 2p^3$$

und

$$K(p) = -2p^3 \ .$$

Gemäß SEN, Gln.(197a-d) ergeben sich die Elemente der Kettenmatrix des gesuchten Reaktanzzweitors mit der Funktion

$$W(p) = \frac{1}{H_0(p)} = 2p^3 + 4p^2 + 4p + 2$$

zu

$$A_{11}(p) = \frac{1}{2}\,[W_g(p) + K_g(p)] = 2p^2 + 1,$$

$$A_{22}(p) = \frac{1}{2}\,[W_g(p) - K_g(p)] = 2p^2 + 1,$$

$$A_{12}(p) = \frac{1}{2}\,[W_u(p) + K_u(p)] = 2p^3 + 2p \qquad \text{bzw.} \qquad A_{12}(p) = 2p\ ,$$

$$A_{21}(p) = \frac{1}{2}\,[W_u(p) - K_u(p)] = 2p \qquad \text{bzw.} \qquad A_{21}(p) = 2p^3 + 2p\ .$$

Mit dem Index g sind die geraden Teile, mit dem Index u die ungeraden Teile der Funktionen $W(p)$ und $K(p)$ bezeichnet.
Die Eingangsbetriebsimpedanz lautet gemäß SEN, Gl.(198)

$$Z(p) = \frac{W(p) + K(p)}{W(p) - K(p)}\ ,$$

d.h. für $K(p) = 2p^3$

$$Z(p) = \frac{4p^3 + 4p^2 + 4p + 2}{4p^2 + 4p + 2} = p + \cfrac{1}{2p + \cfrac{1}{p+1}}$$

und für $K(p) = -2p^3$

$$Z(p) = \frac{4p^2 + 4p + 2}{4p^3 + 4p^2 + 4p + 2} = \cfrac{1}{p + \cfrac{1}{2p + \cfrac{1}{p+1}}}\ .$$

Aufgrund dieser beiden Eingangsimpedanzen ergeben sich die im Bild 7.1c angegebenen Netzwerke, welche die Übertragungsfunktion $H_0(p) = H(p)/2$ als Spannungsverhältnis U_2/U_0 verwirklichen.

c) Ersetzt man die bisherige (normierte) Kreisfrequenz ω durch ω/ω_0, wobei jetzt ω die nicht-normierte und ω_0 die normierende Kreisfrequenz bedeutet, so bestimmt sich ω_0 aufgrund der Forderung

$$\left| \frac{H_0(0)}{H_0\left(j\frac{\omega}{\omega_0}\right)} \right|_{\omega = 2\pi \cdot 1\text{kHz}} = \sqrt{1 + \left(\frac{\omega}{\omega_0}\right)^6} \Bigg|_{\omega = 2\pi \cdot 1\text{kHz}} = \sqrt{2} .$$

Hieraus folgt die Beziehung

$$\left(\frac{\omega}{\omega_0}\right)^6 \Bigg|_{\omega = 2\pi \cdot 1\text{kHz}} = 1 ,$$

und damit

$$\omega_0 = 2\pi \cdot 1\text{kHz} = 6283{,}2 \frac{1}{\text{s}} .$$

Nach SEN, Gln.(4a,b,c) erhält man aus den normierten Werten der Netzwerkelemente mit $\omega_0 = 6283{,}2$ 1/s und $R_0 = 75\ \Omega$ die entnormierten Werte. Sie sind im Bild 7.1c beim jeweiligen Element in Klammern angegeben. So folgt aus der normierten Induktivität 1 der entnormierte Wert $1 \cdot 75/6283{,}2\text{H} = 11{,}9\text{mH}$, aus der normierten Kapazität 2 ergibt sich der entnormierte Wert $2/(75 \cdot 6283{,}2)\text{F} = 4{,}2\ \mu\text{F}$.

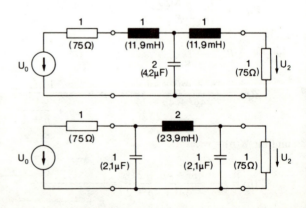

Bild 7.1c: Zwei in Ohmwiderstände eingebettete Reaktanzzweitore, welche die Funktion $H(p)/2$ als Spannungsübertragungsfunktion verwirklichen

Aufgabe 7.2

Es ist ein Allpaß dritten Grades mit der Übertragungsfunktion

$$H_A(p) = \frac{1 - a_1 p + a_2 p^2 - a_3 p^3}{1 + a_1 p + a_2 p^2 + a_3 p^3} \quad (a_1, a_2, a_3 > 0) \tag{1}$$

zu ermitteln, dessen Phasenfunktion $\Phi(\omega)$ die Bedingungen

$$\left. \frac{d^\nu \Phi(\omega)}{d\omega^\nu} \right|_{\omega=0} = \left. \frac{d^\nu \Phi_0(\omega)}{d\omega^\nu} \right|_{\omega=0} \quad (\nu = 0, 1, \ldots, n)$$

mit $\Phi_0(\omega) = -\omega$ bis zu einem möglichst großen n erfüllt. Dies entspricht der Forderung, daß die Gruppenlaufzeit $-d\Phi(\omega)/d\omega$ den Wert Eins im Sinne der maximalen Ebnung bezüglich $\omega = 0$ bestmöglich approximiert.

a) Man gebe $\Phi(\omega)$ in Abhängigkeit von a_1, a_2, a_3 und ω an.

b) Man bestimme die Koeffizienten a_1, a_2 und a_3 entweder unter Verwendung der bekannten Kettenbruchentwicklung

$$\tanh z = \cfrac{1}{\cfrac{1}{z} + \cfrac{1}{\cfrac{3}{z} + \cfrac{1}{\cfrac{5}{z} + \cdots}}} \tag{2}$$

oder aus der oben genannten Approximationsvorschrift für die Gruppenlaufzeit nach Differentiation des in Teilaufgabe *a* erhaltenen Ergebnisses.

c) Man realisiere $H_A(p)$ durch ein symmetrisches Kreuzglied mit dualen Impedanzen gemäß Bild 7.2a.

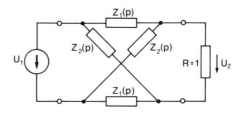

Bild 7.2a: Symmetrisches Kreuzglied mit dualen Impedanzen, durch das die gesuchte Übertragungsfunktion $H_A(p)$ realisiert werden soll

Lösung zu Aufgabe 7.2

a) Da das Nennerpolynom der Übertragungsfunktion $H_A(p)$ Gl.(1) für $p = j\omega$ konjugiert komplex zum Zählerpolynom für $p = j\omega$ ist, erhält man die Phasenfunktion $\Phi(\omega) = \arg H_A(j\omega)$ als doppelten Winkel des Zählerpolynoms für $p = j\omega$, d.h. zu

$$\Phi(\omega) = -2 \arctan \frac{a_1 \omega - a_3 \omega^3}{1 - a_2 \omega^2} \quad . \tag{3}$$

b) Ein *erster* Weg zur numerischen Bestimmung der Koeffizienten a_1, a_2, a_3 von $H_A(p)$ Gl.(1) verläuft folgendermaßen: Verlangt man, daß die Phase $\Phi(\omega)$ die Vorschrift $\Phi_0(\omega)$ approximiert, so bedeutet das, daß $j \tan[\Phi(\omega)/2]$ die Funktion $j \tan[\Phi_0(\omega)/2]$ anzunähern hat. Wegen Gl.(3) sind damit die Koeffizienten a_1, a_2, a_3 so zu bestimmen, daß zwischen den Funktionen

$$-j \frac{a_1 \omega - a_3 \omega^3}{1 - a_2 \omega^2} \quad \text{und} \quad -j \tan \frac{\omega}{2} = -\tanh\left(\frac{j\omega}{2}\right)$$

oder nach Substitution von $j\omega$ durch p zwischen

$$\frac{a_1 p + a_3 p^3}{1 + a_2 p^2} \quad \text{und} \quad \tanh\left(\frac{p}{2}\right)$$

eine Approximation stattfindet. Aufgrund von Gl.(2) erhält man die Kettenbruchentwicklung

$$\tanh\left(\frac{p}{2}\right) = \cfrac{1}{\cfrac{2}{p} + \cfrac{1}{\cfrac{6}{p} + \cfrac{1}{\cfrac{10}{p} + \cdots}}} \quad . \tag{4a}$$

Die entsprechende Entwicklung für die approximierende Funktion lautet

$$\frac{a_1 p + a_3 p^3}{1 + a_2 p^2} = \cfrac{1}{\cfrac{1}{a_1} \cdot \cfrac{1}{p} + \cfrac{1}{\cfrac{a_1}{a_2 - \cfrac{a_3}{a_1}} \cdot \cfrac{1}{p} + \cfrac{1}{\cfrac{a_2 - \cfrac{a_3}{a_1}}{a_3} \cdot \cfrac{1}{p}}}} \quad . \tag{4b}$$

Nach SEN III, Abschnitt 3.2 approximiert die Phase $\Phi(\omega)$ die Vorschrift $\Phi_0(\omega)$ im geforderten Sinn, wenn die Koeffizienten der Kettenbruchentwicklungen Gln. (4a.b) übereinstimmen. Hieraus ergeben sich die Forderungen

$$2 = \frac{1}{a_1} \quad , \quad 6 = \frac{a_1}{a_2 - \dfrac{a_3}{a_1}} \quad , \quad 10 = \frac{a_2 - \dfrac{a_3}{a_1}}{a_3} \quad .$$

Sie liefern die folgenden Werte für die Koeffizienten:

$$a_1 = \frac{1}{2} \quad , \quad a_2 = \frac{1}{10} \quad , \quad a_3 = \frac{1}{120} \quad .$$

Eine *zweite* Möglichkeit zur numerischen Bestimmung der Koeffizienten a_1, a_2, a_3 beruht darauf, daß zunächst die Gruppenlaufzeit berechnet wird. Mit Gl.(3) erhält man

$$-\frac{d\Phi(\omega)}{d\omega} = \frac{2a_1 + (2a_1 a_2 - 6a_3)\omega^2 + 2a_2 a_3 \omega^4}{1 + (a_1^2 - 2a_2)\omega^2 + (a_2^2 - 2a_1 a_3)\omega^4 + a_3^2 \omega^6} \quad .$$

Diese Funktion soll nun die Eins im Sinne der maximalen Ebnung bezüglich $\omega = 0$ bestmöglich approximieren. Gemäß SEN III, Abschnitt 3.1 ist hierfür zu fordern:

$$2a_1 = 1 \quad , \quad 2a_1 a_2 - 6a_3 = a_1^2 - 2a_2 \quad , \quad 2a_2 a_3 = a_2^2 - 2a_1 a_3 \quad .$$

Diese Gleichungen liefern die Lösungen

$$a_1 = \frac{1}{2} \quad , \quad a_2 = \frac{1}{10} \quad , \quad a_3 = \frac{1}{120} \quad .$$

Eine weitere Möglichkeit zur Bestimmung der Koeffizienten a_1, a_2, a_3 verläuft folgendermaßen: Nach SEN III, Abschnitt 3.2 besitzt die Übertragungsfunktion

$$H_1(p) = \frac{1}{h(p)} \quad \text{mit} \quad h(p) = 1 + b_1 p + b_2 p^2 + b_3 p^3$$

und

$$b_\mu = \frac{\binom{3}{\mu}}{\binom{6}{\mu}} \cdot \frac{2^\mu}{\mu!} \quad (\mu = 1, 2, 3) \tag{5}$$

eine Phase $\Phi_1(\omega)$, welche die Vorschrift $\Phi_0(\omega) = -\omega$ im gewünschten Sinne approximiert. Die Übertragungsfunktion $H_1(p/2)$ hat damit für $p = j\omega$ eine Phase, welche die Funktion $-\omega/2$ im Sinne der maximalen Ebnung bezüglich $\omega = 0$ bestmöglich annähert. Betrachtet man nun die Allpaß-Übertragungsfunktion

$$H(p) = \frac{h(-p/2)}{h(p/2)},$$

so stellt man sofort fest, daß deren Phase für $p = j\omega$, nämlich $-2 \arg h(j\omega/2) = 2 \arg H_1(j\omega/2)$, die Vorschrift $\Phi_0(\omega) = -\omega$ im gewünschten Sinne approximiert. Die somit gewonnene Lösung lautet

$$H(p) = \frac{1 - (b_1/2)p + (b_2/4)p^2 - (b_3/8)p^3}{1 + (b_1/2)p + (b_2/4)p^2 + (b_3/8)p^3}.$$

Mit Gl.(5) ergeben sich die Koeffizientenwerte

$$a_1 = \frac{1}{2} \cdot \frac{\binom{3}{1}}{\binom{6}{1}} \cdot \frac{2}{1!} = \frac{1}{2},$$

$$a_2 = \frac{1}{4} \cdot \frac{\binom{3}{2}}{\binom{6}{2}} \cdot \frac{2^2}{2!} = \frac{1}{10},$$

$$a_3 = \frac{1}{8} \cdot \frac{\binom{3}{3}}{\binom{6}{3}} \cdot \frac{2^3}{3!} = \frac{1}{120}.$$

c) Nach SEN I, Abschnitt 7.2.2 erhält man die Impedanz $Z_1(p)$ des im Bild 7.2a dargestellten symmetrischen Kreuzgliedes als

$$Z_1(p) = \frac{1}{Z_2(p)} = \frac{h_u(p)}{h_g(p)}.$$

Dabei bedeutet $h_g(p)$ den geraden und $h_u(p)$ den ungeraden Teil des in Teilaufgabe b bestimmten Hurwitz-Polynoms $h(p)$. Mit den ermittelten Koeffizienten a_1, a_2, a_3 lautet die Impedanz $Z_1(p)$ explizit

$$Z_1(p) = \frac{\frac{1}{2}p + \frac{1}{120}p^3}{1 + \frac{1}{10}p^2} = \frac{1}{\frac{2}{p} + \frac{1}{\frac{6}{p} + \frac{p}{10}}} .$$

Aufgrund dieser Darstellung ergibt sich das im Bild 7.2b angegebene Netzwerk. Es realisiert die in Teilaufgabe b ermittelte Übertragungsfunktion $H(p)$ als Spannungsverhältnis U_2/U_1.

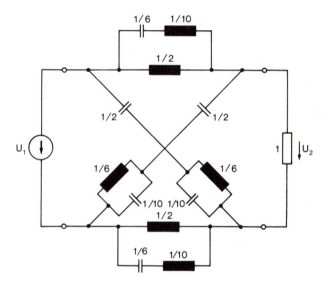

Bild 7.2b: Realisierung der Allpaß-Übertragungsfunktion $H_A(p)$ mit dem gewünschten Phasenverhalten durch ein symmetrisches Kreuzglied mit dualen Impedanzen

■
Aufgabe 7.3

Es soll ein RLCÜ-Zweipol mit der Impedanz $Z(p)$ ermittelt werden, so daß die Phase $\Phi(\omega) = \arg Z(j\omega)$ im Intervall $0 \leq \omega \leq 1$ zwischen $\pm 0{,}05$ gleichmäßig schwankt und für $\omega > 1$ möglichst schnell monoton gegen $\pi/2$ strebt. Dabei soll für $\omega = 2$ die Phase mindestens den Wert $\pi/4$ erreichen.

a) Man ermittle unter Verwendung eines Tschebyscheff-Polynoms die gradniedrigste Zweipolfunktion $Z(p)$, welche die genannte Phasenforderung erfüllt und im Unendlichen einen Pol mit dem Entwicklungskoeffizienten Eins besitzt. Hierbei läßt sich mit Vorteil die Tatsache ausnützen, daß im vorliegenden Fall die Nullstellen und die am Ursprung der p-Ebene gespiegelten Pole von $Z(p)$ auf einer Ellipse liegen. Man beweise diesen Sachverhalt.

b) Man realisiere die in Teilaufgabe a ermittelte Zweipolfunktion $Z(p)$ durch ein kanonisches Netzwerk.

Lösung zu Aufgabe 7.3

Die Lösung der Aufgabe erfolgt nach SEN III, Abschnitt 3.2.

a) Gemäß SEN, Gln.(557), (558) und (563) macht man den Ansatz

$$\tan \Phi(\omega) = \frac{1}{j} \frac{Z(j\omega) - Z(-j\omega)}{Z(j\omega) + Z(-j\omega)} = \epsilon\, T_{2m+1}(\omega) \tag{1}$$

mit dem Tschebyscheff-Polynom $T_{2m+1}(\omega)$ der ungeraden Ordnung $2m+1$. Dabei ist

$$\epsilon = \tan 0{,}05 = 0{,}050042$$

zu wählen. Aus der Forderung $\epsilon\, T_{2m+1}(2) \geqslant 1$ ergibt sich m. Man erhält nämlich

für $m = 0$ den Wert $\epsilon\, T_1(2) = 0{,}100083 < 1$,
für $m = 1$ den Wert $\epsilon\, T_3(2) = 1{,}301084 > 1$.

Wie man sieht, ist die Phasenforderung für $m = 1$ erfüllt.
Aus Gl.(1) erhält man für $m = 1$ mit $T_3(\omega) = 4\omega^3 - 3\omega$ nach Substitution von $j\omega = p$

$$\frac{Z(p) - Z(-p)}{Z(p) + Z(-p)} = -\epsilon\, (4p^3 + 3p) \equiv j\epsilon\, T_3\left(\frac{p}{j}\right).$$

Durch Umformung folgt hieraus

$$\frac{Z(p)}{Z(-p)} = \frac{1 + j\epsilon\, T_3(p/j)}{1 - j\epsilon\, T_3(p/j)} = \frac{-\epsilon\,(4p^3 + 3p) + 1}{\epsilon\,(4p^3 + 3p) + 1}.$$

Die Nullstellen dieser Funktion erhält man als Lösungen der Gleichung

$$T_3\left(\frac{p}{j}\right) = -\frac{1}{j\epsilon}. \tag{2}$$

Nun läßt sich nach SEN III, Abschnitt 3.1 das hier auftretende Tschebyscheff-Polynom in der Form

$$T_3\left(\frac{p}{j}\right) = \cos 3\eta \qquad (3)$$

mit

$$\frac{p}{j} = \cos \eta$$

darstellen. Kürzt man $e^{j3\eta}$ als z ab, so ergibt sich aus den Gln.(2) und (3) die neue Bestimmungsgleichung

$$\frac{1}{2}\left(z + \frac{1}{z}\right) = -\frac{1}{j\epsilon}$$

oder die Polynomgleichung

$$z^2 - \frac{2j}{\epsilon}z + 1 = 0$$

mit den Lösungen

$$z_1 = jK \quad \text{und} \quad z_2 = \frac{1}{jK}.$$

Dabei gilt

$$K = \frac{1}{\epsilon} + \sqrt{1 + \frac{1}{\epsilon^2}} \ . \qquad (4)$$

Aus z_1 folgt wegen des Zusammenhangs

$$z_1 = e^{j3\eta_1}$$

der Wert

$$e^{j\eta_1^{(\nu)}} = \sqrt[3]{jK} = \sqrt[3]{K}\left[\cos\left(\frac{\pi}{6} + \frac{2\pi}{3}\nu\right) + j\sin\left(\frac{\pi}{6} + \frac{2\pi}{3}\nu\right)\right]$$

$$(\nu = 0, 1, 2)$$

und damit

$$p_1^{(\nu)} = j \cos \eta_1^{(\nu)} = \frac{j}{2} \left[e^{j\eta_1^{(\nu)}} + e^{-j\eta_1^{(\nu)}} \right]$$

$$= \frac{1}{2} \left[\frac{1}{\sqrt[3]{K}} - \sqrt[3]{K} \right] \sin\left(\frac{\pi}{6} + \frac{2\pi}{3}\nu\right)$$

$$+ j\frac{1}{2} \left[\frac{1}{\sqrt[3]{K}} + \sqrt[3]{K} \right] \cos\left(\frac{\pi}{6} + \frac{2\pi}{3}\nu\right) \qquad (\nu = 0, 1, 2). \qquad (5)$$

Entsprechend folgt aus z_2 der Wert

$$e^{j\eta_2^{(\nu)}} = \sqrt[3]{\frac{1}{jK}} = \frac{1}{\sqrt[3]{K}} \left[\cos\left(\frac{\pi}{6} + \frac{2\pi}{3}\nu\right) - j\sin\left(\frac{\pi}{6} + \frac{2\pi}{3}\nu\right) \right]$$

$$(\nu = 0, 1, 2)$$

und damit

$$p_2^{(\nu)} = j \cos \eta_2^{(\nu)} = \frac{j}{2} \left[e^{j\eta_2^{(\nu)}} + e^{-j\eta_2^{(\nu)}} \right]$$

$$= \frac{1}{2} \left[-\sqrt[3]{K} + \frac{1}{\sqrt[3]{K}} \right] \sin\left(\frac{\pi}{6} + \frac{2\pi}{3}\nu\right)$$

$$+ j\frac{1}{2} \left[\sqrt[3]{K} + \frac{1}{\sqrt[3]{K}} \right] \cos\left(\frac{\pi}{6} + \frac{2\pi}{3}\nu\right)$$

$$(\nu = 0, 1, 2).$$

Wie man sieht, stimmen die drei Punkte $p_2^{(\nu)}$ mit den drei Punkten $p_1^{(\nu)}$ überein. Die Gl.(5) lehrt, daß alle diese Punkte auf einer Ellipse in der p-Ebene liegen. Die große Ellipsen-Halbachse der Länge $[1/\sqrt[3]{K} + \sqrt[3]{K}]/2$ liegt auf der imaginären Achse, die kleine Ellipsen-Halbachse der Länge $[\sqrt[3]{K} - 1/\sqrt[3]{K}]/2$ auf der reellen Achse und der Ellipsenmittelpunkt im Ursprung der p-Ebene.

Aus Gl.(5) erhält man mit $\epsilon = \tan 0{,}05$ und mit Gl.(4) die drei Punkte

$$p_1^{(0)} = -0{,}781823 + j\, 1{,}607402,$$
$$p_1^{(1)} = -0{,}781823 - j\, 1{,}607402,$$
$$p_1^{(2)} = 1{,}563646,$$

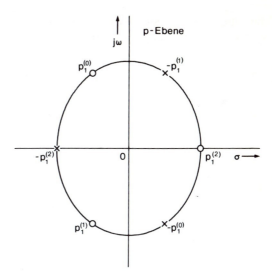

Bild 7.3a:
Lage der Nullstellen und Pole der
Funktion $Z(p)/Z(-p)$ in der p-Ebene

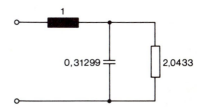

Bild 7.3b: Realisierung der Impedanz $Z(p)$

welche Nullstellen von $Z(p)/Z(-p)$ sind. Polstellen dieser Funktion sind die Punkte $-p_1^{(\nu)}$ ($\nu = 0, 1, 2$). Die genannten Nullstellen und Pole sind im Bild 7.3a dargestellt. Da die Nullstellen von $Z(p)/Z(-p)$ mit den endlichen Nullstellen von $Z(p)$ und den am Nullpunkt gespiegelten Polen von $Z(p)$ identisch sind, lautet die Lösung

$$Z(p) = K \frac{(p - p_1^{(0)})(p - p_1^{(1)})}{(p + p_1^{(2)})}$$

mit $K > 0$. Sie muß eine Zweipolfunktion sein, da die Phase $\arg Z(j\omega)$ dem Betrage nach $\pi/2$ nicht übersteigt.

b) Führt man die berechneten Zahlenwerte für $p_1^{(\nu)}$ ($\nu = 0, 1, 2$) ein und setzt man $K = 1$ entsprechend der Forderung, daß der Entwicklungskoeffizient von $Z(p)$ in $p = \infty$ Eins sein soll, so ergibt sich die explizite Lösung

$$Z(p) = \frac{p^2 + 1{,}563646 p + 3{,}194989}{p + 1{,}563646} = p + \frac{1}{0{,}312990 p + 0{,}489406} \; .$$

Eine hieraus unmittelbar folgende Realisierung ist im Bild 7.3b dargestellt; Bild 7.3c zeigt den Phasenverlauf arg $Z(j\omega)$.

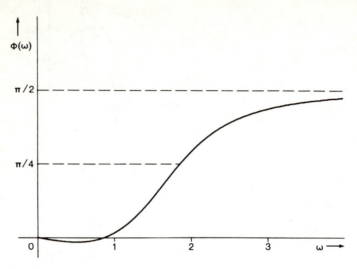

Bild 7.3c: Ergebnis der Phasen-Approximation

■
Aufgabe 7.4

Auf dem im folgenden näher beschriebenen Weg soll eine rationale, reelle und in der abgeschlossenen rechten p-Halbebene einschließlich $p = \infty$ polfreie Funktion $H(p)$ zweiten Grades ermittelt werden, deren Realteil für $p = j\omega$ die Vorschrift

$$R_0(\omega) = \frac{3\pi}{5} \cdot \frac{\omega}{1 + \omega^2} \tag{1}$$

im Intervall $0 \leqslant \omega \leqslant \infty$ approximiert. Man beachte, daß es keine Funktion $H(p)$ der genannten Art gibt, deren Realteil für $p = j\omega$ mit der Vorschrift $R_0(\omega)$ identisch ist.

Anschließend soll $H(p)$ als Spannungsübertragungsfunktion U_2/U_1 durch ein passives Kreuzglied mit dualen Impedanzen (Bild 7.4a) realisiert werden.

a) Zunächst ist das unendlich lange Approximationsintervall $0 \leqslant \omega \leqslant \infty$ ($\sigma=0$) aus der p-Ebene durch die Abbildung

$$w = \frac{1 + p^2}{1 - p^2} \tag{2}$$

Aufgabe 7.4 261

auf das endliche Intervall $-1 \leq w \leq 1$ der w-Ebene zu transformieren. Die ursprüngliche Vorschrift $R_0(\omega)$ geht dadurch in die Funktion

$$g_0(w) = R_0\left(\sqrt{\frac{1-w}{1+w}}\right)$$

über. Man berechne $g_0(w)$.

b) Man approximiere die transformierte Vorschrift $g_0(w)$ durch ein Polynom $g(w)$ zweiten Grades, dessen Koeffizienten so zu bestimmen sind, daß der Approximationsfehler

$$\Phi = \int_{-1}^{1} [g(w) - g_0(w)]^2 \frac{dw}{\sqrt{1-w^2}} \tag{3}$$

ein Minimum wird.

c) Wie lautet die Funktion $G(p)$, die sich aus $g(w)$ durch die Rücktransformation der w-Ebene in die p-Ebene ergibt?

d) Man ermittle die Übertragungsfunktion $H(p)$ aus ihrem geraden Anteil $G(p)$. Dabei empfiehlt es sich, zunächst die Pole von $H(p)$ zu bestimmen und dann die als unbekannt angesetzten Zählerkoeffizienten von $H(p)$ durch einen Koeffizientenvergleich zu berechnen.

e) Man zeige, daß $H(p)$ als Spannungsübertragungsfunktion U_2/U_1 durch ein symmetrisches Kreuzglied mit dualen Impedanzen (Bild 7.4a) verwirklicht werden kann, und führe die Realisierung durch.

Lösung zu Aufgabe 7.4

a) Aus Gl.(2) erhält man für $p = j\omega$ die Beziehung

$$w = \frac{1-\omega^2}{1+\omega^2},$$

d.h. durch Auflösung nach ω

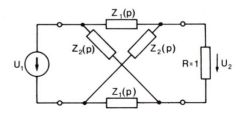

Bild 7.4a:
Symmetrisches Kreuzglied mit dualen Impedanzen, durch das die gesuchte Übertragungsfunktion $H(p)$ verwirklicht werden soll

$$\omega = \sqrt{\frac{1-w}{1+w}} .$$

Führt man diese Relation in Gl.(1) ein, so ergibt sich die transformierte Approximationsvorschrift

$$g_0(w) = \frac{3\pi}{10}\sqrt{1-w^2} . \tag{4}$$

b) Das gesuchte Polynom wird gemäß SEN, Gl.(588) in der Form

$$g(w) = \frac{a_0}{2} + \sum_{\nu=1}^{2} a_\nu T_\nu(w) \tag{5}$$

angesetzt. Dabei bedeutet $T_\nu(w)$ das Tschebyscheff-Polynom ν-ter Ordnung. Der Fehler Φ Gl.(3) erreicht als Funktion der Parameter a_0, a_1, a_2 gemäß SEN, Gl.(591) sein Minimum bei der Wahl

$$a_\nu = \frac{2}{\pi} \int_{-1}^{1} T_\nu(w) g_0(w) \frac{dw}{\sqrt{1-w^2}} \qquad (\nu = 0,1,2).$$

Führt man zur Auswertung dieser Integrale die Tschebyscheff-Polynome $T_0(w) = 1$, $T_1(w) = w$, $T_2(w) = 2w^2 - 1$ [man vergleiche die rekursive Darstellung dieser Polynome nach SEN, Gln.(550a,b)] sowie $g_0(w)$ Gl.(4) ein, dann erhält man die Parameterwerte

$$a_0 = \frac{3}{5} \int_{-1}^{1} dw = \frac{6}{5} ,$$

$$a_1 = \frac{3}{5} \int_{-1}^{1} w \, dw = 0 ,$$

$$a_2 = \frac{3}{5} \int_{-1}^{1} (2w^2 - 1) \, dw = -\frac{2}{5} .$$

Mit Gl.(5) ergibt sich somit als approximierende Funktion

$$g(w) = \frac{3}{5} - \frac{2}{5}(2w^2 - 1) = 1 - \frac{4}{5}w^2 \ . \tag{6}$$

c) Nach SEN, Gl.(607) erhält man durch Substitution von w Gl.(2) in $g(w)$ Gl.(6) den geraden Teil

$$G(p) = 1 - \frac{4}{5}\left(\frac{1+p^2}{1-p^2}\right)^2 = \frac{\frac{1}{5} - \frac{18}{5}p^2 + \frac{1}{5}p^4}{(1-p)^2 (1+p)^2} \tag{7}$$

der Übertragungsfunktion $H(p)$.

d) Wegen des Zusammenhangs

$$G(p) = \frac{1}{2}[H(p) + H(-p)]$$

zwischen der Übertragungsfunktion $H(p)$ und dem geraden Teil $G(p)$ umfassen die Pole von $G(p)$ alle Pole von $H(p)$. Aus diesem Grund besitzt $H(p)$ nach Gl.(7) im Punkt $p = -1$ einen doppelten Pol; weitere Pole hat die Übertragungsfunktion $H(p)$ nicht. Somit kann der Ansatz

$$H(p) = \frac{a_0 + a_1 p + a_2 p^2}{(1+p)^2}$$

gemacht werden. Hieraus folgt für den geraden Teil

$$G(p) = \frac{1}{2}[H(p) + H(-p)] = \frac{a_0 + (a_0 - 2a_1 + a_2)p^2 + a_2 p^4}{(1+p)^2 (1-p)^2} \ .$$

Ein Koeffizientenvergleich zwischen dieser Darstellung und der Gl.(7) liefert die Werte

$$a_0 = a_2 = \frac{1}{5}, \ a_1 = 2 \ .$$

Damit lautet die Übertragungsfunktion

$$H(p) = \frac{\frac{1}{5} + 2p + \frac{1}{5}p^2}{1 + 2p + p^2} \ . \tag{8}$$

e) Die in Teilaufgabe *d* gewonnene Übertragungsfunktion $H(p)$ ist rational, reell und in der abgeschlossenen rechten Halbebene einschließlich $p = \infty$ polfrei. Für $p = j\omega$ gilt nach Gl.(8)

$$H(j\omega) = \frac{\frac{1}{5} + 2j\omega - \frac{1}{5}\omega^2}{1 + 2j\omega - \omega^2} = \frac{\frac{1}{5}(\frac{1}{j\omega} + j\omega) + 2}{(\frac{1}{j\omega} + j\omega) + 2}.$$

Mit

$$x = \omega - \frac{1}{\omega}$$

läßt sich die Übertragungsfunktion $H(j\omega)$ auch in der Form

$$\overline{H}(x) = \frac{\frac{1}{5}jx + 2}{jx + 2}$$

ausdrücken. Während ω das Intervall $0 \leqslant \omega \leqslant \infty$ durchläuft, überstreicht x das Intervall $-\infty \leqslant x \leqslant \infty$. Wie aus der Darstellung von $\overline{H}(x)$ unmittelbar zu erkennen ist, ist das geometrische Bild von $\overline{H}(x)$ und damit auch das von $H(j\omega)$ ein Kreis mit dem Mittelpunkt 3/5 und dem Radius 2/5 (Bild 7.4b). Es gilt also

$|H(j\omega)| \leqslant 1$ für $0 \leqslant \omega \leqslant \infty$.

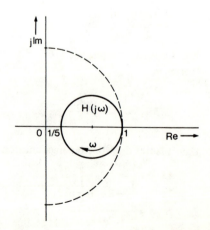

Bild 7.4b: Ortskurve der Funktion $H(j\omega)$

Nach SEN I, Abschnitt 7.1.1 ist daher $H(p)$ durch ein symmetrisches Kreuzglied gemäß Bild 7.4a als Spannungsverhältnis U_2/U_1 realisierbar. Das resultierende Netzwerk ist im Bild 7.4c dargestellt. Beiläufig sei noch bemerkt, daß die Übertragungsfunktion $H(p)$ auch alle Bedingungen für die Realisierung durch ein überbrücktes T-Glied erfüllt (SEN I, Abschnitt 7.3).
Im Bild 7.4d ist noch das Approximationsergebnis dargestellt.

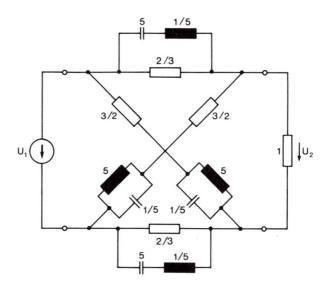

Bild 7.4c: Realisierung der Übertragungsfunktion $H(p)$ durch ein symmetrisches Kreuzglied mit dualen Impedanzen

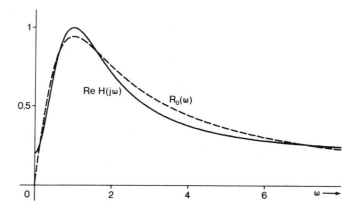

Bild 7.4d: Verlauf der Funktionen $R_0(\omega)$ und $\operatorname{Re} H(j\omega)$

Aufgabe 7.5

Es ist eine rationale, reelle Übertragungsfunktion $H(p)$ zu ermitteln, deren Realteil für $p = j\omega$ ($0 \leq \omega \leq 1$) im Intervall

$$\frac{1}{1+\epsilon} \leq \operatorname{Re} H(j\omega) \leq \frac{1}{1-\epsilon}$$

gleichmäßig schwankt und für $\omega > 1$ möglichst rasch monoton gegen Null strebt. Dabei wird $\epsilon = 1/7$ und zudem $\operatorname{Re} H(j2) < 1/2$ gefordert.
Man ermittle unter Verwendung eines geeigneten Tschebyscheff-Polynoms die gradniedrigste Übertragungsfunktion $H(p)$, mit der die gestellten Forderungen erfüllt werden können.

Lösung zu Aufgabe 7.5

Zur Erfüllung der Approximationsvorschrift wird der Ansatz

$$\operatorname{Re} H(j\omega) = \frac{1}{1 + \epsilon T_{2n}(\omega)}$$

gewählt.
Für $n = 1, \epsilon = 1/7$ erhält man dann die Realteilfunktion

$$\operatorname{Re} H(j\omega) = \frac{1}{1 + \frac{1}{7}(2\omega^2 - 1)},$$

die allerdings für $\omega = 2$ den Funktionswert $1/2$ besitzt und somit die Realteilforderung $\operatorname{Re} H(j2) < 1/2$ nicht erfüllt. Daher muß $n = 2, \epsilon = 1/7$ gewählt werden. Die hierzu gehörende Realteilfunktion lautet

$$\operatorname{Re} H(j\omega) = \frac{1}{1 + \frac{1}{7}(8\omega^4 - 8\omega^2 + 1)}$$

oder

$$\operatorname{Re} H(j\omega) = \frac{7}{8(\omega^4 - \omega^2 + 1)}.$$

Sie befriedigt die Forderung $\operatorname{Re} H(j2) < 1/2$.

Durch die Substituion $\omega = p/j$ geht dieser Realteil in den geraden Anteil

$$G(p) = \frac{1}{2}[H(p) + H(-p)]$$

der gesuchten Übertragungsfunktion $H(p)$ über. Auf diese Weise entsteht die Beziehung

$$\frac{1}{2}[H(p) + H(-p)] = \frac{7}{8(p^4 + p^2 + 1)}$$

oder

$$\frac{1}{2}[H(p) + H(-p)] = \frac{\frac{7}{8}}{(p^2 + p + 1)(p^2 - p + 1)} \quad . \tag{1}$$

Dabei sind die Nullstellen des Faktorpolynoms $p^2 + p + 1$ im Nenner der rechten Seite der Gl.(1) mit den Nullstellen des gesamten Nennerpolynoms $p^4 + p^2 + 1$ in der linken Halbebene $\operatorname{Re} p < 0$ identisch. Die zu diesen Punkten bezüglich der imaginären Achse spiegelbildlich gelegenen Nullstellen von $p^4 + p^2 + 1$ sind im zweiten Faktorpolynom $p^2 - p + 1$ enthalten. Daher wird für die Übertragungsfunktion, deren Nennerpolynom ein Hurwitz-Polynom sein muß, der Ansatz

$$H(p) = \frac{a_2 p^2 + a_1 p + a_0}{p^2 + p + 1} \tag{2}$$

gemacht.
Führt man $H(p)$ Gl.(2) in die Gl.(1) ein, so entsteht die Identität

$$\frac{a_2 p^4 + (a_0 - a_1 + a_2) p^2 + a_0}{(p^2 + p + 1)(p^2 - p + 1)} = \frac{\frac{7}{8}}{(p^2 + p + 1)(p^2 - p + 1)} \quad .$$

Durch Vergleich der Zählerkoeffizienten auf beiden Seiten dieser Identität erhält man die Werte

$$a_0 = 7/8, \quad a_1 = 7/8, \quad a_2 = 0.$$

Die gesuchte Übertragungsfunktion lautet somit

$$H(p) = \frac{7}{8} \frac{p+1}{p^2 + p + 1} \quad .$$

Aufgabe 7.6

Durch Approximation einer Dämpfungsvorschrift und anschließende Realisierung der gewonnenen Übertragungsfunktion als Spannungsverhältnis U_2/U_1 sei der im Bild 7.6a dargestellte Tiefpaß entstanden. Die Übertragungsfunktion lautet

$$H_{TP}(\zeta) = \frac{3{,}115}{(\zeta - \zeta_1)(\zeta - \zeta_1^*)}. \tag{1}$$

Dabei ist $\zeta = \xi + j\eta$ die komplexe Frequenzvariable. Die Pole ζ_1, ζ_1^* der Übertragungsfunktion befinden sich in den Punkten $-1{,}152 \pm j1{,}352$. Bild 7.6b zeigt den Verlauf der zugehörigen Dämpfung

$$a_{TP}(\eta) = -20 \log |H_{TP}(j\eta)| \, \text{dB}.$$

Wie man sieht, übersteigt die Dämpfung im Durchlaßbereich $0 \leq \eta \leq 1$ den Wert 0,11dB nicht.
Mit Hilfe der Transformation

$$\zeta = \frac{\omega_1}{\Delta\omega}\left(\frac{p}{\omega_1} + \frac{\omega_1}{p}\right) \tag{2}$$

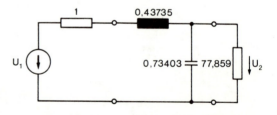

Bild 7.6a:
Tiefpaß mit vorgeschriebener Spannungsübertragungsfunktion

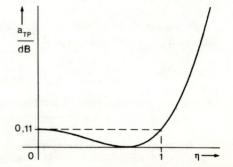

Bild 7.6b:
Graphische Darstellung des Dämpfungsverlaufs für den Tiefpaß aus Bild 7.6a

soll der Tiefpaß in einen Bandpaß übergeführt werden. Dabei soll für den Bandpaß als Mittenfrequenz $\omega_1 = 1$ und als Bandbreite $\Delta\omega = 0{,}02$ gewählt werden.

Man gebe die Schaltung des Bandpasses an, berechne die Grenzfrequenzen für den Durchlaßbereich und ermittle die Bandpaß-Übertragungsfunktion $H_{BP}(p)$ in der Pol-Nullstellen-Form. Weiterhin soll der Verlauf der Bandpaß-Dämpfung $a_{BP}(\omega)$ in einem Schaubild skizziert werden.

Lösung zu Aufgabe 7.6

Aufgrund der Transformation Gl.(2) geht die Induktivität mit $0{,}43735\,\zeta$ als Impedanz über in den Reihenschwingkreis mit der Impedanz $21{,}868\,p + 1/(0{,}04573\,p)$ und die Kapazität mit $1/(0{,}73403\,\zeta)$ als Impedanz in den Parallelschwingkreis mit der Impedanz $1/[36{,}7015\,p + 1/(0{,}027247\,p)]$. Damit entsteht aus dem Tiefpaß (Bild 7.6a) direkt der Bandpaß (Bild 7.6c).

Nach SEN III, Abschnitt 3.1 erhält man zur Bestimmung der Grenzfrequenzen ω_{g1}, ω_{g2} des Bandpasses mit $\omega_1 = 1$ und $\Delta\omega = 0{,}02$ die beiden Gleichungen

$$1 = \omega_{g1}\,\omega_{g2}$$

und

$$0{,}02 = \omega_{g2} - \omega_{g1}\,.$$

Durch Elimination von ω_{g2} folgt hieraus für ω_{g1} die quadratische Gleichung

$$\omega_{g1}^2 + 0{,}02\,\omega_{g1} - 1 = 0.$$

Die Lösung lautet auf zwei Dezimalen genau

$$\omega_{g1} = 0{,}99.$$

Damit ergibt sich

$$\omega_{g2} = 1{,}01.$$

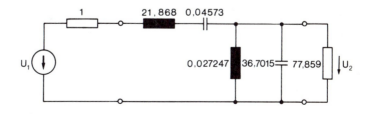

Bild 7.6c: Bandpaß, dessen Spannungsübertragungsfunktion durch Frequenztransformation aus der Übertragungsfunktion des Tiefpasses von Bild 7.6a gewonnen wurde

Aus Gl.(2) erhält man mit $\omega_1 = 1$, $\Delta\omega = 0{,}02$ die Beziehung

$$p^2 - 0{,}02\zeta p + 1 = 0$$

und hieraus durch Auflösung nach p die Darstellung

$$p = 0{,}01\zeta \pm j\sqrt{1 - 0{,}0001\zeta^2}\,.$$

Mit $\zeta_1 = -1{,}152 + j1{,}352$ folgt hieraus wegen $|0{,}0001\zeta_1^2| \ll 1$ für die transformierten Polstellen

$$p_{1,2} = 0{,}01\zeta_1 \pm j(1 - 0{,}00005\zeta_1^2)\,,$$

also

$$p_1 = -0{,}011676 + j1{,}013545$$

und

$$p_2 = -0{,}011364 - j0{,}986505.$$

Mit Hilfe der Gln.(1) und (2) ergibt sich die Bandpaß-Übertragungsfunktion

$$H_{BP}(p) = H_{TP}\left(\frac{1}{0{,}02}\left[p + \frac{1}{p}\right]\right) = \frac{3{,}115}{\left(\dfrac{p + \dfrac{1}{p}}{0{,}02} - \zeta_1\right)\left(\dfrac{p + \dfrac{1}{p}}{0{,}02} - \zeta_1^*\right)}\,,$$

d.h.

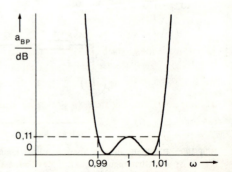

Bild 7.6d:
Graphische Darstellung des Dämpfungsverlaufs
für den Bandpaß aus Bild 7.6c

$$H_{BP}(p) = \frac{3{,}115 \cdot 0{,}02^2 \cdot p^2}{(p^2 - 0{,}02\zeta_1 p + 1)(p^2 - 0{,}02\zeta_1^* p + 1)}$$

oder

$$H_{BP}(p) = \frac{0{,}001246 \cdot p^2}{(p-p_1)(p-p_1^*)(p-p_2)(p-p_2^*)} \; .$$

Im Bild 7.6d ist die Bandpaß-Dämpfung

$$a_{BP}(\omega) = -20\log|H_{BP}(j\omega)|$$

skizziert.

■
Aufgabe 7.7

Gegeben ist als Entwurfsvorschrift für ein Filter die Amplitude

$$|H_0(j\omega)| \equiv A_0(\omega) = \frac{1}{10\sqrt{\omega}} \tag{1a}$$

im Intervall $\omega_1 = 0{,}015 \leq \omega \leq 31{,}5 = \omega_2$. Weitere Vorschriften sind die Forderungen

$$|H_0(0)| = 1 \tag{1b}$$

und

$$|H_0(\infty)| = 0{,}015 \; . \tag{1c}$$

Die Amplitudenvorschrift und die entsprechende Dämpfungsvorschrift sind im Bild 7.7a dargestellt. Im folgenden soll eine Übertragungsfunktion $H(p)$ ermittelt werden, deren Betrag $|H(j\omega)|$ die genannten Vorschriften approximiert.

a) Man überführe die Funktion $A_0^2(\omega)$ durch Anwendung der Abbildung

$$w = \frac{\sigma_0^2 + p^2}{\sigma_0^2 - p^2} \tag{2}$$

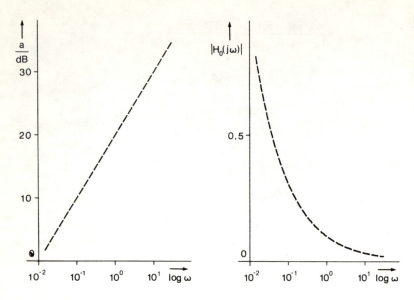

Bild 7.7a: Darstellung der Dämpfungs- und der Amplitudenvorschrift

mit dem noch festzulegenden Parameter $\sigma_0 > 0$ in die Vorschrift $b_0(w)$ und gebe die Grenzen des transformierten Approximationsintervalls w_2, w_1 sowie die Bildpunkte von $\omega = 0$ und $\omega = \infty$ an.

Für $\sigma_0 = \sqrt{\omega_1 \omega_2} = 0{,}6874$ (Fall des maximal großen Approximationsintervalls) und für $\sigma_0 = 0{,}04$ soll $b_0(w)$ graphisch dargestellt werden.

b) Die in der Teilaufgabe a eingeführte Funktion $b_0(w)$ soll im gesamten Intervall $-1 \leqslant w \leqslant 1$ außerhalb des Approximationsintervalls $w_2 \leqslant w \leqslant w_1$ und der Punkte $w = \pm 1$ linear derart ergänzt werden, daß insgesamt eine stetige Vorschrift $b_0(w)$ für $-1 \leqslant w \leqslant 1$ entsteht.

Man wähle zur Approximation von $b_0(w)$ im Intervall $-1 \leqslant w \leqslant 1$ den Ansatz

$$b(w) = \frac{a_0}{2} + a_1 T_1(w) + a_2 T_2(w) \tag{3}$$

mit den Tschebyscheff-Polynomen $T_1(w) = w$, $T_2(w) = 2w^2 - 1$ und mit dem Parameterwert $\sigma_0 = 0{,}04$. Die Koeffizienten a_0, a_1, a_2 sind nach SEN III, Abschnitt 3.4 zu bestimmen, und hiernach soll durch Rücktransformation in die p-Ebene eine Mindestphasen-Übertragungsfunktion $H(p)$ ermittelt werden, deren Betrag für $p = j\omega$ die Vorschrift $A_0(\omega)$ annähert. Das Ergebnis ist graphisch zu veranschaulichen und zu diskutieren.

c) Man verwende statt des in Teilaufgabe b benützten Polynoms die gebrochen rationale Funktion

$$b(w) = \frac{c_2 w^2 + c_1 w + c_0}{d_2 w^2 + d_1 w + 1} \tag{4}$$

zur Approximation von $b_0(w)$ im Intervall $-1 \leq w \leq 1$. Die Koeffizienten c_0, c_1, c_2, d_1, d_2 sollen durch Interpolation berechnet werden, und zwar so, daß später die Amplitude $A(\omega)$ der zu ermittelnden Übertragungsfunktion $H(p)$ zweiten Grades in den Stützstellen $\omega = 0; 0{,}1; 1; 10; \infty$ mit $A_0(\omega)$ übereinstimmt. Man ermittle auf diese Weise die Übertragungsfunktion $H(p)$ und stelle das Approximationsergebnis in einem Schaubild dar.

Lösung zu Aufgabe 7.7

a) Aus Gl.(2) erhält man für $p = j\omega$

$$\omega = \sigma_0 \sqrt{\frac{1-w}{1+w}}. \tag{5}$$

Dem Intervall $0 \leq \omega \leq \infty$ entspricht das Intervall $-1 \leq w \leq 1$. Substituiert man ω gemäß Gl.(5) in Gl.(1a) und quadriert man die Amplitude, dann ergibt sich die transformierte Vorschrift

$$b_0(w) \equiv A_0^2\left(\sigma_0 \sqrt{\frac{1-w}{1+w}}\right) = \frac{1}{100\,\sigma_0}\sqrt{\frac{1+w}{1-w}}. \tag{6}$$

Die Grenzen ω_1, ω_2 des Approximationsintervalls werden aufgrund von Gl.(2) transformiert in die Grenzen des neuen Approximationsintervalls

$$w_1 = \frac{\sigma_0^2 - \omega_1^2}{\sigma_0^2 + \omega_1^2}, \qquad w_2 = \frac{\sigma_0^2 - \omega_2^2}{\sigma_0^2 + \omega_2^2}.$$

Wegen $\omega_1 < \omega_2$ gilt $w_1 > w_2$. Die Punkte $\omega = 0$ und $\omega = \infty$ gehen über in $w = 1$ bzw. $w = -1$. Aus den Gln.(1b,c) folgt somit $b_0(1) = 1$ und $b_0(-1) = 0{,}015^2 = 0{,}000225$.
Im Bild 7.7b ist der Verlauf der Vorschrift $b_0(w)$ Gl.(6) für $\sigma_0 = \sqrt{\omega_1 \omega_2} = 0{,}6874$ und $\sigma_0 = 0{,}04$ dargestellt.
Die weitere Aufgabe besteht nun darin, durch eine rationale, reelle Funktion $b(w)$ die Funktion $b_0(w)$ im Intervall $w_2 \leq w \leq w_1$ zu approximieren und die Vorschriften $b_0(1) = 1, b_0(-1) = 0{,}000225$ zu befriedigen. Dabei muß $b(w)$ im Intervall $-1 \leq w \leq 1$ unbedingt polfrei und stets größer als Null sein.

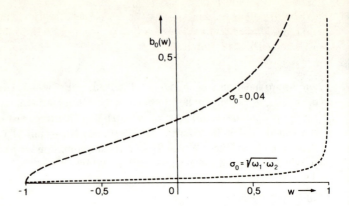

Bild 7.7b: Darstellung der transformierten Vorschrift $b_0(w)$ für zwei verschiedene Werte des Parameters σ_0

b) Ergänzt man die Vorschrift in der gewünschten Weise, so lautet sie

$$b_0(w) = \begin{cases} K_1 + K_2 w & \text{für } -1 \leqslant w \leqslant w_2 \,, \\ \dfrac{1}{100\,\sigma_0} \sqrt{\dfrac{1+w}{1-w}} & \text{für } w_2 \leqslant w \leqslant w_1 \,, \\ K_3 + K_4 w & \text{für } w_1 \leqslant w \leqslant 1 \,. \end{cases} \qquad (7)$$

Die Werte für die Konstanten K_1, K_2, K_3, K_4 ergeben sich aufgrund der Stetigkeitsbedingung für $w = w_1$ und $w = w_2$ sowie aufgrund der Bedingungen $b_0(1) = 1$, $b_0(-1) = 0{,}000225$.
Die in Gl.(3) vorkommenden Koeffizienten a_0, a_1, a_2 sind durch die Formel

$$a_\nu = \frac{2}{\pi} \int_{-1}^{1} T_\nu(w)\, b_0(w) \, \frac{dw}{\sqrt{1-w^2}} \qquad (\nu = 0,1,2) \qquad (8)$$

gegeben. Für $\sigma_0 = 0{,}04$ erhält man zunächst

$w_2 = -0{,}999997$, $w_1 = 0{,}7534$,

$b_0(w_2) = 0{,}0003175$, $b_0(w_1) = 0{,}6667$,

$K_3 = -0{,}3519$, $K_4 = 1{,}3519$.

Die Koeffizienten K_1 und K_2 für Gl.(7) sind entbehrlich, da in Gl.(8) die Teilintegrale bezüglich des Intervalls $-1 \leq w \leq w_2$ vernachlässigbar sind. Eine numerische Auswertung der Gl.(8) liefert die Werte

$$\frac{a_0}{2} = 0{,}3692 \; ; \qquad a_1 = 0{,}4287 \; ; \qquad a_2 = 0{,}1356 \; .$$

Der hierdurch gegebene Verlauf der approximierenden Funktion $b(w)$ Gl.(3) ist im Bild 7.7c dargestellt. Entscheidend ist, daß $b(w)$ im Intervall $-1 \leq w \leq 1$ nirgends negativ wird. Andernfalls wäre $b(w)$ unbrauchbar.
Substituiert man in der berechneten Funktion $b(w)$ die Veränderliche w gemäß Gl.(2), so erhält man

$$B(p^2) = \left(\frac{a_0}{2} - a_2\right) + a_1 \frac{\sigma_0^2 + p^2}{\sigma_0^2 - p^2} + 2a_2 \frac{(\sigma_0^2 + p^2)^2}{(\sigma_0^2 - p^2)^2} \; .$$

Nun werden die berechneten Werte für a_0, a_1, a_2 und $\sigma_0 = 0{,}04$ eingeführt, und aufgrund des Zusammenhangs

$$B(p^2) = H(p) H(-p)$$

ergibt sich durch Faktorisierung von $B(p^2)$ als Lösung die Mindestphasen-Übertragungsfunktion

$$H(p) = K \frac{(p - p_1)(p - p_2)}{(p - p_3)(p - p_4)}$$

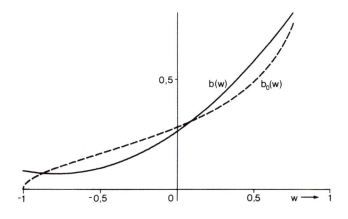

Bild 7.7c: Ergebnis der Approximation aus Teilaufgabe b im transformierten Bereich

mit

$K = 0{,}2758$,

$p_1 = -0{,}04905 + j0{,}05657$, $\qquad p_2 = -0{,}04905 - j0{,}05657$,

$p_3 = p_4 = -0{,}04$.

Das endgültige Approximationsergebnis ist im Bild 7.7d dargestellt. Es ist zu erkennen, daß durch die Wahl von σ_0 die Pole von $H(p)$ festgelegt sind. Die Approximation ist im ω-Bereich nicht so gut wie im w-Bereich. Dies liegt an der durch den Übergang vom w-Bereich in den ω-Bereich bedingten Verzerrung des Abszissenmaßstabes.

c) Die Approximation von $b_0(w)$ im Intervall $-1 \leq w \leq 1$ erfolgt nun unter der Verwendung der rationalen Funktion $b(w)$ Gl.(4). Die Koeffizienten c_0, c_1, c_2, d_1, d_2 werden durch die Forderung

$$b(w^{(\mu)}) = b_0(w^{(\mu)}) \qquad (\mu = 1, 2, ..., 5)$$

festgelegt. Dadurch erhält man ein lineares Gleichungssystem für die genannten Koeffizienten. Als Stützstellen $w^{(\mu)}$ ($\mu = 1,2,...,5$) werden die Bildpunkte von

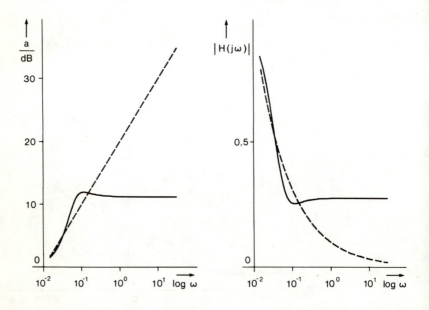

Bild 7.7d: Ergebnis der Approximation nach der Rücktransformation. Zusätzlich ist jeweils die Vorschrift für die Dämpfung bzw. die Amplitude gestrichelt eingezeichnet

$p = j\omega^{(\mu)}$ mit $\omega^{(1)} = 0$; $\omega^{(2)} = 0{,}1$; $\omega^{(3)} = 1$; $\omega^{(4)} = 10$ und $\omega^{(5)} = \infty$ aufgrund der Transformationsgleichung (2) und außerdem $\sigma_0 = \sqrt{\omega_1 \omega_2}$ gewählt. Es gilt

$w^{(1)} = 1$, $\qquad\qquad b_0^{(1)} = 1$,

$w^{(2)} = 0{,}9585$, $\qquad b_0^{(2)} = 0{,}1$,

$w^{(3)} = -0{,}3582$, $\qquad b_0^{(3)} = 0{,}01$,

$w^{(4)} = -0{,}9906$, $\qquad b_0^{(4)} = 0{,}001$,

$w^{(5)} = -1$, $\qquad\qquad b_0^{(5)} = 0{,}000225$.

Das lineare Gleichungssystem zur Bestimmung der Koeffizienten lautet explizit

$c_2 + c_1 + c_0 - d_2 - d_1 = 1$,

$0{,}9188 c_2 + 0{,}9585 c_1 + c_0 - 0{,}09188 d_2 - 0{,}09585 d_1 = 0{,}1$,

$0{,}1283 c_2 - 0{,}3582 c_1 + c_0 - 0{,}001283 d_2 + 0{,}003582 d_1 = 0{,}01$,

$0{,}9813 c_2 - 0{,}9906 c_1 + c_0 - 0{,}0009813 d_2 + 0{,}0009906 d_1 = 0{,}001$,

$c_2 - c_1 + c_0 - 0{,}000225 d_2 + 0{,}000225 d_1 = 0{,}000225$.

Als Lösung erhält man

$c_2 = -0{,}007599$,

$c_1 = 0{,}003974$,

$c_0 = 0{,}01162$,

$d_2 = -0{,}8902$,

$d_1 = -0{,}1018$.

Führt man diese Zahlenwerte in $b(w)$ Gl.(4) ein und ersetzt man die unabhängige Variable w durch die Veränderliche p gemäß Gl.(2), dann ergibt sich die Funktion

$$B(p^2) = \frac{c_2 (\sigma_0^2 + p^2)^2 + c_1 (\sigma_0^2 + p^2)(\sigma_0^2 - p^2) + c_0 (\sigma_0^2 - p^2)^2}{d_2 (\sigma_0^2 + p^2)^2 + d_1 (\sigma_0^2 + p^2)(\sigma_0^2 - p^2) + (\sigma_0^2 - p^2)^2}.$$

Aus der Identität

$$B(p^2) = H(p)\,H(-p)$$

folgt jetzt durch Faktorisierung die Mindestphasen-Übertragungsfunktion

$$H(p) = K\,\frac{(p-p_1)(p-p_2)}{(p-p_3)(p-p_4)}$$

mit

$K = 0{,}015,$

$p_1 = -19{,}53, \quad p_2 = -0{,}3136, \quad p_3 = -2{,}906, \quad p_4 = -0{,}03162.$

Das hierdurch gegebene Approximationsergebnis ist im Bild 7.7e dargestellt.
Neben der beschriebenen rationalen Approximation, zu deren Ermittlung im wesentlichen ein lineares Gleichungssystem gelöst werden mußte und bei der die Freiheitsgrade in der Wahl der Stützstellen für die Interpolation bestehen, ist es noch möglich zu versuchen, eine Tschebyscheffsche (gleichmäßige) Approximation zu erzielen.

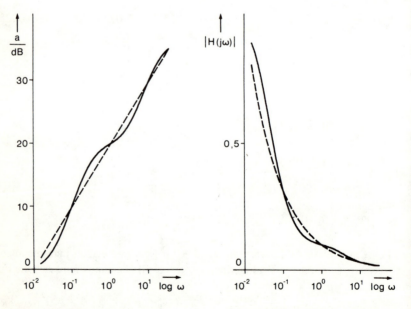

Bild 7.7e: Ergebnis der Approximation aus Teilaufgabe c. Zusätzlich ist jeweils die Vorschrift für die Dämpfung bzw. die Amplitude gestrichelt eingezeichnet

Diese Aufgabe läßt sich (wie im allgemeinen) nur mit Hilfe eines Optimierungsverfahrens auf einem Computer durchführen. Das Ergebnis einer solchen Approximation bei Verwendung einer rationalen Funktion 4. Grades ist im Bild 7.7f dargestellt. Die Lösung lautet

$$H(p) = K \frac{(p-p_1)(p-p_2)(p-p_3)(p-p_4)}{(p-p_5)(p-p_6)(p-p_7)(p-p_8)}$$

mit

$K = 0{,}0142505$,

$p_1 = -0{,}0548759$, $p_2 = -0{,}416257$,

$p_3 = -3{,}10409$, $p_4 = -26{,}6614$,

$p_5 = -0{,}0177202$, $p_6 = -0{,}152213$,

$p_7 = -1{,}13570$, $p_8 = -8{,}60876$.

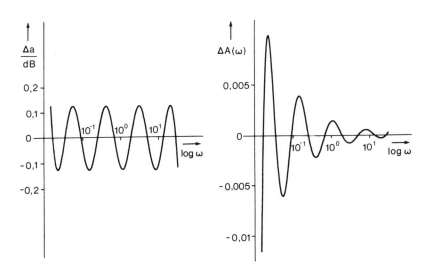

Bild 7.7f: Ergebnis einer Annäherung im Tschebyscheffschen Sinne, die mit Hilfe des Approximationsverfahrens [125] ermittelt wurde. Wegen der guten Übereinstimmung von Vorschrift und Näherung ist nur der Approximationsfehler für die Dämpfung bzw. die Amplitude dargestellt

Aufgabe 7.8

Im folgenden werden Reaktanzzweitore betrachtet, die gemäß SEN I, Abschnitt 5.2 zwischen zwei Ohmwiderständen mit den normierten Werten Eins betrieben werden und Übertragungsfunktionen der Form

$$H(p) = \frac{1}{k \prod_{\mu=1}^{m}(p-p_{\infty\mu}) \prod_{\nu=1}^{n}[p^2 - 2(\operatorname{Re}p_{\infty\nu})p + |p_{\infty\nu}|^2]} \qquad (1)$$

mit

$$k = \text{const}, \qquad p_{\infty\mu} < 0 \text{ reell}, \qquad \operatorname{Re} p_{\infty\nu} < 0$$

haben. Nach SEN, Gl.(193) lautet der Zusammenhang zwischen der jeweiligen Übertragungsfunktion $H(p)$ und der zugehörigen charakteristischen Funktion $K(p)$

$$K(p) K(-p) = \frac{1}{H(p) H(-p)} - 4 . \qquad (2)$$

Damit die zu betrachtenden Reaktanzzweitore möglichst frequenzselektiv sind, werden nur charakteristische Funktionen der Form

$$K(p) = k\, p^m \prod_{\nu=1}^{n}(p^2 + \omega_\nu^2) \qquad (3)$$

mit ganzzahligem $m \geq 0$ und reellen Parametern $\omega_\nu > 0$ zugelassen.

a) Die Betriebsdämpfung eines Filters in Dezibel ist definiert als

$$\frac{a(\omega)}{\text{dB}} = 10 \log \frac{P_{\max}}{P} . \qquad (4)$$

Die Bedeutung der Wirkleistungswerte P und $P_{\max}$ geht aus SENI, Abschnitt 5.2 hervor.

Man zeige, daß der Zusammenhang

$$\ln |K(j\omega)| = \ln \left[2 \sqrt{10^{\frac{a(\omega)}{10\,\text{dB}}} - 1} \right] \qquad (5)$$

besteht.

b) Man zeige, daß aus Gl.(3) die Darstellung

$$\ln |K(j\omega)| = \ln k' + (m+n)\ln \omega + \sum_{\nu=1}^{n} \ln \left| \frac{\omega}{\omega_\nu} - \frac{\omega_\nu}{\omega} \right| \qquad (6)$$

folgt.

c) Man führe in Gl.(6) die Frequenztransformation

$$\omega = e^\eta, \qquad \eta = \ln \omega \qquad (7)$$

durch und zeige, daß hierdurch die weitere Darstellung

$$\ln |K(je^\eta)| = \ln k' + (m+n)\eta + \sum_{\nu=1}^{n} \ln (2 \sinh |\eta - \eta_\nu|) \qquad (8)$$

mit $\eta_\nu = \ln \omega_\nu$ entsteht.

Die in Gl.(8) auftretenden, voneinander wesentlich verschiedenen Summanden, aus denen $\ln |K(je^\eta)|$ durch Summierung aufgebaut werden kann, sollen in Abhängigkeit von η graphisch dargestellt werden.

d) Mit Hilfe der Ergebnisse der vorausgegangenen Teilaufgaben, insbesondere mit Hilfe der „Schablonenkurven" aus Teilaufgabe c soll das folgende Approximationsproblem gelöst werden: Gesucht ist die charakteristische Funktion $K(p)$ kleinsten Grades in der Weise, daß die Betriebsdämpfung $a(\omega)$ im Durchlaßbereich $0 \leq \omega \leq 1$ den Wert 0,177 dB nicht übersteigt, für $\omega = 0$ verschwindet und für $\omega \geq 1$ monoton so gegen Unendlich geht, daß $a(2)$ mindestens 10 dB beträgt.

Lösung zu Aufgabe 7.8

a) Substituiert man gemäß SEN, Gl.(187)

$$\frac{P_{\max}}{P} = \left| \frac{U_0}{2U_2} \right|^2$$

in Gl.(4), so erhält man mit $|H(j\omega)| = |U_2/U_0|$ die Darstellung

$$\frac{a(\omega)}{\text{dB}} = 20 \log \frac{1}{2|H(j\omega)|}$$

und hieraus

$$\frac{1}{|H(\mathrm{j}\omega)|} = 2 \cdot 10^{\frac{a(\omega)}{20\,\mathrm{dB}}} .$$

Diese Beziehung wird in Gl.(2) für $p = \mathrm{j}\omega$ eingeführt, und es ergibt sich dann nach kurzer Zwischenrechnung die Gl.(5).

b) Aus Gl.(3) folgt

$$|K(\mathrm{j}\omega)| = |k|\omega^m \prod_{\nu=1}^{n} |\omega_\nu^2 - \omega^2|$$

und hieraus

$$\ln|K(\mathrm{j}\omega)| = \ln|k| + m\ln\omega + \sum_{\nu=1}^{n} \ln|\omega_\nu^2 - \omega^2| .$$

Führt man jetzt die Substitution

$$\ln|\omega_\nu^2 - \omega^2| = \ln\left[\omega\omega_\nu \left|\frac{\omega_\nu}{\omega} - \frac{\omega}{\omega_\nu}\right|\right] = \ln\omega + \ln\omega_\nu + \ln\left|\frac{\omega_\nu}{\omega} - \frac{\omega}{\omega_\nu}\right|$$

durch und verwendet man die Abkürzung

$$k' = |k| \prod_{\nu=1}^{n} \omega_\nu ,$$

dann entsteht unmittelbar die Gl.(6).

c) Mit

$$\omega = \mathrm{e}^\eta \qquad \text{und} \qquad \omega_\nu = \mathrm{e}^{\eta_\nu}$$

wird

$$\left|\frac{\omega}{\omega_\nu} - \frac{\omega_\nu}{\omega}\right| = \left|\mathrm{e}^{\eta-\eta_\nu} - \mathrm{e}^{-(\eta-\eta_\nu)}\right| = 2\sinh|\eta - \eta_\nu| .$$

Ersetzt man hiermit in Gl.(6) die Variable ω durch die Veränderliche η, so erhält man die Gl.(8). Als voneinander wesentlich verschiedene Summanden treten in der

Gl.(8) die Konstante $\ln k'$, die lineare Funktion $(m+n)\eta$ und die transzendente Funktion $\ln(2\sinh|\eta-\eta_\nu|)$ auf. Sie sind im Bild 7.8a dargestellt. Man beachte, daß die verschiedenen Summanden $\ln(2\sinh|\eta-\eta_\nu|)$ durch dieselbe Schablone gezeichnet werden können, da ihre Bilder in einem kartesischen Koordinatensystem durch reine Translation in η-Richtung auseinander hervorgehen.

Hätte die Übertragungsfunktion Gl.(1) endliche Nullstellen auf der $j\omega$-Achse und damit die charakteristische Funktion $K(p)$ Gl.(3) auch ein Nennerpolynom mit Nullstellen auf der imaginären Achse, dann würden zusätzlich noch „negative" Schablonenkurven auftreten.

d) Aus den Forderungen

$$0 \leq a(\omega) \leq 0{,}177\,\text{dB} \quad (0 \leq \omega \leq 1)$$

und

$$a(\omega) \geq 10\,\text{dB} \quad (\omega \geq 2)$$

ergeben sich mit den Gln.(5) und (7) die transformierten Vorschriften

$$\ln|K(\text{j}e^\eta)| \leq -0{,}897 \quad (\eta \leq 0)$$

und (9)

$$\ln|K(\text{j}e^\eta)| \geq 1{,}792 \quad (\eta \geq 0{,}693)\,.$$

Die Approximationsaufgabe besteht nun darin, die Parameter $\ln k', m, n, \eta_1, ..., \eta_n$ auf der rechten Seite von Gl.(8) so festzulegen, daß die Funktion $\ln|K(\text{j}e^\eta)|$ für

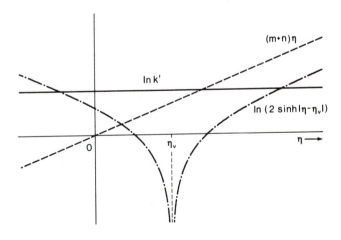

Bild 7.8a: Verlauf der in Gl.(8) auftretenden Summanden in Abhängigkeit von η

$\eta \leq 0$ den Wert $-0{,}897$ nicht übersteigt und für $\eta > 0$ monoton derart nach Unendlich strebt, daß $\ln |K(\mathrm{j}e^\eta)|$ für $\eta = \ln 2 = 0{,}693$ mindestens $1{,}792$ beträgt. Darüber hinaus muß $\ln |K(\mathrm{j}e^\eta)|$ wegen der Forderung $a(0) = 0$ für $\eta \to -\infty$ gegen $-\infty$ gehen, und es sollen möglichst wenige Summanden in der Gl.(8) verwendet werden.

Wählt man zunächst $\ln k' = 0, m = 1, n = 1, \eta_1 = 0$, so erhält man als Summenkurve den im Bild 7.8b angegebenen Verlauf, der für $\eta \to -\infty$ die gewünschte Eigenschaft bereits aufweist. Man beachte, daß bei der Wahl $m = 0$ die Summenkurve für $\eta \to -\infty$ nicht gegen $-\infty$ strebt. Das relative Maximum der dargestellten Kurve für $\eta \leq 0$ hat den Wert $-0{,}955$. Diesen Wert erreicht die Kurve auch für $\eta = 0{,}144$. Das Koordinatensystem wird nun um $0{,}144$ translatorisch in η-Richtung verschoben, so daß man im neuen Koordinatensystem die Summenkurve

$$\ln |\widetilde{K}(\mathrm{j}e^\eta)| = 2(\eta + 0{,}144) + \ln(2 \sinh|\eta + 0{,}144|)$$

erhält, für welche bei maximal großen Funktionswerten für $\eta \geq 0$

$$\ln |\widetilde{K}(\mathrm{j}e^\eta)| \leq -0{,}955 \quad (\eta \leq 0)$$

gilt. Um zu erreichen, daß die Ungleichung (9) gerade noch befriedigt wird, superponiert man der genannten Summenkurve die horizontale Gerade in der Höhe $0{,}058$. Dann ergibt sich als Gesamtkurve

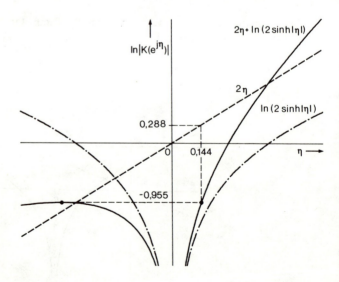

Bild 7.8b: Darstellung der Funktion $\ln |K(e^{\mathrm{j}\eta})|$ für $\ln k' = 0, m = n = 1, \eta_1 = 0$ in Abhängigkeit von η

$\ln |K(\text{je}^\eta)| = 0{,}346 + 2\eta + \ln(2 \sinh |\eta + 0{,}144|)$,

welche alle gestellten Forderungen erfüllt.
Nun erhält man mit $\eta_\nu = -0{,}144$ und $\ln k' = 0{,}346$ den Wert

$$\omega_\nu = e^{-0{,}144} = 0{,}866$$

sowie

$$|k| = \frac{k'}{\omega_\nu} = 1{,}632.$$

Die gesuchte charakteristische Funktion lautet gemäß Gl.(3)

$$K(p) = \pm 1{,}632 p\,(p^2 + 0{,}750)$$

Der zugehörige Betriebsdämpfungsverlauf ist im Bild 7.8c dargestellt.

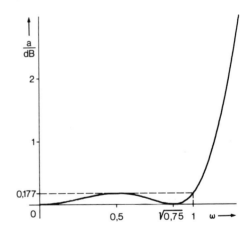

Bild 7.8c: Darstellung des Approximationsergebnisses

Literaturverzeichnis

(Ergänzung zu SEN)

[121] ANTONIOU, A.: Realisation of Gyrators Using Operational Amplifiers and Their Use in *RC*-Active-Network Synthesis. *Proc. IEE* 116 [1969], S. 1838 - 1850.
[122] BRUTON, L.T.: Network Transfer Functions Using the Concept of Frequency-Dependent Negative Resistance. *IEEE Trans. C. T.* 16 [1969], S. 406 - 408.
[123] BRUTON, L.T.: Nonideal Performance of Two-Amplifier Positive-Impedance Converters. *IEEE Trans. C. T.* 17 [1970], S. 541 - 549.
[124] FEISTEL, K.H.: Über die Messung und Entzerrung von Fernsprechkanälen im Frequenzbereich zur Ermöglichung schneller Datenübertragungen. Dissertation, Universität Erlangen-Nürnberg 1972.
[125] GAISSMAIER, B.: Beiträge zur Approximation von Dämpfungsentzerrern. Dissertation, Universität Erlangen-Nürnberg 1976.
[126] GEWERTZ, C.M.: Synthesis of a Finite, Four-Terminal Network from its Prescribed Driving-Point Functions and Transfer Function. *J. Math. Phys.* 12 [1932/1933], S. 1 - 257.
[127] HOHNEKER, W.: Beiträge zur übertragerfreien Realisierung von Übertragungsfunktionen mit Hilfe von überbrückten *T*-Gliedern und abgewandelten Netzwerkstrukturen. Dissertation, Universität Erlangen-Nürnberg 1974.
[128] KAMPFHENKEL, H.: Eigenschaften von aktiv realisierten Induktivitäten und Überkapazitäten und der Ausgleich der Frequenzgangfehler. *Frequenz* 30 [1976], S. 220 - 228.
[129] RICHARDS, P.I.: A Special Class of Functions with Positive Real Part in a Half-Plane. *Duke Math. J.* 14 [1947], S. 777 - 786.
RICHARDS, P.I.: General Impedance Function Theory. *Quart. Appl. Math.* 6 [1948], S. 21 - 29.
[130] RUMPELT, E.: Über den Entwurf elektrischer Wellenfilter mit vorgeschriebenem Betriebsverhalten. Dissertation, Technische Hochschule München 1947.
[131] SANDBERG, I.W.: Synthesis of Driving-Point Impedance with Active *RC*-Networks. *Bell Syst. Techn. J.* 39 [1960], S. 947 - 962.
[132] SEDRA, A.S.: A Class of Stable Active Filters Using Unity-Gain Voltage Followers. *IEEE J. Solid-State Circuits* [1972], S. 311 - 315.
[133] THIMM, R.: Parasitäre Effekte beim Impedanzkonverter und Möglichkeiten ihrer Kompensation. *Frequenz* 30 [1976], S. 174 - 181.

Berichtigungen zur „Synthese elektrischer Netzwerke"

Stelle im Buch	falsch	richtig
S. 66, 8. Z. v. u.	$b_1 \geq a_0$	$a_1 b_1 \geq a_0$
S. 84, Bild 65	Parallelanordnung	Reihenanordnung
S. 90, 9. Z. v. u.	in der	bzw. mit $p Z_1(p)$ in der
S. 94, 12. Z.	$L_1 C_1 \neq 0$	$L_1/C_1 \neq 0$
S. 110, 3. Z. v. u.	$\left. \dfrac{U_2}{U_1} \right|_{2=0}$	$\left. \dfrac{U_2}{U_1} \right|_{I_2=0}$
S. 124, 12. Z. v. u.	$\Delta_1(p)$ ... oder (und)	$\Delta_1(p) - \Delta_2(p)$ dem Betrage nach nicht größer sein als die entsprechenden Koeffizienten
S. 210, 10. Z.	C_1	$C_1 =$
S. 230, 13. Z. v. u.	$0 < \bar{a} \leq a$	$0 < \bar{a} < a$
S. 230, 3. Z. v. u.	$c \leq a$	$c < a$
S. 230, 1. Z. v. u.	$c > a$	$c \geq a$
S. 231, 2. Z.	$0 < \bar{a} \leq a$	$0 < \bar{a} < a$
S. 231, 11. Z.	$\bar{a} \geq b/a$	$\bar{a} > b/a$
S. 240, 4. Z. v. u.	$(c_1 > 1)$	$(c_1 > 1)$ oder $c_1 = 1$
S. 258, Gl.(427)	$P_1(p)$	$R(p) P_1(p)$
S. 260, Gl.(431)	$\prod\limits_{\mu}$	$(1 + \delta) \prod\limits_{\mu}$
S. 260, 9. Z. v. u.	$\Delta p_1 \dfrac{P_2(p)}{p - p_1}$	$\delta P_2(p) + \Delta p_1 \dfrac{P_2(p)}{p - p_1}$
S. 290, Gl.(516)	$2 a_1 b_0$	$2 a_2 b_0$
S. 293, 10. Z.	linken	rechten
S. 293, Gl.(520b)	$+ \mu b_1$	$- \mu b_1$
S. 314, Gl.(554a)	1	$\dfrac{1}{e^{j2n\eta}}$
S. 332, Bild 207	$|E|_{max}$	$2|E|_{max}$

Stichwortverzeichnis

Die mit I versehenen Seitenzahlen beziehen sich auf den ersten, die mit II versehenen auf den zweiten Band.

Abbildung, gebrochen lineare I 24
Abzweignetzwerk (siehe auch Kettennetzwerk) II 35
Admittanz I 15
— -matrix I 165, II 9, 48, 94, 226
— — eines Reaktanzzweitors II 134, 138
— — -elemente II 14, 20, 23, 30, 46, 53, 56, 149, 173, 181, 235
— — — des Kreuzglieds II 96
— — — eines induktivitätsfreien Zweitors II 35, 57
— — — eines RC-Zweitors II 22, 40, 64, 173, 198, 206
äquivalente Sparschaltung zum symmetrischen Kreuzglied II 72, 92
— Zweipole I 48
— -s aktives RC-Zweitor II 227
Äquivalenz, kanonische I 50
aktive RC-Simulation einer Induktivität II 193, 220
— RC-Zweipolsynthese II 143, 179, 186
— -s Netzwerkelement II 143
— -s Zweitor II 146
Allpaß-Übertragungsfunktion II 131, 251
allpaßhaltiges RLC-Zweitor II 131
Alternieren von Nullstellen und Polen I 28
Amplitude II 245, 273
— -nvorschrift für ein Filter II 271

Anti-Hurwitz-Anteil eines Polynoms I 214
— — -Polynom I 87, 219
Approximation I 226, II 252, 272
— durch ein Polynom II 261
— einer Dämpfungsvorschrift II 268
— im Tschebyscheffschen Sinn II 278
—, rationale II 278
— -sfehler II 261, 279
— -sintervall II 260, 272
— -svorschrift II 251, 262, 266

Bandpass II 227, 269
— -Übertragungsfunktion II 270
Bestimmung einer Übertragungsfunktion aus ihrem geraden Teil II 261
Betrag der charakteristischen Funktion I 208
— -sfunktion II 81, 247
Betriebsdämpfung I 223, II 280
Bezugs-kreisfrequenz I 10
— -spannung I 10
— -strom I 10
— -widerstand I 10
Blindleistung I 22
Bott-Duffin-Netzwerk, transformiertes I 129
— — -Verfahren I 9, 124, 131
Brune-Entwicklung, verallgemeinerte I 106, 108
— -Realisierung I 94

– -Verfahren I 9, 91, 92, 98, 105,
 II 114
– –, Erweiterung I 9, 102, 109, 140,
 146
Bruton-Konverter II 221, 226
– -Synthese II 143

Cauersches Kettennetzwerk I 53, 61,
 69
– Partialbruchzweitor I 204, 212, II 52
charakteristische Funktion I 189, 195,
 200, 203, 223, II 248, 280

Dämpfung I 217, II 245, 268, 276
– -svorschrift für ein Filter II 271
Darlington-Netzwerk II 70
Dasher-Algorithmus, vereinfachter II 64
– -Bedingung II 41, 57
– -Netzwerk II 64
– -Verfahren II 9, 40, 57, 206
Dezibel II 280
Dreieck-Stern-Transformation beim
 Bott-Duffin-Verfahren I 128
Dreitor II 234
duale Realisierung I 199
– Zweipole I 48, II 70, 77
Durchlaßbereich I 223, II 281

Ebnung, maximale II 246, 251
Eingangs-betriebsimpedanz I 196, 200,
 204, 211, II 249
– -impedanz I 189, 199, 218, 223
Einheitskreis II 246
Einsparung eines Energiespeichers beim
 Bott-Duffin-Verfahren I 128, 135
– von Energiespeichern bei der Synthese
 überbrückter T-Glieder II 107
Element, negatives I 224
Empfindlichkeit II 165
Energie I 22
– -funktion I 9
Entwicklungs-koeffizient I 39, 71, 104,
 109, 115, 121
– -stelle beim erweiterten Brune-Ver-
 fahren I 102, 108, 141, 146

– – dritter Art I 120, 158, 191
– – erster Art I 110, 149, 160, 191,
 207
– – zweiter Art I 110, 151, 160, 191,
 207
ergänzungsfähiger Zweipol I 79
erster Quadrant I 106, 107, 112, 141
Erweiterung einer Allpaßstruktur II 69
– – Übertragungsfunktion II 18, 53,
 82, 125
Extremstellen des Realteils I 92, 101

Faktorisierung einer Übertragungsfunktion II 78, 90, 102, 107, 111, 121,
 126, 131
festgekoppelter Übertrager I 95
Fialkow-Gerst-Bedingungen II 10, 13,
 29, 50, 53, 163, 177, 201
– – -Verfahren II 9, 13, 20, 29, 54
Filter II 271
– schaltung, induktivitätsarme I 224
Form, positiv definite quadratische
 I 167, 170
Frequenzabhängigkeit des Verstärkungsfaktors II 147
frequenzselektiv II 280
Frequenz-transformation I 41,
 II 269, 281
– weiche I 215
Funktion, analytische I 32
– , monoton ansteigende I 39, 65
– , positive I 9, 26
– , reelle rationale I 23

Gebiet, abgeschlossenes I 32
gebrochen lineare Abbildung I 24
gerader Teil I 36, 38, 85, 89, 98,
 103, 107, 112, 114, 124, 131, 141,
 150, 152, 161, II 261
gesteuerte Spannungsquelle II 146,
 153, 221, 230
– Stromquelle II 144
Gewertz-Verfahren I 165
gleichmäßige Approximation II 278

Grad einer rationalen Funktion I 48, 51, 55
Grenzfrequenzen eines Bandpasses II 269
Gruppenlaufzeit II 251
Güte einer Induktivität II 151
– eines Gyrators II 198
– -bestimmung II 152
Guillemin-Verfahren II 9, 23
Gyrationswiderstand II 193, 199
Gyrator II 193
–, idealer II 193, 202
–, verlustbehafteter II 193, 198

Ho, Syntheseverfahren nach II 69, 111, 121, 126
Hochpaß I 215, II 227
– -pol I 223
Hosches Netzwerk II 125
Hurwitz-Anteil eines Polynoms I 214
– -Polynom I 9, 33, 37, 38, 45, 58, 87, 176, 209, 219, II 248, 254

Impedanz I 14, 23
– -konverter II 150, 215
p-Impedanzkonverter II 221
p^2-Impedanzkonverter II 221, 230
$1/p$-Impedanzkonverter II 221, 230
$1/p^2$-Impedanzkonverter II 221, 228
Impedanzmatrix I 165, 166, 182, II 9, 226
– eines Reaktanzzweitors I 165, 174, 206, 212
– -Elemente II 53, 160, 171, 203
– – eines induktivitätsfreien Zweitors II 169
– – eines RC-Zweitors II 194, 198
– – eines Reaktanzzweitors I 214, 220
Induktivität I 19, 22
induktivitätsarme Filterschaltung I 224
INIC II 144, 158, 167
instabiles Netzwerk II 146
Interpolation II 273

kanonisch übertragerfreie Realisierung I 96
– -e Realisierung I 48, 54
Kapazität I 20, 22
Kehrmatrix I 168
Ketten-anordnung von Kreuzgliedern II 70, 82
– -bruch I 59
– – -entwicklung I 48, 53, 71, II 251
– – -realisierung I 59, 63
– -matrix I 189, II 214, 226
– – des Bruton-Konverters II 221
– – eines Reaktanzzweitors I 190, 204 II 249
– -netzwerk I 53, 61, 69, II 9, 40
– -schaltung von symmetrischen Kreuzgliedern II 70, 77
– – von überbrückten T-Gliedern II 83, 101, 107, 133
Koeffizienten-empfindlichkeit II 158, 194, 198
– -vergleich I 13, 88, II 267
kompakter Pol I 175, II 48, 135, 139
Kompaktheitsforderung II 66
Kompensation negativer Elemente I 230
Konvertierungsfaktor II 158, 167, 179, 186, 221, 229
kopplungsfreie Struktur I 223
– -r Zweipol I 84
Kreisfrequenz I 21
Kreuzglied, symmetrisches II 9, 29, 69, 70, 78, 92, 94, 251, 261
Kurzschlußimpedanz, sekundäre II 37
kurzschlußstabile Seite eines NIC II 145

LC-Impedanz I 27
leerlaufstabile Seite eines NIC II 145
Leistung I 19
–, komplexe I 22
–, zeitlicher Mittelwert I 18
Linvill-Netzwerk II 167
– -Verfahren II 143, 158, 167, 173

Matrix, konstante positive I 165, 171, 187
—, positive I 165, 168, 170, 181
Maximum des Betrags, Satz vom I 32, 34
Mindestphasen-Übertragungsfunktion II 69, 111, 121, 126, 131, 272
Minimalzahl von Netzwerkelementen I 51

Nachbildung einer Induktivität II 150
negativer Widerstand I 69
Netzwerk, äquivalentes I 50
— -analyse I 9
— -element, aktives II 143
— —, nicht normiertes I 11
— —, normiertes I 11
— -struktur nach Ho II 125
— — nach Piercey II 204, 208
— — nach Sandberg II 214
— -symbol für die Super-Induktivität II 224
— — für die Super-Kapazität II 224
— — -e für Impedanz-Konverter II 223
NIC II 179, 186
—, nicht-idealer II 144
Normierung I 10
— -skreisfrequenz I 53
— -swiderstand I 53
Nullstelle einer rationalen Funktion I 13, 27, 28, 32
— -nwinkel II 98

Ohmwiderstand I 19
Operationsverstärker II 146, 150, 213, 221, 230
—, rückgekoppelter II 146
Optimierungsverfahren II 279
Optimum für die Koeffizientenempfindlichkeit II 162

Parallelschaltung zweier durch Widerstände ergänzter Reaktanzzweitore II 69

parametrisches Filter I 189, 225
Partialbruchentwicklung I 10, 28, 30, 45, 51, 72, 90, 116
— von Impedanzmatrix-Elementen I 177
Partialbruch-netzwerk I 48, 52, 61, 69
— -zweitor, Cauersches I 204, 212
II 52
Passivität I 40
Phase II 245, 254
Phasen-Approximation II 260
— -forderung II 255
— -funktion II 251
— -verlauf II 260
Piercey-Struktur II 204, 208
— -Verfahren II 143
Pol einer rationalen Funktion I 13, 28, 32
—, kompakter I 175, II 48, 135, 139
— -Nullstellen-Diagramm I 28, 50, 54, 73, 89
— -empfindlichkeit II 158, 164, 173, 194, 209
positiv definite quadratische Form I 167, 170
— -e Matrix I 165, 168, 170, 181
Positivität einer rationalen Funktion I 23, 78
Punkt, stationärer I 106

Quadrant, erster I 106

rationale Approximation II 278
RC-Admittanz II 10, 31, 175, 188, 194, 199
— -Gyrator-Netzwerk II 143
— -Impedanz I 27, 63, 70, II 159, 168, 188, 194, 199, 215
— -Zweipol II 187, 213
— -Zweitor II 9, 10, 13, 17, 19, 23, 39, 48, 53, 158, 167, 173, 193, 199, 212
RCÜ-Zweitor II 48, 53
Reaktanz-bandpaß I 223
— -reduktion I 73, 82, 83, 92, 95, 131, 141

– -zweipol I 54
– – -funktion I 30, 33, 36, 38, 48, 50, 58, 90, 176, 191
– -zweitor I 110, 120, 151, 158, 174, 199, 200, 208, 211, 220, II 135, 246, 280
– – mit ohmschem Abschluß I 9, 114, 120, 148, 151, 158, 174
Realisierbarkeitsbedingungen für Admittanzmatrix-Elemente von induktivitätsfreien Zweitoren II 13
Realisierung, äquivalente I 76, 103
– der Eingangsbetriebsimpedanz eines Reaktanzzweitors I 191, 196
– – Impedanzmatrix eines Reaktanzzweitors I 215
– – Kettenmatrix eines Reaktanzzweitors I 193
–, duale I 199
– einer Admittanzmatrix I 181
– – Impedanzmatrix I 179, 181
– – – durch ein Cauersches Partialbruchzweitor I 206
– – Übertragungsfunktion durch aktive RC-Zweitore II 143, 144, 158, 167, 173, 193, 198, 204, 213, 226, 231, 234, 241
– – – durch RC-Zweitore II 10, 13, 17, 19, 29, 39
– – – durch Reaktanzzweitore mit ohmschem Abschluß I 165, 189, 195, 199, 200, 203, 212, 216, 223
– – – durch RLCÜ-Zweitore II 69, 70, 83, 92, 94, 102, 106, 132, 138
–, kanonisch übertragerfreie I 96
–, kanonische I 49, 102
– von Zweipolfunktionen I 9
– -sbedingung für überbrückte T-Glieder II 112
Realteil II 245, 260, 266
– einer Impedanz I 63
– -forderung II 266
– -funktion I 218
– -matrix I 168, 181

– -minimum einer Zweipolfunktion I 91, 93, 103, 111, 119, 132
Reihenentwicklung I 27
rekursive Darstellung der Tschebyscheff-Polynome II 262
Richards-Transformation I 137
RL-Impedanz I 27, 63
RLC-Zweitor II 132, 226
–, struktursymmetrisches II 94
RLCÜ-Zweipol I 40

Schablonenkurve II 281
Simulation einer Induktivität durch ein aktives RC-Netzwerk II 193, 220
– – – mit Hilfe des $1/p$-Impedanz-Konverters II 224
Spannungs-quelle, gesteuerte II 146, 153, 221, 230
– -verstärkung II 146
Sperrbereich I 225
Stabilität eines Netzwerks II 145
stationäre Stelle I 102, 106, 125, 141
Stern-Dreieck-Transformation beim Bott-Duffin-Prozeß I 135
Strom, komplexer I 16, 18
Struktur, kopplungsfreie I 223
– -symmetrisches RLC-Zweitor II 94
Super-Induktivität II 224, 229
– -Kapazität II 224, 229
symmetrisches Kreuzglied II 9, 29, 69 70, 78, 92, 94, 251, 261
Synthese von aktiven RC-Netzwerken II 143
– – Reaktanzzweitoren I 189
– – RLCÜ-Zweipolen I 9
– – RLCÜ-Zweitoren I 165, II 69
– – symmetrischen Kreuzgliedern II 69
– – überbrückten T-Gliedern II 69

T-Glied, überbrücktes II 69, 83, 101, 106, 111, 131
Taylorreihe I 101
Teilabbau II 57

Tiefpaß I 215, II 227, 268
– –Bandpaß-Transformation II 245, 269
– –pol I 223
Toleranzschema für die Dämpfung I 223
Transformationsfaktor beim Bruton-Verfahren II 226
transformiertes Bott-Duffin-Netzwerk I 129
Tschebyscheff-Polynom II 255, 262, 266, 272
– – –e, rekursive Darstellung der II 262
– –sche Approximation II 278

überbrücktes T-Glied II 69, 83, 101 106, 111, 131
Übertrager I 41
–, festgekoppelter I 95
–, lose gekoppelter I 95
Übertragungsfunktion I 10, 200
–, Ermittlung einer – durch Approximation II 245, 246, 255, 260, 266, 268, 271, 280
–, normierte I 10
Übertragungs-konstante II 40
– –nullstelle I 189, II 9, 19, 23, 35, 40, 48, 53, 57, 69, 94, 194
ungerader Teil I 37, 38
UNIC II 173

vereinfachter Dasher-Algorithmus II 64
Verfahren nach Dasher II 40
– – Guillemin II 9, 23
– – Ho II 69, 111, 121, 126
– – Sipress II 179
Verlust-kompensation beim Gyrator II 203
– –widerstände des Gyrators II 199
Verstärker, idealer II 234
Verstärkungsfaktor II 144, 149, 150 205, 208, 221, 230, 234
Vielfachheit einer Nullstelle I 77

Weichennetzwerk I 189
Widerstand, negativer I 69
– –snetzwerk II 147
– –sniveau II 234
– –sreduktion I 82, 83, 92, 95, 108, 111, 119, 124, 131, 141
Wirk-anteil einer Impedanz I 85
– –leistung I 22, 212, 216

Zweipol, äquivalenter I 48
–, ergänzungsfähiger I 79
–, kopplungsfreier I 84
– –e, duale I 48, II 70, 77
– –funktion I 9, 28, 34, 36, 38, 42, 43, 45, 61, 66, 71, 77, 82, 85, 89, 92, 95, 102, 106, 110, 113, 124, 131, 137, 147, 160, II 83, 97, 127, 213, 245, 255
– –synthese, aktive II 143, 179, 186
Zweitor, allpaßhaltiges II 131
–, ohmsches I 172

Feynman
Vorlesungen über Physik

Richard P. Feynman / Robert B. Leighton / Matthew Sands

Band I: **Hauptsächlich Mechanik, Strahlung und Wärme**

Teil 1: 1974. XVIII, 350 Seiten, 148 Figuren, 19 Tabellen, DM 42,—

Teil 2: 1973. XVI, 392 Seiten, 194 Figuren, 9 Tabellen, DM 36,—

Band II: **Hauptsächlich Elektromagnetismus und Struktur der Materie**

Teil 1: 1973. 408 Seiten, 221 Figuren, 3 Tabellen, DM 38,—

Teil 2: 1974. 448 Seiten, 262 Figuren, 15 Tabellen, DM 44,—

Band III: **Quantenmechanik**

1975. Unveränderter Nachdruck von 1971. XIV, 509 Seiten, 192 Figuren, 22 Tabellen, DM 48,—

Band I-III komplett DM 185,—

„,... Es ist bekannt, daß der ‚Feynman' wegen der eleganten inhaltlichen Darstellung besonders gerne von Studenten kurz vor dem Examen, ‚fertigen' Physikern und Lehrern (‚wenn man Physik schon kann') gelesen wird. Die vorliegende Ausgabe spricht auch genau diese Zielgruppe an, da ein so nett und ansprechend gestalteter deutschsprachiger Text eher zur Lektüre verleitet."
G. Born, Gießen

Atomkernenergie, München, Band 23/1974

R.Oldenbourg Verlag München

EDV-Literatur
Eine Auswahl

Rudolf Herschel
Einführung in die Theorie der Automaten, Sprachen und Algorithmen
1974. 226 Seiten, 152 Abbildungen, DM 29,—

Rudolf Herschel
Anleitung zum praktischen Gebrauch von ALGOL 60
6. verbesserte Auflage 1976. 208 Seiten, 42 Abbildungen, 16 Seiten Beilage, DM 21,80
Reihe: Datenverarbeitung

Rudolf Herschel
ALGOL-Übungen
3. verbesserte Auflage 1973. 136 Seiten, 35 Abbildungen, DM 16,80
An ca. 125 Aufgaben mit kommentierten Lösungen wird der Gebrauch von ALGOL geübt. Dabei steht der formale Gebrauch von ALGOL im Vordergrund. Durch viele Verweise wird der Kontakt zum offiziellen ALGOL-Report hergestellt.

Günter Walter
Strukturierte Programmierung mit ALGOL 60
1977. Ca. 184 Seiten, 186 Abbildungen, ca. DM 24,80
Reihe: Datenverarbeitung
Dieses Buch zeigt strukturierte Programmierung und schrittweise Verfeinerung als allgemeingültige Programmiermethodik. Die Tätigkeit des Programmierens teilt sich dabei in die Bereiche Analysieren — systematische Entwicklung eines Algorithmus — und Codieren — Formulierung des Algorithmus in einer Programmiersprache — auf.

Werner Kobitzsch
Mikroprozessoren — Aufbau und Wirkungsweise
Reihe: Datenverarbeitung
Teil I Grundlagen
1977. 204 Seiten, 138 Abbildungen, 11 Tabellen, DM 38,—
Hier liegt ein ausführliches Lehrbuch vor. Es befaßt sich im Gegensatz zu üblichen Firmendarstellungen nicht mit speziellen Bauelementen, sondern zeigt die Grundlagen des Aufbaues und der Funktion von Mikroprozessoren auf. Ihre besonderen Probleme, die durch die hochintegrierte Bauweise bedingt sind (z.B. begrenzte Zahl von Anschlußleitungen und begrenzte Befehlsvorräte) werden schwerpunktmäßig behandelt.

R.Oldenbourg Verlag München